21世纪高等学校计算机
应用技术系列教材

网络设备配置与管理

项目化教程 微课视频版

◎ 陈网凤 主编

洪 伟 吴汉强 陆佰林 曹 云 副主编

清华大学出版社
北京

内 容 简 介

本书从实际应用和工作过程出发,依据中小企业网络组建和维护的主要工作任务与岗位能力需求,采用"项目引导、任务驱动"的方式展开教学内容,以企业"组网、用网、管网"为主线,将网络设备配置与管理工作分成网络基础知识、园区交换网构建、园区网互通、广域网接入和网络安全设计5个项目,并分解为17个任务,基本涵盖了中小企业网络组建和维护工作中所需的基本知识和基本技能。

本书以锐捷设备为主线,介绍交换机和路由器的基本知识与使用,可供不同地区、学校和专业的师生结合实际情况选择使用。本书适合作为全国高等学校计算机类专业"网络设备配置与管理"课程的"教、学、做"一体化教材,也可供参加网络管理员、网络工程师、网络规划设计师等职业资格考试的人员学习使用,还适合作为中小型网络管理员和网络爱好者的参考用书。

图书在版编目(CIP)数据

网络设备配置与管理项目化教程:微课视频版/陈网凤主编.—北京:清华大学出版社,2023.1
(2023.11重印)
  21世纪高等学校计算机应用技术系列教材
  ISBN 978-7-302-62568-1

  Ⅰ. ①网… Ⅱ. ①陈… Ⅲ. ①网络设备-配置-高等学校-教材 ②网络设备-设备管理-高等学校-教材 Ⅳ. ①TN915.05

中国国家版本馆 CIP 数据核字(2023)第 008828 号

责任编辑:陈景辉　张爱华
封面设计:刘　键
责任校对:申晓焕
责任印制:杨　艳

出版发行:清华大学出版社
　　　　网　　　址:http://www.tup.com.cn,http://www.wqbook.com
　　　　地　　　址:北京清华大学学研大厦 A 座　　　邮　　编:100084
　　　　社 总 机:010-83470000　　　　　　　　　邮　　购:010-62786544
　　　　投稿与读者服务:010-62776969,c-service@tup.tsinghua.edu.cn
　　　　质量反馈:010-62772015,zhiliang@tup.tsinghua.edu.cn
　　　　课件下载:http://www.tup.com.cn,010-83470236
印 装 者:三河市龙大印装有限公司
经　　销:全国新华书店
开　　本:185mm×260mm　　印　　张:20.25　　　字　　数:494 千字
版　　次:2023 年 2 月第 1 版　　　　　　　　　印　　次:2023 年 11 月第 2 次印刷
印　　数:1501～2500
定　　价:59.90 元

产品编号:092296-01

前　言

在当今信息化时代,网络已经渗透进各个领域,已经像水、电、气一样,成为人们生活中不可或缺的一部分。网络技术日新月异,移动互联网、物联网、云计算、大数据等新技术不断涌现,这些新技术的应用也需要一个互联互通的网络的支撑。而构建网络的基础仍然是交换和路由技术。

"网络设备配置与管理"是计算机网络技术专业的核心课程之一,是考取网络管理员、网络工程师、网络规划设计师、网络安全工程师等证书的重点课程。近几年国家和地方省市举办的高等职业院校技能大赛中也有多个赛项与计算机网络相关。为此,我们组织具有企业工作背景和长期从事计算机网络管理专业教学的双师型教师编写了本书,帮助学生高效掌握各设备配置命令,引导学生系统掌握企业网络搭建的思想和流程,逐步提高职业能力,增强就业竞争能力。

本书主要内容

作为一本关于网络设备配置的书籍,本书共有 5 个项目。

项目 1 主要介绍网络基础知识,包括计算机网络基础和 IP 地址与子网技术;着重介绍计算机网络层次模型、TCP/IP 栈以及 IP 编址和 IP 子网划分等。

项目 2 主要介绍园区交换网的构建,包括管理交换机、控制交换网中的广播流量、避免交换网络环路、提升交换机之间的连接带宽、监控交换网络端口流量;着重介绍如何实施VLAN 技术分割交换网络的广播域、生成树技术消除网络环路、链路聚合技术提升链路带宽等。

项目 3 主要介绍园区网的互通,包括管理路由器、配置静态路由实现园区网互通、配置RIP 路由实现园区网互通、配置 OSPF 路由实现园区网互通、配置路由重分发、配置 DHCP实现动态分配地址;着重介绍几种路由技术,如静态路由、RIP 路由、OSPF 路由等以及配置 DHCP 服务器动态分配 IP 地址。

项目 4 主要介绍广域网的接入,包括配置 PPP、配置网络地址转换;着重介绍 PPP 的PAP 和 CHAP 两种认证、地址转换技术及实施等。

项目 5 主要介绍网络的安全设计,包括配置交换机接入安全、配置网络访问控制;着重介绍交换机端口安全和端口保护技术实施交换机的接入安全、ACL 技术实施网络的访问控制等。

本书特色

(1) 教材理念新颖,突出"做中学,学中做"的职业教育特色。以学到实用技能、提高职业能力为出发点,以"做"为中心,从知识、能力和技能三方面组织教学内容,体现"教、学、做"相结合的理实一体化教学理念。

（2）教材内容实用，紧贴职业标准和岗位能力要求。依据中小企业网络组建和维护的主要工作任务和岗位能力需求，采用"项目引导、任务驱动"的方式展开教学内容，以企业"组网、用网、管网"为主线，将网络设备配置与管理工作分解为 5 个项目、17 个任务。

（3）教材适用面广，基于思科模拟器软件讲解项目实施过程，有助于拓展实训时空。为方便学生课内外自主学习，解决网络设备数量和使用时间上的不足问题，本书所有实训内容可以用思科模拟器软件完成，而且锐捷设备的配置命令语法基本与思科的相同，有助于学生掌握各配置命令，打破学生课外没有设备操作练习的局限。

配套资源

为便于教与学，本书配有微课视频（360 分钟）、教学课件、教学大纲、教案、习题答案。

（1）获取微课视频方式：先刮开并用手机版微信 App 扫描本书封底的文泉云盘防盗码，授权后再扫描书中相应的视频二维码，观看教学视频。

（2）获取全书网址方式：先刮开并用手机版微信 App 扫描本书封底的文泉云盘防盗码，授权后再扫描下方二维码，即可获取。

全书网址

（3）其他配套资源可以扫描本书封底的"书圈"二维码，关注后回复本书书号，即可下载。

读者对象

本书适合作为全国高等学校计算机类专业"网络设备配置与管理"课程的"教、学、做"一体化教材，也可供参加网络管理员、网络工程师、网络规划设计师等职业资格考试的人员学习使用，还适合作为中小型网络管理员和网络爱好者的参考用书。

本书由陈网凤担任主编，洪伟、吴汉强、陆佰林、曹云担任副主编。其中，任务 1～7 由陈网凤编写，任务 8～12 由陆佰林编写，任务 13 和实训 1～17 由曹云编写，任务 14～15 由洪伟编写，任务 16～17 由吴汉强编写，附录 A 由赵婷婷编写，张建南参与部分教学微课的录制。本书的编写得到了扬州森科科技有限公司等企业工程师的支持和参与，他们给出了很多有实践价值的建议，在此表示感谢。

在本书编写和出版过程中，得到了扬州市职业大学各级领导的关心和鼓励，以及老师们的支持和帮助，在此一并表示衷心的感谢。

由于编者水平有限，加之时间仓促，疏漏之处在所难免，恳请广大读者批评指正。

编　者

2023 年 1 月

目 录

项目1 网络基础知识

项目 2　园区交换网构建

项目3　园区网互通

项目 4　广域网接入

项目 5   网络安全设计

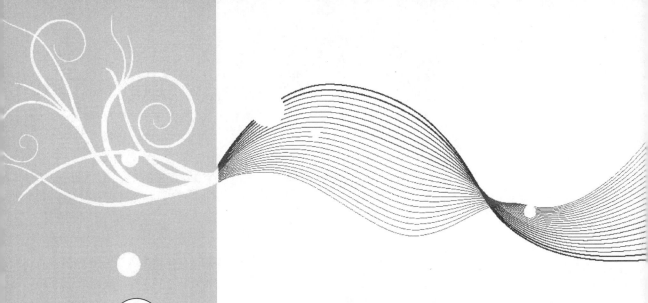

项目 ①　网络基础知识

本项目学习目标如下：回顾计算机网络技术基础知识，掌握 OSI 参考模型和 TCP/IP 参考模型的体系结构和相关层次网络协议，进一步理解 TCP/IP 栈中主要协议的工作原理，掌握 IP 地址分类和子网划分应用，掌握网络连通性的基本调试技能。本项目有助于本书后续模块的学习，更有助于提高学生的动手能力，以便能更好地使用、组建、管理网络，并进行网络性能的优化，解决网络中存在的问题等。

基于上述学习目标，将网络基础知识的实施分为如下两个任务。

任务 1　计算机网络基础

任务 2　IP 地址与子网技术

任务 1 计算机网络基础

【任务描述】

21 世纪是一个以网络为核心的信息时代，人们的生活已经和计算机网络息息相关，越来越多的日常生活、学习、工作都离不开计算机网络。网络已经成为信息社会的命脉和发展知识经济的重要基础。

为了能更好地使用、组建网络，并进行网络性能的优化，分析、解决网络中存在的问题等，掌握计算机网络的基础知识和网络连通性基本调试技能就显得极其重要。

【任务分析】

本任务主要讲述计算机网络的基础知识，包括网络的分类、分层结构和网络故障维护等，重点分析 TCP/IP 栈中主要协议的工作原理，了解网络故障原因，掌握常用网络测试命令的使用，为后续模块的学习打下坚实的理论基础和网络连通性调试技能，且有助于分析和理解本书所介绍的网络功能的实现。

1.1 知识储备

1.1.1 计算机网络概述

1. 计算机网络的定义

计算机网络是指在一定的区域内将地理位置不同的、具有独立功能的两台或两台以上的计算机及其外部设备，通过通信线路以一定的方式连接起来，在网络操作系统、网络管理软件及网络通信协议的管理和协调下，实现资源共享和信息传递的计算机系统。连通性和共享性是计算机网络最重要的两个功能特性。

2. 计算机网络的分类

计算机网络是计算机技术和通信技术相融合的产物，其涉及的概念和技术很复杂，由于其自身的复杂特点,其分类标准也有多种形式。下面就几种常见的分类方法及网络类型做简单的介绍。

1) 按覆盖范围分类

计算机网络按照其延伸区域的大小可分为如下 3 种。

(1) 局域网(Local Area Network,LAN)。

局域网是最常见、应用最广的一种网络。随着整个计算机网络技术的发展和提高,局域网已得到充分的应用和普及,几乎每个单位都有自己的局域网,甚至家庭中也有自己的小型局域网。

局域网一般具有如下特性:所覆盖的地区范围较小,一般在几十米到几千米范围内;在计算机数量配置上没有太多的限制,少的可以只有两台,多的可达几百台甚至几千台;因为可以采用不同传输能力的传输介质和传输设备,其传输距离和传输速度也有差异;一般用于某一群体,如一个公司、某一幢楼、某一个学校等。

(2) 城域网(Metropolitan Area Network,MAN)。

城域网是规模局限在一座城市范围内的区域性网络。城域网的速度比广域网快,符合宽带趋势,发展很快。与局域网相比,城域网扩展的距离更长,连接的计算机数量更多,在地理范围上可以说是局域网的延伸,其覆盖范围为 10~100km。

(3) 广域网(Wide Area Network,WAN)。

广域网是将分布在各地的局域网络连接起来的网络,是"网间网"(网络之间的网络)。由于其覆盖的范围非常大,广域网可以跨越国界、洲界,范围甚至覆盖全球,所连接的用户多,总出口带宽有限,所以用户的终端连接速率一般较低。

2) 按拓扑结构分类

网络拓扑确定了网络的结构,是指网络实际布线或设备相互连接的几何形式。按照传输媒体互连各种设备的物理布局,基本网络拓扑结构主要有如图 1-1 所示的 3 种。

(1) 总线型。

总线型网络中所有节点都通过相应的接口直接连到一条共享的数据通道上,该共享数据通道即称为总线,如图 1-1(a)所示。其传递方向总是从发送信息的节点开始向两端扩散,如同广播电台发射信息一样,因此又称广播式计算机网络。各节点在接收信息时都进行地址检查,看是否与自己的地址匹配,若匹配,则接收网上的信息,否则丢弃。由于使用广播技术传输信息,因此网络中一次只能有一个节点发送信号。

总线型网络安装简单方便,需要铺设的电缆最短,成本低,某个节点的故障一般不会影响整个网络,但介质的故障会导致网络瘫痪,增加节点不如星形网络容易,其安全性低、监控比较困难。所以,总线型网络结构现在基本上已经被淘汰。

(2) 环形。

环形网络结构的各节点通过点到点的链路首尾相连形成一个闭合的环,如图 1-1(b)所示。数据在环路中沿着一个方向在各个节点间传输,信息从一个节点传到另一个节点,简化了路径选择的控制,当环中节点过多时,势必影响信息传输速率,使网络的响应时间延长。环路是封闭的,不便于扩充,难以增加新的节点;可靠性低,一个节点故障,将会造成全网瘫痪,维护难,对分支节点故障定位较难。因此,现在组建局域网已经基本上不使用环形网络结构。

（3）星形。

星形网络结构的各节点通过点到点的链路与中心节点相连,各节点必须通过中央节点才能实现通信,如图 1-1(c)所示。星形网络结构的特点是结构简单、建网容易,很容易在网络中增加新的节点,网络控制和管理也方便,一个节点出了问题,不会影响整个网络的运行,但中央节点负担较重,容易形成系统的"瓶颈",中央节点的故障会引起全网瘫痪,线路的利用率也不高。星形网络结构是现在最常用的网络拓扑结构。

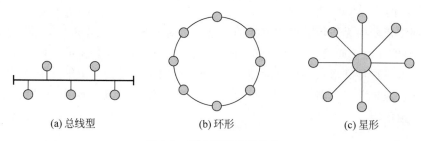

(a)总线型　　　　　　(b)环形　　　　　　(c)星形

图 1-1　基本网络拓扑结构

在这 3 种类型的网络结构基础上,可以组合出扩展星形、网状、树形等其他类型拓扑结构的网络,如图 1-2 所示。

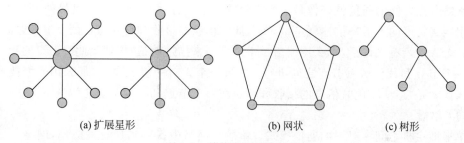

(a)扩展星形　　　　　　(b)网状　　　　　　(c)树形

图 1-2　其他类型拓扑结构

3）按传输介质分类

传输介质是指数据传输系统中发送装置和接收装置间的物理媒体,按其形态分为有线传输介质和无线传输介质,因此,计算机网络按传输介质可以分为有线网络和无线网络两大类。

（1）有线网络。

有线网络指采用有线传输介质连接的网络,常用的有线传输介质有双绞线、同轴电缆、光导纤维。

① 双绞线是一种综合布线工程中最常用的传输介质,由两根具有绝缘保护层的铜导线互相缠绕而成,由 4 对双绞线构成双绞线电缆。目前,计算机网络上使用的双绞线按其传输速率可以分为三类线、五类线、超五类线、六类线、七类线等,传输速率在 10～600Mb/s,双绞线电缆的连接器一般为 RJ-45。

② 同轴电缆由一根空心的外圆柱导体和一根位于中心轴线的内导线组成。内导线和圆柱导体及外界之间用绝缘材料隔开。同轴电缆从用途上可分为特征阻抗为 50Ω 的基带同轴电缆和 75Ω 的宽带同轴电缆。基带同轴电缆按直径的不同,又分为细同轴电缆和粗同轴电缆,一般用于总线型网络布线。无论粗缆或细缆连接的网络,由于故障点往往会影响到

整根电缆上的所有设备，故障的诊断和修复都很麻烦，因此，基带同轴电缆已逐步被双绞线或光缆所取代，目前只有 75Ω 的宽带同轴电缆用在居民小区的有线电视网中。

③ 光导纤维由两层折射率不同的材料组成，内层是具有高折射率的玻璃纤维体，外层包裹着一层折射率较低的材料。光纤是光导纤维的简写，可作为光传导介质，传输原理是"光的全反射"。工程上使用的一般都是由两根至数百根光纤，并用加强芯和填充物来提高机械强度的光缆。光缆的安装和维护比较困难，需要专用的设备。

（2）无线网络。

无线网络指采用无线传输介质连接的网络。目前无线网络主要采用 3 种技术：微波通信、红外线通信和激光通信。这 3 种技术都是以大气为传输介质。微波通信用途最广，目前的卫星网就是一种特殊形式的微波通信，它利用地球同步卫星作为中继站来转发微波信号，一个地球同步卫星可以覆盖地球的三分之一以上的表面，3 个地球同步卫星就可以覆盖地球上全部通信区域。

3. 网络通信模式

当前的网络中有 3 种通信模式：单播、组播、广播，其中组播的出现时间最晚，但组播同时具备单播和广播的优点，最具有发展前景。

网络节点之间的通信就好像是人们之间的对话一样。如果一个人对另外一个人说话，那么用网络技术的术语来描述就是"单播"，此时信息的接收和传递只在两个节点之间进行；如果一个人对所有人说话，那么用网络技术的术语来描述就是"广播"，此时信息的接收和传递在一个节点和其他所有节点之间进行；如果一个人对一组人说话，那么用网络技术的术语来描述就是"组播"，此时信息的接收和传递在一个节点和一组节点之间进行。

（1）单播。

单播即主机之间一对一的通信模式。单播在网络中得到了广泛的应用，网络上绝大部分的数据都是以单播的形式传输的。例如，在收发电子邮件、浏览网页时，必须与邮件服务器、Web 服务器建立连接，此时使用的就是单播数据传输方式。"单播"一般与"多播"和"广播"相对应使用。

① 单播的优点如下：

- 服务器及时响应客户机的请求。
- 服务器针对每个客户不同的请求发送不同的数据，容易实现个性化服务。

② 单播的缺点如下：

- 服务器针对每个客户机发送数据流，服务器流量＝客户机数量×客户机流量，在客户数量大、每个客户机流量大的流媒体应用中，服务器不堪重负。如果 10 个客户机需要相同的数据，则服务器需要逐一传送，重复 10 次相同的工作。
- 现有的网络带宽是金字塔结构的，城际、省际主干带宽仅仅相当于其所有用户带宽之和的 5%。如果全部使用单播协议，将造成网络主干不堪重负。现在的 P2P 应用就已经使主干经常阻塞，只要有 5% 的客户在全速使用网络，其他人就无法正常使用网络，而将主干扩展 20 倍几乎是不可能的。

（2）组播。

组播又称为多播，是主机之间一对一组的通信模式，也就是加入了同一个组的主机可以接收到此组内的所有数据,网络中的交换机(Switch)和路由器(Router)只向有需求者复制并转发其所需数据。主机可以向路由器请求加入或退出某个组,网络中的路由器和交换机有选择地复制并传输数据,即只将组内数据传输给那些加入组的主机。这样既能一次将数据传输给多个有需要(加入组)的主机,又能保证不影响其他不需要(未加入组)的主机的其他通信。

网上视频会议、网上视频点播特别适合采用组播方式。因为如果采用单播方式,逐个节点传输,有多少个目标节点,就需要有多少次传送过程,这种方式显然效率极低,是不可取的;如果采用不区分目标、全部发送的广播方式,虽然一次可以传送完数据,但是显然达不到区分特定数据接收对象的目的。采用组播方式,既可以实现一次传送所有目标节点的数据,也可以达到只对特定对象传送数据的目的。IP网络的组播一般通过组播IP地址来实现。组播IP地址就是D类IP地址,即224.0.0.0～239.255.255.255的IP地址。

① 组播的优点如下:

- 需要相同数据流的客户端加入相同的组共享一条数据流,节省了服务器的负载,具备广播所具备的优点。
- 由于组播协议是根据接收者的需要对数据流进行复制转发,因此服务器端的服务总带宽不受客户接入端带宽的限制。IP允许有2.6亿多个组播地址存在,所以其提供的服务可以非常丰富。
- 组播协议和单播协议一样允许在Internet宽带网上传输。

② 组播的缺点如下:

- 与单播协议相比,组播没有纠错机制,发生丢包、错包后难以弥补,但可以通过一定的容错机制和QoS加以弥补。
- 现行网络虽然都支持组播的传输,但在客户认证、QoS等方面还需要完善。

目前,组播的这些缺点在理论上都有成熟的解决方案,只是需要逐步推广应用到网络中。

(3)广播。

广播即主机之间一对所有的通信模式。网络对其中每一台主机发出的信号都进行无条件复制并转发,所有主机都可以接收到所有信息(不管用户是否需要)。有线电视网就是典型的广播型网络,电视机实际上是接收到所有频道的信号,但只将一个频道的信号还原成画面。在数据网络中也允许广播的存在,但其被限制在二层交换机的局域网范围内,禁止广播数据穿过路由器,防止广播数据影响更多的主机。

广播在网络中的应用较多,如客户机通过DHCP自动获得IP地址的过程就是通过广播来实现的。但是同单播和多播相比,广播几乎占用了子网内网络的所有带宽。拿开会打一个比方,在会场上只能有一个人发言,想象一下如果所有参会人员同时都用麦克风发言,那么会场上就会乱成一锅粥。在由几百台甚至上千台计算机构成的大中型局域网中,一般都进行子网划分,就像将一个大厅用墙壁隔离成许多小厅一样,以达到隔离广播风暴的目的。在IP网络中,广播地址用IP地址255.255.255.255来表示,这个IP地址代表同一子网内所有的IP地址。

① 广播的优点如下:

- 网络设备简单,维护简单,布网成本低。

- 由于服务器不用向每个客户机单独发送数据，因此服务器流量负载低。

② 广播的缺点如下：

- 无法针对每个客户的要求和时间及时提供个性化服务。
- 网络允许服务器提供数据的带宽有限，客户端的最大带宽＝服务总带宽。例如，有线电视的客户端的线路支持 100 个频道（如果采用数字压缩技术，理论上可以提供 500 个频道），即使服务商有更大的财力配置更多的发送设备、改成光纤主干，也无法超过此极限。也就是说无法向众多客户提供更多样化、更加个性化的服务。
- 禁止在 Internet 上传输。

视频讲解

1.1.2　计算机网络层次模型

计算机网络是一个复杂的系统，涉及信号传输、差错控制、寻址、数据交换和提供用户接口等一系列复杂的问题。为了减少网络协议设计的复杂性，采用分层的思想，即不是设计一个单一、巨大的协议来解决所有通信问题，而是将系统要实现的复杂功能划分为若干相对简单的细小功能，每个细小的功能以相对独立的方式去实现，这就是计算机网络的层次模型。在层次模型中，每层都要完成一定功能，而为了完成这些功能，每层都需要遵循一些通信规则，这些规则就是协议，所以，每层都定义了一些协议。在计算机网络的术语中，把计算机网络的层次模型与各层协议的集合称为计算机网络的体系结构。

自 20 世纪 60 年代计算机网络技术应用以来，国际上各大厂商为了在网络领域占据主导地位，纷纷推出各自网络架构体系和标准，例如，IBM 公司的 SNA、Novell 公司的 IPX/SPX、Apple 公司的 AppleTalk、DEC 公司的 DECnet 及 ARPANET 的 TCP/IP 标准。由于多种体系标准并存，结构和协议都不同，造成厂商设备不能兼容，难以相互连接以构成更大的网络系统，影响了网络互联互通。

计算机网络的体系结构有多种，目前讨论最多的网络体系结构主要有 3 种参考模型，如图 1-3 所示。

1. OSI 参考模型

随着全球网络应用的不断发展，不同网络体系结构的网络用户之间需要进行网络的互联和信息的交换。国际标准化组织（International Organization for Standardization，ISO）于 1984 年提出了开放系统互连参考模型（Open System Interconnection Reference Model，OSI/RM，OSI 参考模型）。OSI 参考模型定义了网络互联的七层框架，详细规定了每层的功能，但没有确切描述用于各层的协议和服务，目的是实现在开放的网络系统环境中所有设备的互连、互操作和应用，不同厂商设备的网络只要遵循 OSI 标准就可以实现互联互通。该模型的提出促成了不同厂商之间的协同工作，对研究网络技术具有重要指导意义。

OSI 参考模型如图 1-3(a)所示，其将整个网络的功能划分成 7 个层次，由上往下依次为应用层、表示层、会话层、传输层、网络层、数据链路层和物理层。其中，最高层为应用层，面向用户提供网络应用服务；最底层为物理层，与传输介质相连，实现真正的数据通信。两个用户计算机通过网络进行通信时，除物理层之外，其余各对等层之间均不存在直接的通信。

2．TCP/IP 参考模型

20 世纪 70 年代初期,美国国防部高级研究计划局(ARPA)为了实现异构网之间的互联互通,大力资助网络技术的研究与开发工作。随着 ARPANET 的发展,先后引进了传输控制协议(Transmission Control Protocol,TCP)、网际协议(Internet Protocol,IP)等协议。1982 年,TCP 和 IP 被标准化成为 TCP/IP 组,并最终形成较为完善的 TCP/IP 体系结构和协议规范。TCP/IP 是 20 世纪 70 年代中期美国国防部为其 ARPANET 广域网开发的网络体系结构和协议标准,而以 ARPANET 为基础组建的 Internet 是目前国际上规模最大的计算机网络,正因为 Internet 的广泛使用,使得 TCP/IP 成了事实上的国际标准。

TCP/IP 参考模型如图 1-3(b)所示,其将整个网络的功能划分成 4 个层次,由上往下依次为应用层、传输层、网际层和网络访问层。网际层运行的是 IP,IP 是支持网间互联的协议,提供网间连接的标准,所以,TCP/IP 参考模型中并未考虑与具体传输媒体相关的问题,最下面的网络访问层没有定义具体内容。

3．五层原理模型

尽管 OSI 参考模型得到全世界的认可,并且到了 20 世纪 90 年代初,也制定出了整套的 OSI 国际标准,虽然其概念清楚、理论也较完整,但其只是对每层的功能进行了原则上的说明,并没有定义具体的协议,所以,七层协议体系结构既复杂又不实用。TCP/IP 体系结构则不同,TCP/IP 参考模型是在 TCP 与 IP 出现之后才提出来的,是对现有 TCP/IP 簇的描述,因而协议与模型非常吻合,是目前最成功、使用最广泛的互联网体系结构标准。

综合 OSI 参考模型和 TCP/IP 参考模型的优点,采用一种折中的办法,即采用一种五层协议的体系结构,这样既简洁又能将概念阐述清楚。五层原理模型如图 1-3(c)所示。五层协议的体系结构只是为了介绍网络原理而设计的,实际应用还是 TCP/IP 四层体系结构。

(a) OSI参考模型　　　(b) TCP/IP参考模型　　　(c) 五层原理模型

图 1-3　计算机网络参考模型

在五层模型中,通信的两个端点都有 5 个层次,下面以表格的形式简单介绍每层的功能和主要协议。五层原理模型的各层说明如表 1-1 所示。

表 1-1　五层原理模型的各层说明

层　　次	说　　明
应用层	任务：提供系统与用户的接口，通过应用进程间的交互实现网络应用
	功能：文件传输、访问和管理、电子邮件服务
	协议：DNS、FTP、HTTP、Telnet、SMTP 等
传输层	任务：负责主机之间进程的通信，提供通用的数据传输服务
	功能：提供可靠的数据传输服务，提供流量控制、差错控制、服务质量等管理服务
	协议：TCP、UDP
网络层	任务：将传输层传下来的报文封装成分组，选择路由，转发分组
	功能：为传输层提供服务、路由选择、分组转发
	协议：IP、ARP、ICMP、IGMP、OSPF
	硬件：路由器
数据链路层	任务：将网络层传下来的 IP 数据报组装成帧，相邻节点之间可靠传输
	功能：封装帧、透明传输、差错检测
	协议：PPP、HDLC、CSMA/CD
	硬件：交换机、网桥
物理层	任务：实现比特流的透明传输
	功能：提供传输数据通路、传输数据
	硬件：集线器、中继器

4. 层次化模型中的数据传输过程

应用进程数据在各层之间的传递过程如图 1-4 所示，图中展示了数据在各层之间传递过程中所经历的变化。这里假设 PC 和服务器（Server）是通过一台路由器连接起来的。

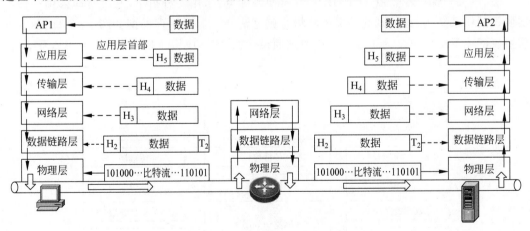

图 1-4　应用进程数据在各层之间的传递过程

假定 PC 上的应用进程 AP1 向 Server 上的应用进程 AP2 传送数据。AP1 先将其数据交给本机的应用层，应用层加上该层的控制信息 H_5（应用层首部）传递给传输层；传输层在收到的数据上再加上本层的控制信息 H_4（传输层首部）传递给网络层；以此类推，网络层加上本层的控制信息 H_3（网络层首部），再往下传递给数据链路层；数据链路层将控制信息分为两部分，分别加到数据的首部（H_2）和尾部（T_2），将数据封装成帧，传递给物理层；物理层由于是比特流的传送,所以不再加上控制信息,以比特流的形式传送出去。

这一串的比特流离开主机 PC 经物理传输媒体到达中间设备路由器,路由器先接收再转发。路由器接收时是从物理层依次上升到网络层的。在这个上升过程中,每层都是先根据该层的控制信息进行必要的操作,然后将此控制信息剥去,并将该层剩下的数据上交给上一层。当数据上升到网络层时,先根据网络层控制信息 H_3 中的目的地址查找路由器中的路由表,找出转发该数据的接口,然后剥去原来的控制信息,重新封装新的首部,再向下传递给下一层,数据链路层加上新的首部和尾部,将数据封装成帧,传递给物理层,最后通过转发接口把每个比特发送出去。

当这一串的比特流经过网络到达目的主机 Server 时,就从主机 Server 的物理层依次上升到应用层。最后,把应用进程 AP1 发送的数据交给目的主机 Server 的应用进程 AP2。

虽然应用进程数据要经过如图 1-4 所示的复杂过程才能送到目的端的应用进程,但这些复杂的数据封装和解封装过程对用户是透明的,被屏蔽掉了。

1.1.3　TCP/IP 栈

视频讲解

在计算机网络分层结构中,不同主机之间的相同层次称为对等层,对等层之间互相通信需要遵守一定的规则,如通信的内容、通信的方式等。将需要遵守的规则称为协议(Protocol),而将某个计算机网络层次化模型中运行的协议的集合称为协议栈。计算机网络就是利用这个协议栈来完成通信的。

目前,大多数计算机网络都是采用 TCP/IP 四层体系结构组建的,TCP/IP 层次模型中运行的是 TCP/IP 栈。TCP/IP 参考模型和 TCP/IP 栈对应关系如图 1-5 所示。

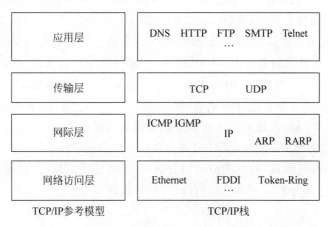

图 1-5　TCP/IP 参考模型和 TCP/IP 栈对应关系

由图 1-5 可知,应用层和网络接口层都有多种协议,而中间的传输层、网际层的协议有限,主要是 TCP 和 IP,TCP/IP 栈的这种上下两头大而中间小的特点可用沙漏计时器形状表示,如图 1-6 所示。这种很像沙漏计时器形状的 TCP/IP 栈表明,TCP/IP 可以为各种各样的应用提供服务,即 Everything over IP,同时 TCP/IP 也允许在各式各样的网络构成的互联网上运行,即 IP over Everything。从图 1-6 可以看出,TCP/IP 在互联网中的核心作用,这也是以 TCP/IP 来命名互联网协议栈的原因。

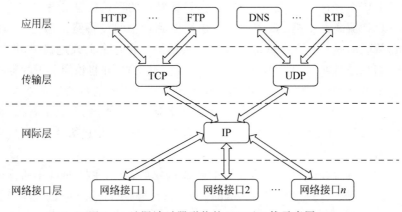

图 1-6　沙漏计时器形状的 TCP/IP 栈示意图

TCP/IP 栈是由许多网络协议组合而成的，包括 ARP、ICMP、IGMP、IP、TCP、UDP、HTTP、DNS 等多种协议，下面对 TCP/IP 栈中的几个主要协议进行介绍。

1. IP

IP(Internet Protocol，网际协议)是一个不可靠的、无连接的协议。IP 是网络互联协议，提供网间连接的标准，规定 IP 数据包在互联网络范围内的统一地址格式。

IP 是一种不可靠协议，其只提供尽力而为的数据报服务。这种服务就像邮局尽最大努力为人们传递信件，如果一封非挂号信丢失，只能由发信人或预期收信人来发现，并采取补救措施，而邮局本身不会对每封信进行跟踪，也不会通知发信人信件丢失。因此，IP 只是尽力而为将数据传输到目的端，但不保证一定能传输到目的端。

IP 是一种无连接的协议，使用数据报分组交换方式。在数据报分组交换方式中，每个数据不是作为一个整体进行传输的，而是划分为一定长度的许多数据分组来进行传输的，这些分组称为"包"或"IP 数据报"。网络在发送分组时不需要先建立连接，每一个 IP 分组都独立发送，在传输过程中都要进行路径选择。因此，每个分组可能按照不同的路径到达目的端，也有可能不按顺序到达，甚至有些数据报也可能丢失或出错。

IP 数据报格式如图 1-7 所示，括号中的数值表示该字段所占用的比特数。一个 IP 数据报由首部和数据两部分组成，首部的前一部分是 20 字节的固定长度，是所有 IP 数据报必须具有的，在首部固定部分的后面是一些可选字段，其长度可变。

2. ARP

TCP/IP 体系在网络层采用标准协议 IP 实现异构网络的互联，网络互联结构示意图如图 1-8 所示。图 1-8(a)表示由若干计算机网络通过路由器进行互联的实际网络，由于参加互联的网络都使用相同的互联网协议(IP)，虽然各种物理网络的异构性本来是客观存在的，但是利用互联网协议可以使这些性能各异的网络在网络层上看起来好像是一个统一的网络，因此，可以把互联以后的整个网络看成如图 1-8(b)所示的一个虚拟互联网络，即虚拟的 IP 网络。所以，互联网就是由路由器将物理网络互联而成的一个逻辑网络。

在逻辑的互联网上主机和路由器使用它们的逻辑地址(IP 地址)进行标识，而在具体的

0位		15位	31位
版本(4)	报头长度(4)	优先级和服务类型(8)	数据包总长度(16)
标识(16)		标志和偏移量(16)	
存活期(8)	协议(8)	报头校验和(16)	
源IP地址(32)			
目的IP地址(32)			
选项(0或32)			
数据(可变)			

图 1-7　IP 数据报格式

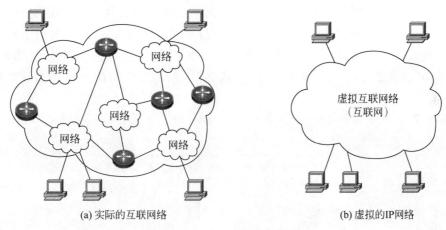

(a) 实际的互联网络　　　　　　　　　　　　(b) 虚拟的IP网络

图 1-8　网络互联结构示意图

物理网络上,主机和路由器必须使用它们的物理地址进行标识,此处物理地址也称硬件地址或 MAC 地址(介质访问控制地址)。图 1-9 所示的是两个局域网用一个路由器互联起来的示意图。两个局域网中需要通信的两台主机 PC 和 Server 的 IP 地址分别是 IP1 和 IP2,它们的物理地址分别为 HA1 和 HA2(HA 表示 Hardware Address);路由器 R 连接两个局域网,对应端口的 IP 地址分别是 IP3 和 IP4,物理地址分别为 HA3 和 HA4。

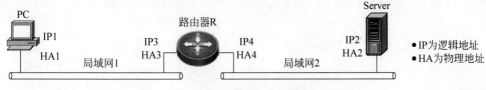

图 1-9　一个路由器互联两个网络的示意图

在计算机网络层次模型中,发送端数据由高层传递到底层的过程中,需要在每层加上该层的控制信息后再传递给下一层,而接收端则相反,从底层依次上升到高层的过程中,每层都是先根据该层的控制信息进行必要的操作,然后将此控制信息剥去,并将该层剩下的数据上交给上一层。图 1-9 中 PC 和 Server 通信的路径是:PC→路由器 R 转发→Server,不同区间网络层和数据链路层数据首部封装的地址如表 1-2 所示。

表 1-2　不同区间网络层和数据链路层数据首部封装的地址

区间	网络层 IP 数据报首部的地址		数据链路层帧首部的地址	
	源地址	目的地址	源地址	目的地址
从 PC 到路由器 R	IP1	IP2	HA1	HA3
从路由器 R 到 Server	IP1	IP2	HA4	HA2

　　在实际应用中，一般只知道目的端的 IP 地址而不知道其物理地址，如果不能找出其对应的物理地址，在数据链路层就不能完成数据帧的封装，通信也就无法完成。这个目的端物理地址（或 MAC 地址）是如何获得的呢？地址解析协议（Address Resolution Protocol，ARP）就是用来解决这个问题的。

　　ARP 解决这个问题的方法是在主机 ARP 高速缓存表中存放一个从 IP 地址到 MAC 地址的映射表，并且这个映射表不断动态更新（新增或超时删除）。那么每台主机是如何知道这些地址的呢？ARP 使用 IP 地址的本地广播来获得目的主机或网关的物理地址。在广播 ARP 请求之前，先要检测其 ARP 高速缓存，查看是否有 IP 地址和物理地址的映射记录。

　　下面结合图 1-10 解释 ARP 的工作原理。ARP 地址解析过程包括 ARP 请求与 ARP 应答。

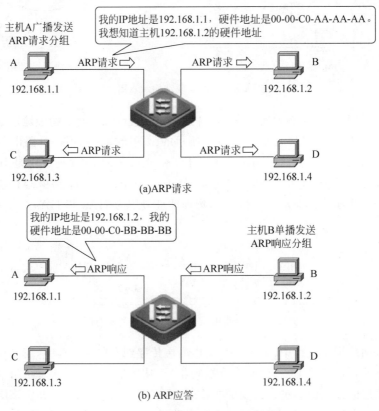

图 1-10　ARP 的工作原理示意图

（1）当主机 A(192.168.1.1)要向本局域网上的某台主机 B(192.168.1.2)发送 IP 数据时，先在其 ARP 高速缓存表中查看有无主机 B 的 IP 地址和 MAC 地址的映射记录。

（2）如果主机 A 在其 ARP 高速缓存中找到 192.168.1.2 对应的 MAC 地址，就用查找到的 MAC 地址完成数据帧的封装，然后通过局域网把该帧发往此 MAC 地址。

（3）如果没有找到，主机 A 就自动运行 ARP，ARP 进程发送一个 ARP 请求分组，该分组被直接封装在数据链路层广播帧中，此时封装的源和目的 MAC 地址分别为主机 A 的硬件地址 00-00-C0-AA-AA-AA 和广播 MAC 地址 FF-FF-FF-FF-FF-FF，封装完成后，以广播的形式发送出去。ARP 请求分组的主要内容是："我的 IP 地址是 192.168.1.1，硬件地址是 00-00-C0-AA-AA-AA。我想知道 192.168.1.2 的硬件地址。"

（4）在本局域网中所有主机上运行的 ARP 进程都收到此 ARP 请求分组，如图 1-10(a)所示。

（5）主机 B 在 ARP 请求分组中见到自己的 IP 地址，就向主机 A 发送 ARP 响应分组，该分组被直接封装在数据链路层单播帧中，此时封装的源 MAC 地址为主机 B 的 00-00-C0-BB-BB-BB、目的 MAC 地址为主机 A 的 00-00-C0-AA-AA-AA，封装完成后，以单播的形式发送出去。而主机 C 和 D 发现在 ARP 请求分组中询问的 IP 地址不是自己的地址，就丢弃该分组不做响应，如图 1-10(b)所示。ARP 响应分组的主要内容是："我的 IP 地址是 192.168.1.2，我的硬件地址是 00-00-C0-BB-BB-BB。"

（6）主机 A 收到主机 B 的 ARP 响应分组后，就在其 ARP 高速缓存中写入主机 B 的 IP 地址到 MAC 地址的映射。同样，主机 B 在收到主机 A 发送的 ARP 请求分组时，也会在其 ARP 高速缓存中写入主机 A 的 IP 地址到 MAC 地址的映射。其实，所有收到 ARP 分组的主机都会根据接收到的信息刷新自己的 ARP 高速缓存。

注意，因广播被限制在一个网络内部，所以，ARP 解决的只是同一个局域网上的主机或路由器的 IP 地址和 MAC 地址的映射问题。如果所要找的主机与源主机不在同一个局域网上，例如在图 1-9 中，主机 PC 就无法解析出主机 Server 的 MAC 地址。主机 PC 发送给 Server 的数据需要通过与主机 PC 连接在同一个局域网上的路由器 R 来转发。此时主机 PC 需要把路由器 R 的 IP 地址 IP3 解析为 MAC 地址 HA3，以便能够把数据传送给路由器 R；路由器 R 在转发这个 IP 数据报时用类似的方法解析出主机 Server 的 MAC 地址 HA2，使 IP 数据报最终交付主机 Server。在 Internet 网上，许多情况下通信需要跨越多个网络，就需要多次使用 ARP，解析过程是相似的，只是以上所讲述的解析过程反复使用而已。

从 IP 地址到 MAC 地址的解析是自动进行的，用户对这种地址解析过程是不知道的。只要主机或路由器要和本网络上的另一个已知 IP 地址的主机或路由器进行通信，ARP 就会自动运行。

3. TCP

在 TCP/IP 模型中，传输层的功能是使源主机和目的主机上的对等实体可以进行会话。作为网络层协议，IP 负责主机到主机的通信，但只能将报文传送给目的计算机。显然，这不是一个完整的传输，报文还必须送到目的主机上正确的进程，而这正是传输层协议所要做的事情。TCP/IP 栈为传输层定义了两种服务质量不同的协议，即传输控制协议（TCP）和用户数据报协议（UDP）。网络层和传输层协议的作用范围是不同的，如图 1-11 所示。两台主机之间经常存在多个应用进程同时通信的情况,如用户在浏览某网站页面时还用电子邮件给网站发送反馈意见,用户端主机同时运行的浏览器和电子邮件客户进程就使用同一个传输层协议与网站服务器进行通信,此时需要采用一种机制使得传输层报文能区分不同的应用进程。在 TCP/IP 网络中,使用协议端口号,对通信的应用进程进行标志,并作为应用进程的传输层地址。

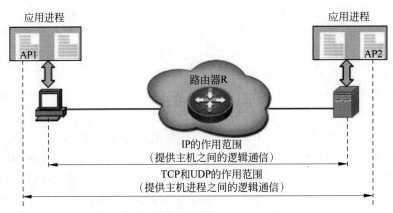

图 1-11　网络层和传输层协议的作用范围

由于互联网的网络层为主机之间提供的逻辑通信服务是一种尽力而为的数据报服务,但像电子邮件、文件传送、万维网、电子银行等日常应用,如果有数据丢失则可能会造成灾难性的后果。因此,在不可靠的网络层之上需要传输层使用 TCP 为这类应用提供可靠的数据传送服务。

TCP 提供可靠的、面向连接的字节流传送服务,是整个 TCP/IP 栈中的一个主要协议。通信双方在传送数据之前必须先建立连接,数据传送结束后必须释放连接,连接建立和释放的过程称为“握手”。TCP 为了实现可靠传输服务,增加了首部控制字段,同时引入确认、编号、流控制及连接管理等机制。TCP 报文格式如图 1-12 所示,括号中的数值表示该字段所占用的比特数。其中,源端口号和目的端口号指明发送进程和接收进程,这两个字段结合源 IP 地址和目的 IP 地址唯一地表示一条连接;32 位的序列号表示数据部分第一字节的编号;32 位的确认号表示接收方下一次接收的数据序列号,隐含意义是序号小于确认号的数据都已正确接收;16 位的窗口值通知对方自己可以接收数据的大小,告诉对方从被确认的

0位		15位		31位
源端口号(16)			目的端口号(16)	
序列号(32)				
确认号(32)				
头长度(4)	保留(6)	TCP控制位(6)	窗口值(16)	
校验和(16)			紧急数据指针(16)	
选项(0或32，若有的话)				
数据				

图 1-12　TCP 报文格式

字节算起可以发送多少字节,当窗口值为 0 时,表示接收缓冲区已满,要求对方暂停发送数据,此字段用来进行流量控制。

TCP 是面向连接的,每次连接的建立、维护(数据传送)和释放是 TCP 连接管理的主要目标。在数据传送之前建立连接,目的是为接下来的通信分配资源,而数据传送之后释放连接,目的是释放所占用的资源。

(1) TCP 连接建立。

TCP 是通过"三次握手"来保证源端和目的端的两个进程之间能可靠地建立连接的。"三次握手"的目标是使数据端的发送和接收同步,同时也向其他主机表明其一次可接收的数据量(窗口值),并建立逻辑连接。网络上两台主机通过"三次握手"建立连接的过程如图 1-13 所示。

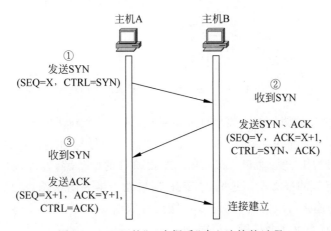

图 1-13　TCP 的"三次握手"建立连接的过程

① 主机 A 发送一个同步标志位(SYN)置 1、未设置 ACK 位的 TCP 数据段。此段中同时标明初始序号(Initial Sequence Number,ISN),ISN 是一个随时间变化的随机值,假设 SEQ=X。

② 主机 B 发回一个同步标志位(SYN)置 1、确认标志位(ACK)也置 1 的确认数据段。此段中确认号字段设为 X+1,X+1 确认号暗示主机 B 已经收到主机 A 发往主机 B 的同步序号,表明主机 B 期待收到主机 A 下一个数据段的序号。此外,此确认数据段中还包含主机 B 的段初始序号,也是一个随机数,假设 SEQ=Y。

③ 主机 A 再回送一个设置 ACK 位置 1、未设置 SYN 的数据段,同样带有递增的发送序号和确认序号,此时,序列号 SEQ=X+1、确认号 ACK=Y+1。

至此,TCP 会话的"三次握手"完成。接下来,主机 A 和主机 B 就可以互相收发数据了。

(2) TCP 连接释放。

数据传输结束后,通信双方都可释放连接。TCP 连接的释放过程比较复杂些,通过"四次握手"来释放连接,有时也形象地称为"四次握手"。网络上两台主机通过"四次握手"释放连接的过程如图 1-14 所示。此处假设主机 A 的应用进程先向其 TCP 发出连接释放报文段,并停止数据发送,主动关闭 TCP 连接。

① 主机 A 发送一个终止控制位(FIN)置 1、未设置 ACK 位的 TCP 数据段,其报文段序号是 A 前面已发送过的数据的最后一字节的序号加 1,此处假设 SEQ=m。

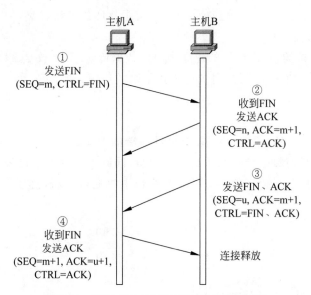

图 1-14　TCP 的"四次握手"释放连接的过程

② 主机 B 收到连接释放报文段后即发出确认，发回一个确认标志位（ACK）置 1 的确认数据段。此段中确认号字段 ACK＝m＋1，而报文段的序号是 B 前面已经传送过的数据的最后 1 字节的序号加 1，此处假设 SEQ＝n。A 收到 B 的确认后，就进入"终止-等待"状态，等待 B 发出连接释放的报文段。这时的 TCP 连接处于半关闭状态，A 已经没有数据要发送了，从 A 到 B 的连接可以关闭，但是 B 可能还有数据要发送，也就是说从 B 到 A 的连接并没有关闭，这个状态可能会持续一段时间。

③ 若主机 B 已经没有要向 A 发送的数据了，其应用进程就通知 TCP 释放连接。主机 B 发送一个终止控制位（FIN）置 1、确认标志位（ACK）也置 1 的 TCP 数据段，其报文段中 SEQ＝u、ACK＝m＋1。这时 B 就进入最后确认状态，等待 A 的确认。

④ 主机 A 收到 B 的连接释放报文段后，对此发出确认。主机 A 发送一个确认标志位（ACK）置 1 的确认报文段。此段中 ACK＝u＋1、SEQ＝m＋1。B 到 A 的连接也被关闭，至此，A 和 B 之间的 TCP 连接完全关闭。

1.1.4　常用网络故障测试命令

随着计算机网络的发展和广泛应用，当今全球几乎所有的计算机系统都已经通过网络互联起来，人们的日常生活也越来越离不开网络，无论是组织还是个人越来越依赖网络存储和传输信息。而由于网络的复杂性，网络在组建、使用过程中，也不可避免地会遭遇到各种各样的故障，如由于硬件的问题、软件的漏洞、病毒的侵入等引起网络无法提供正常服务或降低服务质量。引起网络故障的原因很多，如何保障网络的持续、高效、安全运行，网络管理者需要借助一些网络分析系统或通过一些命令去检测、定位故障点。

Windows 自带了一些常用的网络测试命令，如 ping、ipconfig、arp、tracert 等，可以用于网络的连通性测试、配置参数测试和协议配置、路由跟踪测试等。通过使用网络测试命令，使得故障解决的工作取得事半功倍的效果。

1. ping 命令

ping 命令是网络中使用频率极高的测试连通性的工具。ping 命令使用 ICMP 来发送 ICMP 请求数据包,如果目的主机能够收到这个请求,则发回 ICMP 响应。ping 可对每个包的发送和接收报告往返时间,并报告无响应包的百分比等,网络管理者可根据 ping 提供的这些信息来确定网络是否正确连接及网络连接的状况(丢包率)。如果 ping 运行正确,大体上就可以排除网络访问层、网卡、Modem 的输入输出线路、电缆和路由器等存在的故障,从而缩小问题的范围。

(1) ping 命令语法。

Windows 7 系统下 ping 命令语法如下:

```
ping [－t][－a][－n count][－l size][－f][－i TTL][－v TOSl[－r count][－s count]
    [[－j host－list]|[－k host－tist]][－w timeout][－R][－S srcaddr][－4][－6] target
    _name
```

ping 命令中带有多个参数,常用参数的功能说明如表 1-3 所示。

表 1-3　ping 命令常用参数的功能说明

参　数	功　能　说　明
－t	使 ping 命令一直执行,直至按 Ctrl＋C 组合键为止。默认值是 2000ms
－a	将地址解析为主机名
－n count	设定 ping 的次数。要发送的回显请求数,默认值为 4
－l size	设定发送包(发送缓冲区)的大小,默认值为 32B,最大值是 65 527B
－i TTL	设定生存时间值
－w timeout	设定等待每次回复的超时时间(ms)
target_name	目标 IP 地址或主机名

在命令提示符下直接输入 ping 或 ping /?,可以获得 ping 命令的帮助信息。

(2) ping 命令应用。

ping 命令的使用方法很简单,一般情况下只需要用 ping 命令加上所要测试的目的计算机的 IP 地址或主机名即可,其他参数可全部不加。图 1-15 是 Windows 7 系统下 ping 通百度网址的显示示例,图 1-16 是 ping 不通时的显示示例。

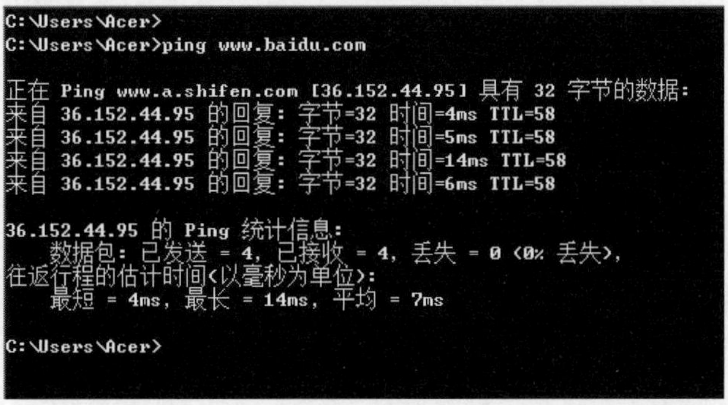

图 1-15　ping 通百度网址的显示示例

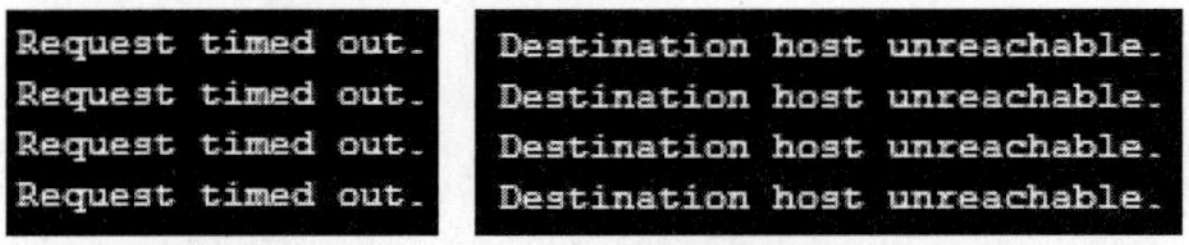

(a) 请求超时   (b) 目的主机不可达

图 1-16   ping 不通时的显示示例

执行 ping 命令后,出现如图 1-16(a)所示的请求超时或如图 1-16(b)所示的目的主机不可达等错误提示时,说明从源到目的主机的网络出现连通性问题,此时,就要仔细分析网络故障出现的原因和可能引起问题的网络节点。"目的主机不可达"一般与路由设置有关,可重点检查路由器的路由表,而引起"请求超时"的原因则比较复杂,可能是硬件问题,也可能是 IP 地址、路由表设置等问题。

一般情况下,用户可以通过使用一系列 ping 命令来查找问题出在什么地方,或检验网络运行的情况。具体步骤如下。

① 执行 ping 127.0.0.1 命令。127.0.0.1 是环回地址,ping 环回地址是为了检查本机的 TCP/IP 有没有设置好。如果测试成功,表明 TCP/IP 安装正常。如果测试不成功,就表示 TCP/IP 的安装有问题。

② ping 本机 IP 地址,检查本机的 IP 地址设置是否有误,也可以检查本机与本地网络连接是否正常。如果测试成功,表明本机的网卡安装正确且已经连通。如果测试不成功,则表示本地配置或网卡安装存在问题,应当对网络设备和通信介质进行测试、检查并排除。

③ ping 局域网内其他 IP 地址,检查本网内硬件设备是否有问题。如果测试成功,表明本地网络中的网卡和载体运行正确。但如果显示如图 1-16 所示的信息,那么表示子网掩码不正确或网卡配置错误或电缆系统有问题。

④ ping 网关 IP 地址,检查本网的网关路由器是否正常。如果测试成功,表示局域网中的网关路由器正在运行并能够做出应答。

⑤ ping 远程 IP 地址,检查本网或本机与外部的连接是否正常。

2. ipconfig 命令

ipconfig 命令用于查看计算机当前的 IP 地址、子网掩码、默认网关、DNS 服务器等 TCP/IP 配置的设置值,还可以通过此命令查看主机的其他相关信息,如主机名、网卡的物理地址等。如果计算机使用了动态主机配置协议,ipconfig 命令不仅可以帮助了解计算机是否成功租用 IP 地址,还可以查看到租用的是什么地址。使用 ipconfig 命令可以很方便地查看网络相关属性参数设置是否正确。了解计算机当前的 IP 地址、子网掩码和默认网关等信息实际上是进行网络测试和故障分析的必要项目。

(1) ipconfig 命令语法。

Windows 7 系统下 ipconfig 命令语法如下:

```
ipconfig [/? | /all | /release | /renew | /flushdns | /displaydns | /registerdns |
          /showclassid | /setclassid]
```

ipconfig 命令中带有多个参数,常用参数的功能说明如表 1-4 所示。

表 1-4　ipconfig 命令常用参数的功能说明

参　　数	功　能　说　明
/?	显示此命令的帮助信息
/all	显示本机 TCP/IP 配置的详细信息
/renew	DHCP 客户端手工向服务器刷新请求
/release	DHCP 客户端手工释放 IP 地址
/flushdns	清除本地 DNS 缓存内容

（2）ipconfig 命令应用。

ipconfig 命令主要用于查看计算机的 IP 地址、子网掩码、网关、DNS 及网卡的物理地址等信息，协助进行网络测试和故障分析。

在命令提示符下输入 ipconfig /all，可以获得 IP 配置的所有属性，显示的是所有网卡的 IP 地址、子网掩码、网关、DNS 和 MAC 地址等，信息比较详细，如图 1-17 所示。

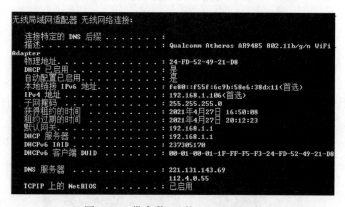

图 1-17　带参数 all 的 ipconfig 显示

在命令提示符下直接输入 ipconfig，不带任何参数选项，只显示主机的 IP 地址、子网掩码和默认网关信息，如图 1-18 所示。

在实际应用中，还可以将 ipconfig 命令显示的结果保存到文件中，导出每台计算机的网络配置信息，便于保存及查看。此时，在命令提示符下输入 ipconfig/all >文件名.扩展名，如图 1-19 所示。注意，在哪个目录下操作此命令，导出的文件就在哪个目录下。

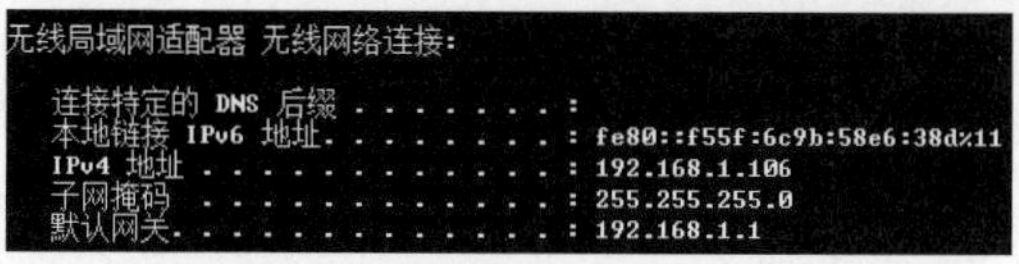

图 1-18　不带参数的 ipconfig 显示

图 1-19　导出网络配置信息的命令

3. arp 命令

ARP（地址解析协议）是 TCP/IP 簇中的一个重要协议，用于确定对应 IP 地址的网卡物理地址（MAC 地址），并将 IP 到物理地址转换表保存到本地的 ARP 高速缓存中，且这个映射表是不断动态更新的。使用 Windows 自带的 arp 命令，可以显示或修改 ARP 维护的高速缓存中的内容。

（1）arp 命令语法。

Windows 7 系统下 arp 命令语法如下：

```
arp [－a [inet_addr] [－N if_addr] [－v]] [－s inet_addr eth_addr [if_addr]] [－d inet_addr
[if_addr]]
```

arp 命令中带有多个参数，常用参数的功能说明如表 1-5 所示。

表 1-5　arp 命令常用参数的功能说明

参　数	功　能　说　明
inet_addr	指定 IP 地址
eth_addr	指定物理地址（硬件地址或 MAC 地址）
-a	显示 ARP 表中的所有条目
-d inet_addr	删除 inet_addr 对应的条目，inet_addr 可以是通配符 *，表示删除所有
－s inet_addr eth_addr	添加 inet_addr 和 eth_addr 指定的映射条目。该项是永久的

在命令提示符下直接输入 arp 或 arp-?，可以获得 arp 命令的帮助信息。

（2）arp 命令应用。

在命令提示符下输入 arp -a，可以查看本机高速缓存中的所有项目，如图 1-20 所示。

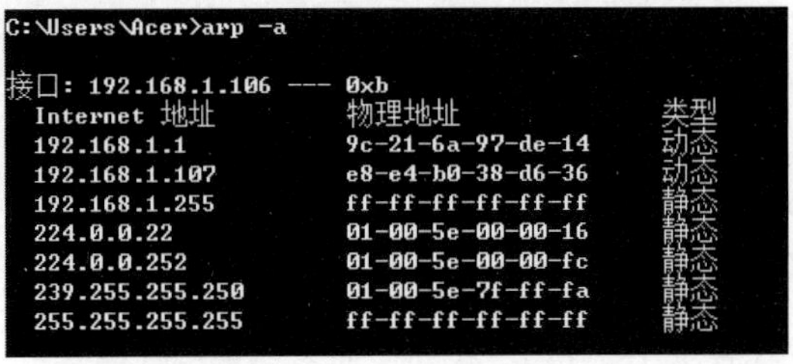

图 1-20　arp-a 结果示意

按照默认设置，ARP 高速缓存中的项目是动态的，每当向指定地址发送数据并且此时高速缓存中不存在该指定地址对应的项目时，ARP 就会自动运行获取相关信息并添加该项目。使用 arp-s 命令可以人工方式设置静态的网卡物理地址/IP 地址对，如可以为默认网关或本地服务器等常用主机进行这种静态配置，有助于减少网络上的通信量。

在命令提示符下输入"arp -s IP 物理地址"可向 ARP 高速缓存中人工输入一个静态项目，添加静态项目的命令如图 1-21 所示。

图 1-21　添加静态项目的命令

4. tracert 命令

tracert 命令用来检验数据包是通过什么路径到达目的地的，显示数据包到达目的主机所经过的路径,显示数据包经过的中继节点清单和到达时间,以及在哪个路由器上停止转发,从而对数据包发送路径上出现的网关或者路由器故障进行定位。tracert 命令功能同 ping 命令,但它所获得的信息要比 ping 命令详细得多,它把数据包所走的全部路径、节点的 IP 地址以及花费的时间都显示出来。该命令比较适用于大型网络,主要用于检查网络连接是否可达,以及分析网络什么地方发生了故障。

(1) tracert 命令语法。

Windows 7 系统下 tracert 命令语法如下:

```
tracert [ - d] [ - h maximum_hops] [ - j host - list][ - w timeout][ - R][ - S srcaddr][ - 4][ - 6]
target_name
```

tracert 命令中带有多个参数,常用参数的功能说明如表 1-6 所示。

表 1-6   tracert 命令常用参数的功能说明

参　　数	功　能　说　明
-d	不解析 IP 地址对应的域名,这样可加快程序运行的速度
-h maximum_hops	指定搜索目标的最大跃点数
-j host-list	指定沿主机列表 host-list 的稀疏源路由(仅适用 IPv4)
- w timeout	设定等待每个回复的超时时间
target_name	目标 IP 地址或主机名

在命令提示符下直接输入 tracert 或 tracert /?,可以获得 tracert 命令的帮助信息。

(2) tracert 命令应用。

在 Windows 下利用 tracert 命令跟踪数据包到达百度官方网站的途径如图 1-22 所示。此处是用带有参数-d 跟踪,这样跟踪过程中不需解析每个路由器的名字,可以加快 tracert 命令的运行速度。

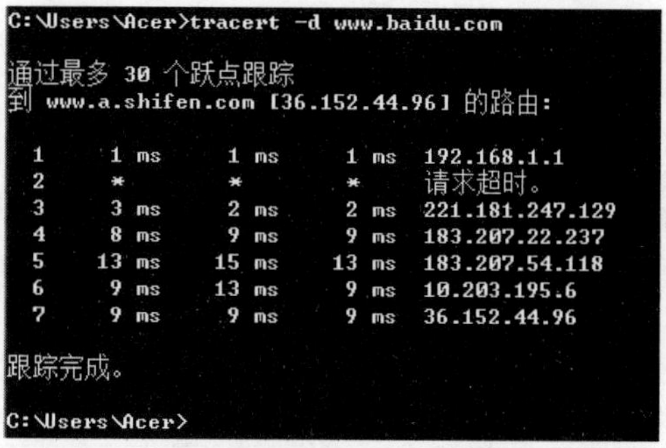

图 1-22   tracert 命令

从图 1-22 可以看出,一共经历了 5 个路由器,每行输出有 5 列,每列含义如下。

• 第一列是描述路径的第几条的数值,即沿着该路径的路由器序号。
• 第二列是第一次往返时延。
• 第三列是第二次往返时延。
• 第四列是第三次往返时延。

- 第五列是路由器输入端口的 IP 地址。如果不带参数-d,则该列会显示路由器的名字和其输入端口的 IP 地址。

如果跟踪过程中,某段网络不通,则会在出问题处显示"＊"和"请求超时"(Request Timeout)的信息,如图 1-22 所示。

tracert 命令最多只能跟踪 30 个路由器,当大于 30 个路由器时,程序自动停止。

大型网络的管理比较复杂,出现故障的可能性也比较高,需要使用多个命令协助分析、排除故障。当 ping 一个较远的主机出现错误时,可用 tracert 命令查出数据包是在哪里出错的。如果连一个路由器也不能穿过,则可能是计算机的网关设置错了,可用 ipconfig 命令查看网络配置信息。

1.2　知识扩展

1.2.1　TCP 和 UDP 端口号

一台主机在同一时间内可以提供多个不同服务,比如 Web 服务、FTP 服务、SMTP 服务等,IP 地址只能标识目的计算机,但网络通信的报文还必须送到目的主机上正确的进程。在 TCP/IP 网络中,使用协议端口号,对通信的应用进程进行标志,并作为应用进程的传输层地址。如果把 IP 地址比作一幢房子的门牌号,端口就是出入这幢房子房间的门,端口号就是打开门的钥匙。真正的房子一般只有有限的几个门,但是一个 IP 地址的端口可以有65 536 个。

网络上是通过"IP 地址＋端口号"来区分不同进程的。因此,对通信来说,必须定义本地主机、本地进程、远程主机、远程进程来标识一个会话连接。本地主机和远程主机是用 IP 地址来定义的,而本地进程和远程进程是用端口号来定义的。

在 TCP/IP 栈中,端口号的范围是 0～65 535 的整数。IANA(Internet Assigned Numbers Authority,互联网地址指派机构)将传输层的端口号分为如下 3 类。

(1) 知名端口号。

知名端口号即众所周知的端口号,工作于服务器端,数值为 0～1023,又称为系统端口号或熟知端口号。知名端口号由 IANA 指派和控制,IANA 将该类端口号指派给 TCP/IP 网络中常用应用进程的服务器端并且是固定的。部分常用的知名端口号如表 1-7 所示。

表 1-7　部分常用的知名端口号

协　　议	端　　口	服务进程	说　　明
TCP	20/21	FTP	文件传输协议
	23	Telnet	远程登录
	25	SMTP	简单邮件传送协议
	53	DNS	域名服务
	80	HTTP	超文本传输协议
	119	NNTP	网络新闻传输协议
	179	BGP	边界网关协议

协　议	端　口	服　务　进　程	说　明
UDP	53	DNS	域名服务
	67/68	DHCP	动态主机配置协议
	69	TFTP	简单文件传输协议
	161/162	SNMP	简单网络管理协议
	520	RIP	路由信息协议

如果服务器端某个服务进程的端口号是由系统随机选取的,那么在客户端想接入这个服务器并使用这个服务时,将因不知道这个随机选取的端口号而无法访问。因此,TCP/IP规定服务器使用知名端口号来标识每个常用的服务进程。

(2) 登记端口号。

登记端口号也工作于服务器端,数值为 1024~49 151,又称为注册端口号。IANA 不指派也不控制登记端口号,只能在 IANA 注册以防止重复。一般由那些未被分配到知名端口号的一些不常用的应用进程的服务器端,向 IANA 进行申请并登记。

(3) 动态端口号。

动态端口号也称临时端口号,工作于客户端,数值为 49 152~65 535。理论上,这些端口号一般不分配给服务,既不用指派也不用注册,它们可以由任何进程使用,是临时的端口。客户端应用程序进程启动时动态选择一个端口号,用于标志传输层向应用进程交付数据的端口地址,通信结束客户进程关闭后释放该端口,供其他客户进程使用。客户端通常对它所使用的端口号并不关心,该端口号是由运行在客户主机上的系统随机选取的,只需保证该端口号在本机上是唯一的就可以了。实际上,主机上的系统通常从 1024 起分配动态端口。

1.2.2　数据传输过程

结合前面介绍的网络模型和几个重点协议的分析可知,源主机和目的主机之间的数据传输流程如图 1-23 所示。

由图 1-23 可以看出,数据包在网络中的传输主要与路径选择以及数据的封装和解封装等有关,期间还需要进行地址解析。下面结合图 1-24 分析 PC1 远程登录服务器 Server 的数据传输过程是如何实现的。

具体的实现步骤如下。

① PC1 封装数据包。PC1 比较目的 IP 地址,发现服务器的 IP 地址 203.1.1.2 不在本地网络中,PC1 知道要发往不同网络中的数据包,首先要发往网关,也就是图 1-24 中路由器 R1 快速以太网接口 Fa0/0 的 IP 地址 201.1.1.1。PC1 查询本地的 ARP 高速缓存,如果找到 201.1.1.1 对应的 MAC 地址则进行封装;如果没有找到则用前面介绍的 ARP,获得网关对应的 MAC 地址 00-11-BC-7D-24-01。

PC1 对 Telnet 协议的数据包进行封装,首先在传输层进行分段等处理。因 Telnet 使用的是 TCP,PC1 使用本地一个大于 1024 的随机 TCP 源端口(假设为 1050)建立到目标服务器 TCP 23 端口的连接,TCP 源端口和目的端口被加入到传输层的协议数据单元(Protocol Data Unit,PDU)中。因 TCP 是一个可靠的传输控制协议,传输层还会加入序列

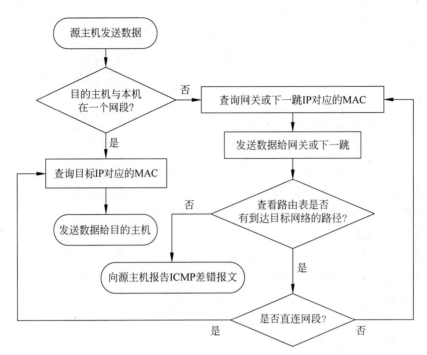

图 1-23　源主机和目的主机之间的数据传输流程

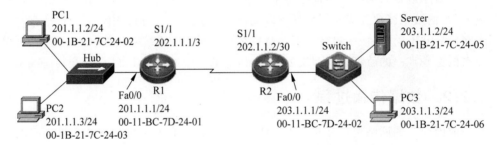

图 1-24　PC1 远程登录服务器 Server 的数据传输过程

号、窗口大小等参数。

传输层封装后的数据分段被传到网络层，封装网络层的头部，主要就是添加源 IP 地址和目的 IP 地址，这里的源 IP 地址是 201.1.1.2，目的 IP 地址是 203.1.1.2。

网络层封装后的数据包被传到数据链路层，封装帧头和帧尾。帧尾是添加循环冗余校验（CRC）部分。帧头主要是封装源 MAC 地址和目的 MAC 地址。这里源 MAC 地址是 PC1 的 MAC 地址 00-1B-21-7C-24-02，目的 MAC 地址是网关的 MAC 地址 00-11-BC-7D-24-01。PC1 发出的数据帧格式如图 1-25(a)所示。

PC1 的数据链路层把封装后的数据帧被传到物理层，转换为二进制形式的比特流，从 PC1 的网卡发送出去。

② PC1 发出的比特流经物理传输媒体到达集线器，集线器属于物理层的设备，集线器简单地对比特流进行再生处理，从除接收端口以外的所有端口转发出去。PC2 和路由器 R1 均接收到这个数据包。

数据链路层头部地址		网络层IP头部地址		传输层TCP头部地址		数据	帧尾
目的硬件地址	源硬件地址	目的IP	源IP	目的端口号	源端口号		
00-11-BC-7D-24-01	00-1B-21-7C-24-02	203.1.1.2	201.1.1.2	23	1050	Telnet数据	CRC检验

(a) PC1发出的数据帧格式

PPP	PPP	203.1.1.2	201.1.1.2	23	1050	Telnet数据	CRC检验

(b) 路由器R1发出的数据帧格式

00-1B-21-7C-24-05	00-11-BC-7D-24-02	203.1.1.2	201.1.1.2	23	1050	Telnet数据	CRC检验

(c) 路由器R2发出的数据帧格式

00-11-BC-7D-24-02	00-1B-21-7C-24-05	201.1.1.2	203.1.1.2	1050	23	返回数据	CRC检验

(d) 服务器发回的数据帧格式

图 1-25　图 1-24 中不同设备发出的数据格式

PC2 接收到这个数据包后,把比特流转换为帧上传到数据链路层,PC2 比较数据帧的目的 MAC 地址,发现与本机网卡的 MAC 地址不同,PC2 丢弃该数据帧,放弃继续处理。

③ 路由器 R1 收到后将其上传到数据链路层,路由器 R1 比较数据帧的目的 MAC 地址,发现与路由器接收端口 Fa0/0 的 MAC 地址相同,路由器 R1 知道该数据帧是发往本路由器的。路由器 R1 的数据链路层把数据帧进行解封装,然后上传到 R1 的网络层,R1 发现数据包的目的 IP 地址是 203.1.1.2,并不是发给本路由器的,需要路由器 R1 进行转发。

路由器 R1 查询自己的路由表,发现数据包应该从串行接口 S1/1 发出。路由器 R1 把数据包从 Fa0/0 接口交换到 S1/1 接口。注意,此时 R1 并不能直接把这个数据包发出去,而需在 S1/1 进行数据包的再封装。由于网络层的封装并没有被解开,数据包中源和目的 IP 地址都没有发生变化,但 IP 报头中的 TTL 字段会自动减 1。R1 的网络层把数据包交给数据链路层,数据链路层需要封装二层的地址。由于 R1 与 R2 之间的链路是串行链路,而串行链路不同于以太网,因为以太网是一个多路访问的网络,要定位到目的设备需要借助于 MAC 地址,但串行链路一般的封装协议是 PPP 或 HDLC,这种封装被用于点到点线路,也就是说,一根线只连接两台设备,一端发出,另一端肯定可以收到。假设此例中串行线缆上使用的协议是 PPP,则数据链路层封装的源和目的地都是 PPP。路由器 R1 发出的数据帧格式如图 1-17(b)所示。

路由器 R1 的数据链路层把封装后的数据帧传到物理层,从 R1 的 S1/1 接口发送出去。

④ 路由器 R2 收到这个比特流,上传到数据链路层,数据链路层把数据帧进行解封装,去掉 PPP 的封装,然后上传到 R2 的网络层,R2 发现数据包的目的 IP 地址是 203.1.1.2,需要路由器 R2 进行转发。R2 查询自己的路由表,发现该 IP 网络 203.1.1.0 直接连接在 Fa0/0 接口,R2 把数据包从 S1/1 接口交换到 Fa0/0 接口。路由器 R2 查看本地的 ARP 缓存,如果找到 203.1.1.2 对应的 MAC 地址则直接进行封装;如果没有找到,则发送 ARP 的查询包,查询到服务器网卡对应的 MAC 地址 00-1B-21-7C-24-05,进行数据链路层的封装。此时封装的数据

帧的源地址是 R2 的 Fa0/0 接口的 MAC 地址 00-11-BC-7D-24-02，目的地址是服务器网卡的 MAC 地址 00-1B-21-7C-24-05。路由器 R2 发出的数据帧格式如图 1-17(c)所示。

路由器 R2 的数据链路层把封装后的数据帧被传到物理层，从 R2 的 Fa0/0 接口发送出去。

⑤ 交换机收到 R2 转发来的数据后，根据目的 MAC 进行转发（有关这点可参看项目 2 介绍）。数据经交换机转发给服务器 Server。

⑥ 服务器 Server 收到后将其上传到数据链路层，服务器发现数据帧中的目的 MAC 地址与本网卡的 MAC 地址相同，服务器把数据帧进行解封装，去掉数据链路层的封装后，把数据包上传到网络层。服务器的网络层比较数据包中的目的 IP 地址，发现与本机的 IP 地址相同，服务器拆除网络层的封装后，把数据分段上传到传输层。

这样，发送端发送的每个数据分段都仿此到达服务器的传输层。服务器的传输层对数据分段进行确认、排序、重组，确保数据传输的可靠。被重组后的数据最后被传输到服务器 Server 的应用层。

⑦ 服务器 Server 收到 PC1 发过来的 Telnet 包后，对 PC1 进行响应。和 PC1 处理的过程类似，服务器也知道要发往一个远程的网络，数据链路层的目的 MAC 地址需要封装网关的 MAC 地址；网络层源和目的 IP 地址与 PC1 发过来的相反；传输层封装的源和目的端口号也与 PC1 发过来的相反。服务器发回的数据帧格式如图 1-17(d)所示。

1.3　实践训练

实训 1　Wireshark 抓包分析 TCP 的三次握手建立连接

1. 实训目标

（1）练习 Wireshark 网络分析工具的安装和使用方法。

（2）用 Wireshark 捕获报文并进行数据链路层、网络层、传输层和应用层有关协议分析。

（3）通过实训，加深对网络协议的理解，理解 TCP 的三次握手建立连接的过程。

2. 应用环境

Wireshark(以前称为 Ethereal)是一款非常流行的网络封包分析软件，功能十分强大。Wireshark 使用 WinPCAP 作为接口，直接与网卡进行数据报文交换，可以截取各种网络封包，显示网络封包的详细信息。通过 Wireshark 捕获报文并生成抓包结果，可以在抓包结果中查看 IP 网络的协议的工作过程，以及报文中所基于 OSI 参考模型各层的详细内容。Wireshark 是开源软件，可以运行在 Windows 和 Mac OS 上。

按照 TCP/IP 的层次结构对网络互联中的主要协议进行分析。本实训的基本思路是使用协议分析工具从网络中截获数据包，对截获的数据包进行分析。通过实训，了解计算机网络中数据传输的基本原理，进一步理解计算机网络协议的层次结构、主要功能和工作原理，以及协议之间是如何相互配合来完成数据通信功能的。

3．实训设备

能接入 Internet 且安装了 Wireshark 抓包软件的计算机一台。

4．实训拓扑

本实训网络拓扑可以是机房局域网，也可以是具有访问 Internet 的个人计算机网络。

5．实训要求

使用 Wireshark 捕获访问 Internet 某个网站的数据包，分析 TCP 连接建立过程。

6．实训步骤

第 1 步：下载并安装 Wireshark。

在 Wireshark 的官方网站（详见前言二维码）下载并安装 Wireshark。下载前需检查计算机的操作系统是 32 位还是 64 位。Wireshark 官方网站提供的下载软件如图 1-26 所示。

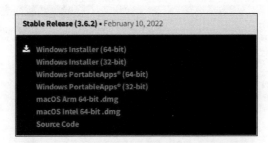

图 1-26　Wireshark 官方网站提供的下载软件

第 2 步：启动 Wireshark，练习其使用方法。

（1）Wireshark 主界面。

启动 Wireshark，显示如图 1-27 所示的主界面。

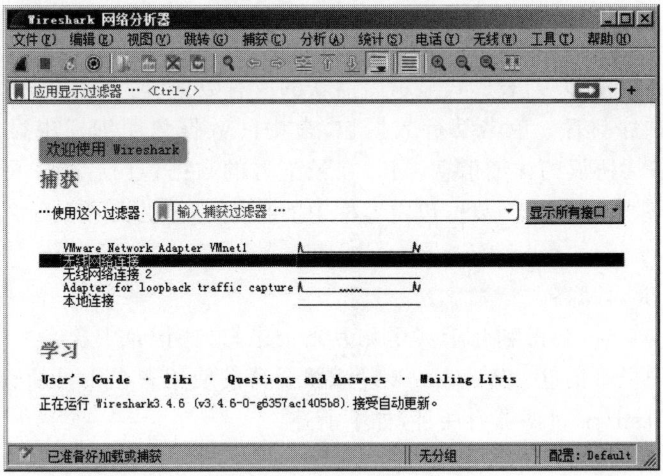

图 1-27　Wireshark 主界面

（2）工具栏。

Wireshark 工具栏如图 1-28 所示。常用的抓包功能使用工具栏按钮都可以实现，当鼠标指针移至某个工具按钮上时，会出现该按钮的功能说明。

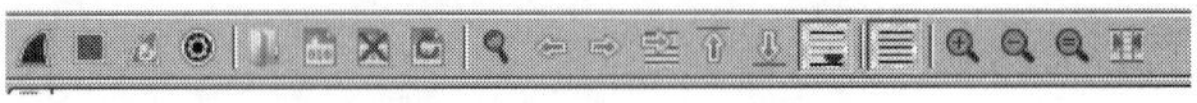

图 1-28　Wireshark 工具栏

（3）Wireshark 数据包分析面板。

Wireshark 数据包分析面板如图 1-29 所示，其窗口分 3 部分，从上而下依次是数据包列表栏、每个数据包明细栏和数据包内容栏（十六进制的数据格式）。

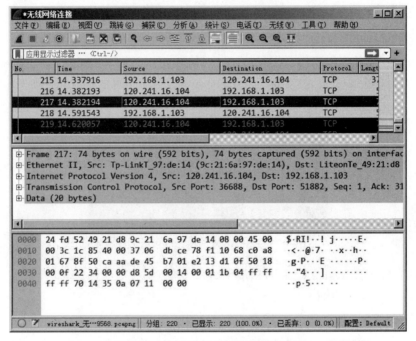

图 1-29　Wireshark 数据包分析面板

在数据包列表栏中，以列表形式显示出捕获的所有数据包。单击某个列标题，可使捕获的数据包按该列顺序排序；单击某行数据包，在中间数据包明细栏中显示该数据包基于 OSI 参考模型的各层协议的详细信息，同时在最下方的数据包内容栏中可以看到相应字段的字节内容，以十六进制显示。数据包内容栏中的报文内容明细对于理解协议报文格式十分重要。

（4）Wireshark 过滤器。

使用 Wireshark 时，会得到几千甚至几万条记录，这些记录中含有大量的冗余信息，导致很难找到需要的记录信息。Wireshark 过滤器会帮助使用者在大量的数据中迅速找到所需要的信息。Wireshark 过滤器有两种，如下所述。

① 显示过滤器。

显示过滤器用来在已捕获的记录中找到所需要的记录。在工具栏下方的文本框中输入过滤条件，或者选择"分析"→Display Filter Expression 选项，弹出如图 1-30 所示的

"Wireshark-显示过滤器表达式"对话框,在此对话框中设置更复杂的过滤条件。

图 1-30　"Wireshark-显示过滤器表达式"对话框

② 捕获过滤器。

捕获过滤器用来过滤捕获的数据包,以免捕获太多的记录。在图 1-27 所示的 Wireshark 主界面中,选择捕获数据的网卡,在中间的文本框中输入捕获过滤条件。也可以选择"捕获"→"捕获选项"选项,弹出如图 1-31 所示的"Wireshark-捕获选项"对话框,在此对话框中选择网卡,在下面的文本框中输入捕获过滤条件。

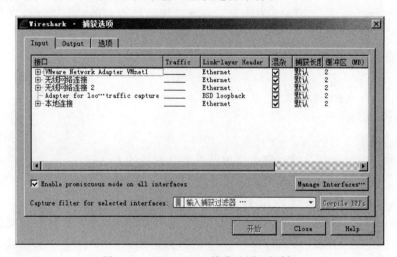

图 1-31　"Wireshark-捕获选项"对话框

如果要设置更复杂的捕获条件,可以选择"捕获"→"Wireshark-捕获过滤器"选项,弹出如图 1-32 所示的"Wireshark-捕获过滤器"对话框。

(5)过滤条件。

可以根据协议、地址、端口号等设置 Wireshark 的过滤器,可以是一个条件,也可以是多

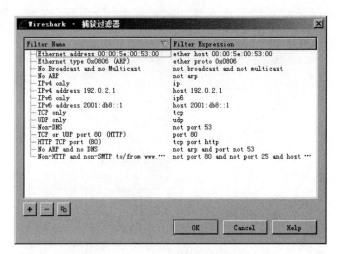

图 1-32　"Wireshark-捕获过滤器"对话框

个条件组合成的表达式。过滤条件必须遵循以下书写规则。

① 简单条件。

第一种是协议过滤，只需写出协议名称，且是英文小写的。比如只显示或只捕获 HTTP 的数据记录，则条件为 http。

第二种是 IP 地址过滤，可以是源地址，也可以是目的地址。可以有以下 3 种情况。如：

ip.src==192.168.0.104：表示只显示或捕获源地址为 192.168.0.104 的数据记录。

ip.dst==192.168.0.104：表示只显示或捕获目的地址为 192.168.0.104 的数据记录。

ip.addr==192.168.0.104：表示显示或捕获源地址或目的地址为 192.168.0.104 的数据记录。

第三种是端口号过滤，同 IP 地址过滤，也有 3 种情况。

tcp.srcport== 80

tcp.dstport==80

tcp.port==80

② 复杂条件。

复杂条件指由逻辑运算符将多个简单条件组合而成的表达式。

ip.src==192.168.0.104 or ip.dst ==36.154.110.7：表示显示或捕获源地址是 192.168.0.104 或目的地址是 36.154.110.7 的数据记录。

ip.src==192.168.0.104 and ip.dst ==36.154.110.7：表示显示或捕获源地址是 192.168.0.104 且目的地址是 36.154.110.7 的数据记录。

!(ip.addr==192.168.0.104)：表示只显示或捕获源地址或目的地址是 192.168.0.104 之外的数据记录。

为了能抓到一个 TCP 三次握手建立连接的过程，此处通过浏览器访问一个网页，如访问扬州市职业大学首页。

第 3 步：通过 cmd 的 ping 命令获取扬州市职业大学网站对应的 IP 地址 36.154.110.7，如图 1-33 所示。

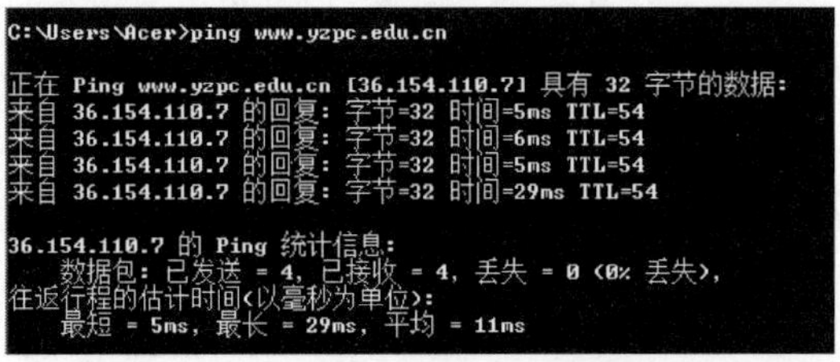

图 1-33　ping 命令获取网站的 IP 地址

第 4 步：打开 Wireshark，在图 1-27 所示的主界面中选定捕获数据的网卡。

第 5 步：单击工具栏上的"开始"按钮"▓"或选择"捕获"→"开始"选项，启动抓包。

第 6 步：打开浏览器，输入网址（详见前言二维码），访问扬州市职业大学首页，网页打开后再关闭浏览器。

第 7 步：在工具栏下方的显示过滤文本框中输入过滤条件：ip. addr＝＝36. 154. 110. 7，显示抓包数据，三次握手建立 TCP 连接的数据如图 1-34 所示。注意，此处每次握手的数据包显示的是两行。

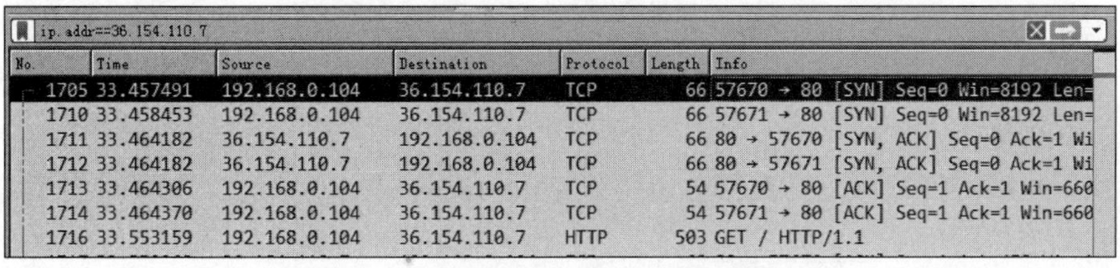

图 1-34　三次握手建立 TCP 连接时的数据

由图 1-34 可以看到：先进行了 TCP 三次传输，然后才开始 HTTP 传输的。

第 8 步：单击第一行数据记录，在中间数据包明细栏中显示该数据包基于 OSI 参考模型的各层协议的详细信息，结合 TCP 报文格式分析第一次握手的过程，即客户端发送 SYN 报文到服务器。

第 9 步：单击第三行数据记录，在中间数据包明细栏中显示该数据包基于 OSI 参考模型的各层协议的详细信息，结合 TCP 报文格式分析第二次握手的过程，即服务器接收到客户端的 SYN 报文后回复 SYN＋ACK 报文。

第 10 步：单击第五行数据记录，在中间数据包明细栏中显示该数据包基于 OSI 参考模型的各层协议的详细信息，结合 TCP 报文格式分析第三次握手的过程，即客户端接收到服务器端的 SYN＋ACK 报文后回复 ACK 报文。

1.4　习题

一、选择题

1. 以下不属于网络拓扑结构的是（　　）。

　　A. 广域网　　　　　　B. 星形　　　　　　C. 总线型　　　　　　D. 环状

2. 一座大楼内的一个计算机网络系统属于（　　）。

　　　A. MAN　　　　　　　B. LAN　　　　　　C. WAN　　　　　　D. PAN

3. OSI 模型中从高到低排列的第五层是(　　)。

　　　A. 会话层　　　　　　B. 数据链路层　　　C. 网络层　　　　　D. 表示层

4. 在 OSI 模型中，与 TCP/IP 参考模型中的网络访问层对应的是(　　)。

　　　A. 网络层　　　　　　　　　　　　　　B. 数据链路层

　　　C. 表示层　　　　　　　　　　　　　　D. 物理层和数据链路层

5. TCP/IP 在 Internet 网中的作用是(　　)。

　　　A. 定义一套网间互联的通信规则或标准　B. 定义采用哪一种操作系统

　　　C. 定义采用哪一种电缆互连　　　　　　D. 定义采用哪一种程序设计语言

6. 在应用层协议中，下列(　　)既依赖于 TCP 又依赖于 UDP。

　　　A. Telnet　　　　　　B. DNS　　　　　　C. FTP　　　　　　D. IP

7. 下列选项中，将单个计算机连接到网络上的设备是(　　)。

　　　A. 显示卡　　　　　　B. 网卡　　　　　　C. 路由器　　　　　D. 网关

8. 下列传输介质中，采用 RJ-45 头作为连接器件的是(　　)。

　　　A. 双绞线　　　　　　B. 细缆　　　　　　C. 光纤　　　　　　D. 粗缆

9. 路由器是(　　)层的设备。

　　　A. 物理层　　　　　　B. 运输层　　　　　C. 网络层　　　　　D. 数据链路层

二、填空题

1. 在 OSI 参考模型中，为数据分组提供路由功能的层是＿＿＿＿＿＿，提供建立、维护和拆除端到端连接的层是＿＿＿＿＿＿。

2. OSI 参考模型中＿＿＿＿＿＿层的功能是：实现相邻节点间的无差错通信。

3. 在 TCP/IP 参考模型中，与 OSI 参考模型中的网络层对应的层是＿＿＿＿＿＿。

4. TCP 和 IP 是 TCP/IP 栈中的两个核心协议，TCP 的全称是＿＿＿＿＿＿，IP 的全称是＿＿＿＿＿＿。

三、简答题

1. 在计算机网络系统中，为什么要制定有关标准？其意义何在？

2. 两个系统中的应用程序之间进行数据交换时，其数据怎样在 ISO/OSI 的七层模型中进行封装和解封装的？

3. 简述 OSI 参考模型与 TCP/IP 参考模型的区别。

IP地址与子网技术

【任务描述】

某学校新建了 5 个计算机实训室机房,硬件建设已经基本完成,每个实训室有 25 台计算机,新建实训室的网络连接如图 2-1 所示。现需要进行 IP 地址配置,使得同一实训室内的计算机之间可以通信。

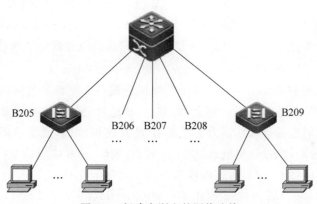

图 2-1　新建实训室的网络连接

出于缩减网络流量、优化网络性能以及安全等方面的考虑,要求在不增加额外费用的前提下,实现如下目标。

(1) 同一实训室内计算机之间能相互访问,如 B206 内的计算机能相互访问。

(2) 不同实训室之间计算机不能相互访问,如 B206 内的计算机不能访问 B207 内的计算机。

【任务分析】

平时说的 IP 地址,也就是 IPv4,一般分合法 IP 地址和私有 IP 地址两类。其中,合法 IP 地址主要应用于 Internet,用来实现 Internet 上的主机访问,而私有 IP 地址应用于局域网,用来实现局域网中计算机之间的互相通信。

虽然为每个实训室设置不同的网络号可实现如上目标,但这样会造成大量的 IP 地址浪费，也不便于进行网络管理。结合两个实训室信息点的数量，可以设置一个网络号，把它们看成处于同一个物理网络中，再对这个网络进行子网划分，使不同实训室位于不同子网中。由于各个子网在逻辑上是独立的，因此，在没有路由转发的情况下，子网之间的主机是不能相互通信的，可利用 ping 命令测试子网内部和子网之间的连通性。

为每个实训室设置不同的网络号或采用子网技术都能实现上述目标，但由于不同子网属于不同的广播域，划分子网可创建规模更小的广播域，缩减网络流量，优化网络性能。因此，如何为网络合理地规划配置 IP 地址，就成为一件非常重要的工作。

2.1　知识储备

2.1.1　IP 地址概述

在 TCP/IP 体系中，IP 地址是一个最基本的概念。整个 Internet 就是一个单一的逻辑网络，覆盖全球的 Internet 主机组成了一个大家庭，为了使用户能够方便而快捷地找到需要与其通信的主机，首先必须解决如何识别网上主机的问题。这如同全球每个家庭都有一个由国家、省、市、区、街道、门牌号这样一个层次结构组成的全球唯一的地址，使得信件的投递能够正常进行，不会发生冲突。

IP 地址就是给连接在 Internet 上的每台主机分配一个全世界范围内唯一的标识符，在IPv4 中，这个标识符就是 32 位的二进制数，并且 IP 地址的结构也应像邮件地址那样，可以使其方便地在互联网上进行寻址。为了提高 IP 地址的可读性，通常采用更直观的、以圆点"."分隔的 4 个十进制数表示，也就是把 32 位的 IP 地址，每 8 位用其等效的十进制数表示，并且在这些数字之间加上一个点，这也称为点分十进制表示法。点分十进制表示法示例如图 2-2 所示。显然，36.152.44.96 要比 00100100100110000010110001100000 读起来方便得多。

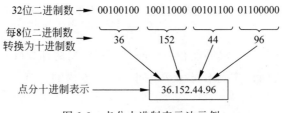

图 2-2　点分十进制表示法示例

介绍 IP 之前，首先了解一台上网主机都需要配置哪些 TCP/IP 属性参数。打开"Internet 协议(TCP/IP)属性"对话框，如图 2-3 所示。由图 2-3 可知，需要配置 IP 地址、子网掩码、默认网关、DNS 服务器地址等参数，其中 IP 地址和子网掩码是必须设置的参数，其他参数可以按需配置。

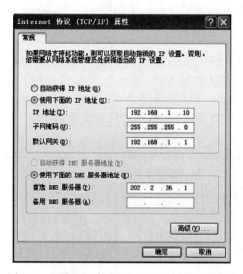

图 2-3　"Internet 协议(TCP/IP)属性"对话框

2.1.2　IP 编址方式

IP 地址由互联网名称与数字地址分配机构(Internet Corporation for Assigned Names and Numbers,ICANN)进行分配与管理。ICANN 是互联网领域的国际组织之一,成立于 1998 年,作为一个非营利性的公益机构,负责 IP 地址的分配、协议标识符的指派、顶级域名的管理及根域名服务器的管理等,其使命是维护全球互联网唯一标识符系统的安全、稳定运行。

IP 地址的编址方式共经历了如下 3 个历史阶段。

(1) 分类编址。这是最基本的编址方法,在 1981 年就通过了相应的标准协议。

(2) 划分子网编址。这是对最基本的编址方法的改进,其标准 RFC 950 在 1985 年通过。

(3) 无分类编址。这是目前互联网所使用的编址方法。1993 年提出后很快就得到推广应用。

1. 分类编址

分类编址方式将 IP 地址划分为若干固定类,每类地址都由固定长度的两部分组成:第一部分是网络号,它标志主机(或路由器)所连接到的网络,网络号在整个互联网范围内必须是唯一的;第二部分是主机号,它标志网络内的一台主机(或路由器),主机号在网络号所指明的网络范围内也必须是唯一的,如图 2-4 所示。由此可见,一个 IP 地址在整个互联网范围内是唯一的。

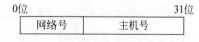

图 2-4　分类编址的 IP 地址结构

这种两级编址方式的优点有两点。第一,IP 地址管理机构在分配 IP 地址时,只分配网络号(第一级),而剩下的主机号(第二级)则由得到该网络号的单位自行分配,这样就方便了 IP 地址的管理。第二,路由器仅根据目的主机所连接的网络号来转发分组(而不考虑目的主机号），这样就可以使路由表中的项目数大幅度减少，从而减小了路由表所占的存储空间及查找路由表的时间。

32 位的 IP 地址中应该拿出多少位作为网络号呢？为适应不同规模的网络，分类编址方式设计了适用于不同规模网络的编址方案，将 IP 地址空间划分为 5 个不同的地址类别，即 A、B、C、D 和 E 类，如表 2-1 所示，其中 A 类、B 类和 C 类地址都是单播地址（一对一通信），分别用于大、中、小 3 种规模的网络，D 类用于组播，E 类用于科研。

表 2-1　IP 地址分类

IP 地址类型	二进制 固定最高位	二进制网络位	二进制主机位	每个网络中 可容纳主机数	第一字节 十进制范围
A	0	8	24	$2^{24}-2$	1～126
B	10	16	16	$2^{16}-2(65\ 534)$	128～191
C	110	24	8	$2^{8}-2(254)$	192～223
D	1110	组播地址使用			224～239
E	1111	保留实验使用			240～255

下面对表 2-1 做两点说明。

（1）A 类地址的第一字节十进制范围为 1～126。A 类地址的第一字节二进制范围应为 00000000～01111111，转换为十进制数即为 0～127，但由于 A 类中的 0 不允许使用，127 作为测试 TCP/IP 的环回地址，也不可以使用，因此 A 类实际可用地址是 1～126。

（2）每个网络中可容纳主机数都是申请的 IP 地址数减去 2。这是因为有一些地址被保留，不能分配给网络中的设备使用。每个网络中保留的两个 IP 地址分别是网络地址和广播地址。

- 网络地址：网络位不变，主机位全 0 的 IP 地址代表网络本身，不能分配给某个网络设备使用。
- 广播地址：网络位不变，主机位全 1 的 IP 地址代表本网络的广播地址，也不能分配给某个网络设备使用。发往广播 IP 地址的数据包被本网络中的所有主机接收。

2. 划分子网编址

在实际应用中，随着中小规模网络的迅速增长，分类编址方式暴露出了明显的问题。由表 2-1 可知，一个 C 类地址空间仅能容纳 254 台主机，一个 B 类地址空间可容纳 65 534 台主机。对于许多中小规模组织的网络来说，C 类地址空间太小了，而 B 类地址空间又太大了。例如，对于一个拥有 500 台主机的组织，如果申请一个 B 类地址，则多余的地址有 65 000 多个，而其他组织又不能使用这些多余的地址，造成地址浪费；若申请 C 类地址，则至少需要 2 个 C 类网络地址，导致该组织的主机不在同一个网络中，不方便管理。

为了解决上述问题，IETF（Internet Engineering Task Force，国际互联网工程任务组）提出了划分子网的编址改进方案。该方案从两级编址的主机号中借用不定长的若干位作为子网号，借用后主机号也就相应减少同样的位数。于是两级 IP 地址就变为三级 IP 地址：网络号、子网号和主机号，如图 2-5 所示。

划分子网的编址方法可以将一个大的地址空间划分给多个组织使用，这样大大减少了对 A 类、B 类地址空间的浪费。

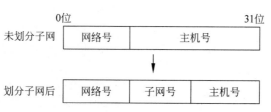

图 2-5　划分子网的 IP 地址结构

3．无分类编址

划分子网在一定程度上缓解了因特网在发展中遇到的困难,有效减少了对 A 类、B 类地址空间的浪费,但是数量巨大的 C 类地址因为地址空间太小并没有得到充分使用,而因特网的 IP 地址仍在加速消耗,整个 IPv4 的地址空间面临全部耗尽的威胁。在 20 世纪 90 年代初,IETF 又提出了采用一种称为无类域间路由(Classless Inter-Domain Routing, CIDR)无分类编址方案,帮助减缓 IP 地址消耗的问题,同时还专门成立 IPv6 工作组负责研究新版本 IP 以彻底解决 IP 地址耗尽问题。

无类域间路由 CIDR 技术允许在互联网中不再使用标准有类 A 类、B 类和 C 类 IP 地址,以及划分子网的概念。CIDR 中 32 位的 IP 地址也是由两部分组成:第一部分是不定长的"网络前缀"(或简称为"前缀"),代替分类编址中的"网络号"来指明网络;第二部分是主机号,用来指明主机,如图 2-6 所示。CIDR 使 IP 地址从三级编址(划分子网)又回到了两级编址,但这已是无分类的两级编址。

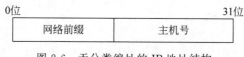

图 2-6　无分类编址的 IP 地址结构

CIDR 可以更加有效地分配 IPv4 的地址空间,并且可以在新的 IPv6 使用之前允许因特网的规模继续增长。

2.1.3　子网掩码

由于划分子网的 IP 编址是从两级编址的主机号中借用不定长的若干位作为子网号的,因此,IP 地址本身并不能确定其子网号和主机号。同理,在无分类编址中,由于网络前缀也是不定长的,因此 IP 地址本身也不能确定其网络前缀和主机号。例如,某个 IP 地址为172.25.16.51,其在 3 种编址下的 IP 地址结构如图 2-7 所示,如果只给定一个参数 IP 地址,那如何区分该地址是这 3 个地址中的哪一种呢?为此,CIDR 采用了与 IP 地址配合使用的 32 位子网掩码。

子网掩码(Subnet Mask)又称为网络掩码或地址掩码,也是由一组 32 位二进制组成的地址码,主要指明一个 IP 地址组成位中哪些位是网络地址,哪些位是主机地址,为了便于记忆和使用,也采用以圆点"."分隔的 4 个十进制数表示。子网掩码由前面连续的一串 1 和后面连续的一串 0 组成,在分类编址中 1 的个数就是网络号的长度,在划分子网编址中 1 的个数就是网络号和子网号的长度,而在无分类编址中 1 的个数就是网络前缀的长度。图 2-7

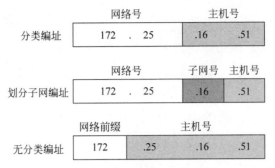

图 2-7　3 种编址下的 IP 地址结构

中的分类编址结构下的网络号长度为 16，子网掩码中 1 的个数就是 16，32 位的子网掩码为 11111111 11111111 00000000 00000000，对应的十进制为 255.255.0.0，同理可分析出，另两种编址下的子网掩码分别为 255.255.255.0 和 255.0.0.0。所以，在设置主机网络属性时，必须成对设置 IP 地址和子网掩码。

子网掩码另一种表示方法是在 IP 地址后加上符号"/"及子网掩码中 1 的个数，如图 2-7 中的第二种编址，地址对表示为 IP 地址 172.25.16.51 和子网掩码 255.255.255.0，也可以写成 172.25.16.51/24。

在分类编址中，A 类、B 类、C 类地址中网络号和主机号所占的位数是固定的，所以，A 类地址的默认子网掩码是 255.0.0.0；B 类地址的默认子网掩码是 255.255.0.0；C 类地址的默认子网掩码是 255.255.255.0。

2.1.4　私有 IP 地址

在 Internet 的地址结构中，每一台主机均有唯一的 IP 地址。全球的网络正是通过这种唯一的 IP 地址彼此取得联系的，从而避免了网络上的地址冲突。因此，如果一个单位在组建网络且该网络需要与 Internet 连接时，一定要向 InterNIC（Internet 网络信息中心）申请 Internet 合法的 IP 地址。而目前使用的 TCP/IP 的 32 位寻址方案（IPv4）表示的 IP 地址的数量是有限的，不足以支持越来越多加入 Internet 的主机和网络数。

为了有效利用 IP 地址，解决 IP 地址应用枯竭现象，互联网组织委员会在全部的 IP 地址中，专门规划出 3 个可以重复使用的 IP 地址段，允许它们只能在组织、机构内部有效，可以重复使用，但不允许被路由器转发到公网中。这些只在企业内部网络使用的 IP 地址，称为专用地址（Private Address）或者私有地址。3 个私有 IP 地址段规划如下。

（1）A 类地址中：10.0.0.0～10.255.255.255。

（2）B 类地址中：172.16.0.0～172.31.255.255。

（3）C 类地址中：192.168.0.0～192.168.255.255。

除此之外的其余的 A 类、B 类、C 类地址，可以在互联网上使用（即可被互联网上的路由器所转发），称为公网地址或者合法地址。

当含有私有 IP 地址的数据包需要接入 Internet 时，要使用地址翻译（Network Address Translation，NAT）技术，将私有地址转换为合法的公用 IP 地址，再访问 Internet，否则，这些含有私有 IP 地址的数据包将被路由器丢弃。

由此,在现在的网络中,IP 地址分为公网 IP 地址和私有 IP 地址。公网 IP 地址是在 Internet 中使用的 IP 地址,用来实现 Internet 上的主机访问,而私有 IP 地址是在局域网中使用的 IP 地址,用来实现局域网中计算机之间的互相通信,以节省全球 IP 地址资源。

2.1.5 特殊 IP 地址

除以上介绍各类 IP 地址外,还有一些特殊 IP 地址,使用在特殊的场合。下面介绍一些比较常见的特殊 IP 地址。

1. 直接广播地址

IP 地址中,具有正常的网络号部分,而主机号部分为全 1 的地址称为直接广播地址。主机使用这种地址将一个 IP 数据包发送到本地网段上的所有设备,路由器会转发这种数据包到指定网络上的所有主机。这种地址在 IP 数据包中只能作为目的地址,不分配给任何主机。

2. 受限广播地址

有时需要在本网内广播,但又不知道本网的网络号,于是 TCP/IP 规定,32 位全为 1(即 255.255.255.255)的 IP 地址用于本网广播,称为受限广播地址。这个地址在 IP 数据包只能够作为目的地址,用来将数据包以广播方式发送给本网络中的所有主机。在任何情况下,路由器都禁止转发目的地址为受限广播地址的数据包,这样的数据包只出现在本地网络广播中。

3. 0.0.0.0

网络号和主机号部分为全 0(即 0.0.0.0)的 IP 地址称为 0 地址。严格来说,0.0.0.0 已经不是真正意义上的 IP 地址。它表示所有不清楚的主机或目的网络,即任意的网络、任意的主机。如果设置了默认网关,那么 Windows 系统就会自动产生一个目的地址为 0.0.0.0 的默认路由。此外,0.0.0.0 还可以在 IP 数据包中用作源地址,仅在系统启动时使用。如在使用 DHCP 分配 IP 地址的网络环境中,设备刚启动时不知道自身 IP 地址,主机就用这样的地址 0.0.0.0 作为源地址向 DHCP 服务器发送分组,请求获得一个可用的 IP 地址。

4. 网络地址

IP 地址中,具有正常的网络号部分,而主机号部分为全 0 的 IP 地址称为网络地址,如 129.5.0.0 就是一个 B 类网络地址。这个地址在 IP 数据包既不能作为目的地址也不能作为源地址,不分配给任何主机,用于表示网络本身,路由表中经常出现主机号全为 0 的地址。

5. 回送地址

以 127 开头的网段地址都称为回送地址,用来测试网络协议是否正常工作。如使用 ping 127.0.0.1,可以测试本地 TCP/IP 是否正确安装。回送地址不能分配给任何主机,只用于网络软件测试和本地进程间的通信,无论什么程序使用了回送地址作为目的地址发送数据,协议软件不会将该数据送给网络,而是将它回送给本机。

6. 169.254.x.x

如果网络中的主机配置使用 DHCP 功能自动获取 IP 地址,那么当 DHCP 服务器发生故障,或响应时间太长,Windows 2000 及其以后的操作系统会自动为主机分配"IP 地址:169.254.＊.＊、子网掩码:255.255.0.0"的地址,而 Windows 2000 以前的系统则自动为主机配置"IP 地址:0.0.0.0、子网掩码:0.0.0.0"的地址,这样可以使所有获取不到 IP 地址的计算机之间能够通信。如果发现网络中的主机 IP 地址是诸如 169.254.x.x 此类的地址,那么可以推断网络很有可能出现了故障。

2.1.6 IP 子网技术

1. 子网概述

在互联网早期发展阶段,许多 A 类地址被分配给大型网络服务提供商,B 类地址被分配给大型公司或组织使用,这样的分配结果造成大量 IP 地址被相关组织消耗掉。特别是随着互联网技术的广泛应用,有限 IPv4 地址的个数已经远远不能满足越来越多的上网主机需求,而划分子网的编址方法可以将一个大的地址空间划分给多个组织使用,这样大大减少了对 A 类、B 类地址空间的浪费,同时子网技术也是目前过渡到 IPv6 地址时期的主要过渡方案之一。

此外,如果一个网络内包含的主机数量过多(如一个 B 类网络最大主机数是 65 534 台),且又采取以太网的组网模式,则网络内会有大量的广播信息存在,从而导致网络内的严重拥塞。采用子网技术,可以将一个网络分隔成若干子网或网段,就可以将原来的一个广播域划分成若干较小的广播域,从而能减少大型网络中的广播干扰问题,提高网络传输的效率。

在 IP 中,子网的划分是通过子网掩码技术来实现的,从分类编址中主机位的高位开始借用不定长的若干位作为子网号,将一个网络划分成若干个较小的网络,并使用路由器将其互联起来,如图 2-8 所示。

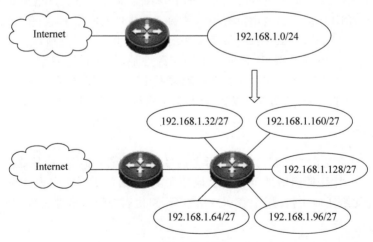

图 2-8   一个网络划分为若干子网互联

划分子网是解决 IP 地址空间不足的一个有效措施。把较大的网络划分成小的网段,并由路由器、网关等网络互联设备连接,这样既可以充分使用有限的 IPv4 地址,方便网络的管理,又能够有效地减轻网络拥塞,提高网络的性能。

2. 子网掩码的作用

子网掩码是在 IPv4 地址资源紧缺的背景下,为了解决 IP 地址分配而产生的虚拟 IP

技术,通过子网掩码将 A 类、B 类、C 类地址划分为若干子网,从而显著提高了 IP 地址的分配效率,有效解决 IP 地址资源紧张的局面。由于是从有类编址的主机号中借用不定长的若干位来作为子网号的,因此,IP 地址本身并不能确定其子网号和主机号,为此,CIDR 采用了与 IP 地址配合使用的 32 位子网掩码。子网掩码不能单独存在,必须结合 IP 地址一起使用。

子网掩码的主要作用有两方面:一是用于识别 IP 地址中的网络地址和主机地址,可以区分通信主机是在本地网络上还是在远程网络上;二是基于子网掩码,可以将一个较大的企业内部网络划分为更多个小规模的子网,再利用路由功能实现子网通信,从而有效解决了网络广播风暴和网络病毒等诸多网络管理方面的问题。

下面分析子网掩码的第一个作用,即如何识别网络地址。

子网掩码和 IP 地址进行按位"与"运算,计算的结果就是 IP 地址所在的网络地址,从而来识别网络地址的,按位"与"运算过程如图 2-9 所示。图 2-9 展示了利用子网掩码来识别图 2-7 中的前两个 IP 地址对应的网络地址。

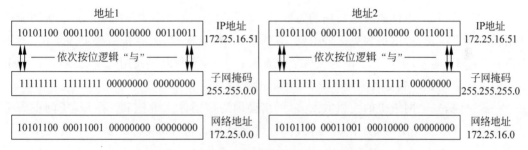

图 2-9　IP 地址与子网掩码按位"与"运算

图 2-9 中的地址 1 为"IP 地址 172.25.16.51 和子网掩码 255.255.0.0",地址 2 为"IP 地址 172.25.16.51 和子网掩码 255.255.255.0","与"运算的结果分别为 172.25.0.0 和 172.25.16.0。显然 IP 地址相同,但子网掩码不同,所表示的网络地址不相同,前者网络地址为 172.25.0.0,后者为 172.25.16.0。

在使用 TCP/IP 的两台计算机之间进行通信时,需要通过子网掩码识别网络地址来判断通信双方是否在同一个网络或子网,如果在同一个网络或子网,双方就可以直接通信,否则需要进行路由转发才能通信。源主机会根据本机 IP 地址与子网掩码进行"与"运算知道本机所在的网络地址,本机的子网掩码与目的主机的 IP 地址进行"与"运算得到目的主机所在的网络地址。通过比较这两个网络地址,就可以知道目的主机是否在本网络上。如果网络地址相同,表明目的主机在本网络上,那么可以通过相关的协议把数据包直接发送到目的主机;如果网络地址不同,表明目的主机在远程网络上,那么数据包将会发送给本网络上的路由器,由路由器将数据包发送到其他网络,直至到达目的地。所以,子网掩码是不可或缺的网络参数。

子网掩码的第二个作用是进行子网划分。

3. 划分子网的方法

在子网技术下,网络地址和主机地址不再像分类编址中那样使用固定的位数,而是按照实际组网需求，自由规划 IP 地址，可以借用主机位的一部分来作为子网地址，从主机位借用多少位作为子网号，主要取决于实际所需的子网数目和每个子网容纳的主机数目。这样借位后使得分类的 IP 地址结构变为 3 部分：网络号、子网号和主机号，如前面的图 2-5 所示。划分子网完成后，网络号加上子网号才能标识一个子网。把所有网络号和子网号部分都用 1 标识，剩余的主机号部分用 0 标识，就得到了划分子网后的子网掩码。所以，在定义子网掩码前，必须弄清楚使用的子网数目和主机数目。

比如，172.25.0.0 是 B 类地址，没有子网划分时，网络号和主机号长度都是 16，此时 32 位子网掩码为 11111111 11111111 00000000 00000000，十进制为 255.255.0.0。现根据子网划分需求，假设要从主机位借用 8 位来标识子网，网络号和子网号的总长度为 24，主机号长度减少为 8，此时 32 位子网掩码为 11111111 11111111 11111111 00000000，十进制为 255.255.255.0。

4．划分子网的注意事项

在划分子网时，不仅要考虑目前的需要，还应了解将来需要多少子网和主机。子网掩码使用较多的主机位，可以得到更多的子网，节约了 IP 地址资源，若将来需要更多子网，不用再重新分配 IP 地址，但每个子网的主机数量有限；反之，子网掩码使用较少的主机位，每个子网的主机数量允许有更大的增长，但可用子网数量有限。

一般来说，一个网络中的主机数太多，网络会因为广播通信而饱和。所以，子网中的主机数量的增长必须是有限的，也就是说，在条件允许的情况下，应将更多的主机位用于子网位。

5．划分子网的优点

（1）减少网络流量，优化网络性能。

划分子网后，每个子网都是独立的。如果申请到一个 B 类的地址 190.10.0.0/16，子网中可以容纳 65 534 台主机，可以想象 6 万多台计算机在同一个网络中的广播流量有多巨大。而若通过三层交换机或路由器把 6 万多台计算机隔离到不同的子网中，就可以将原来的一个广播域划分成若干较小的广播域，大多数的流量将会被限制在本地子网中，减少大型网络中的广播干扰问题，而只有那些被标明发送到其他子网的流量，才会通过三层交换机或路由器转发，从而提高网络传输的效率。

（2）简化管理。

与一个巨大的网络相比，在一组较小的互联网络中，判断并孤立网络所出现的故障会容易很多。

（3）增加网络安全性。

如果公司内部的多个部门共同使用一个 B 类或 C 类地址，相互之间就处在同一个广播域，通过使用黑客工具，可以很容易地截获其他用户间的通信，存在很大的安全隐患，且不容易实现访问控制。通过子网划分，在互联子网的路由器上配置 ACL 限制不同子网之间的访问权限，提高网络的安全性。

2.2 任务实施

1. 子网掩码应用

【例2-1】 假设某台主机的 IP 地址是 150.14.72.36,所在网络的子网掩码分别是 255.255.192.0 和 255.255.224.0,试求网络地址,并讨论所得结果。

【解】 根据 IP 地址和子网掩码求网络地址的方法计算网络地址,如图 2-10 所示。首先将 IP 地址和子网掩码换算为二进制,然后按位进行"与"运算,计算结果即是主机所在的网络地址,分别为 150.14.64.0/18 和 150.14.64.0/19。

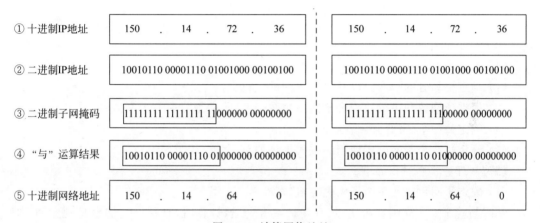

图 2-10 计算网络地址

由图 2-10 可知,同样的 IP 地址和不同的子网掩码可以得出相同的网络地址。虽然此例中得出的网络地址相同,但不同子网掩码的效果是不同的,在图 2-10 中用方框表示,两种子网掩码对应的子网号和主机号的长度是不一样的,分别是 2 和 14、3 和 13,表示的子网数和每个子网容纳的主机数也是不一样的,分别是 4 和 16 382($2^{14}-2$)、8 和 8190($2^{13}-2$)。

【例2-2】 假设某台主机的 IP 地址是 150.14.72.36,所在网络的子网掩码是 255.255.192.0,试求主机所在网络的广播地址。

【解】 根据 IP 地址和子网掩码计算广播地址,如图 2-11 所示。首先按上例的方法计算网络地址,然后将计算的网络地址不变,主机地址位变为1,如图 2-11 中的阴影所示,结果 150.14.127.255 就是该主机所在网络的广播地址。

2. 子网划分应用

【例2-3】 某学院新建 5 个实训室机房,每个实训室有 25 台计算机,网络连接拓扑如图 2-1 所示。学校网络管理员分给学院的网络地址是 192.168.1.0/24,现要求使用子网技术,为这 5 个实训室中的主机分配 IP 地址,使得同一实训室内的主机可以通信,不同实训室之间不可以通信。

【分析】 由于同一实训室内的主机可以通信,不同实训室之间不可以通信,因此,每个实训室是一个独立的子网,必须为每个子网分配一个子网号,并计算出子网掩码和每个子网

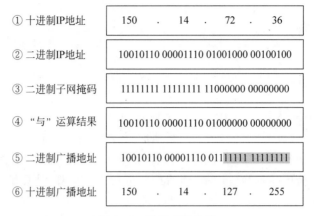

① 十进制IP地址　　150 . 14 . 72 . 36

② 二进制IP地址　　10010110 00001110 01001000 00100100

③ 二进制子网掩码　11111111 11111111 11000000 00000000

④ "与" 运算结果　　10010110 00001110 01000000 00000000

⑤ 二进制广播地址　10010110 00001110 01111111 11111111

⑥ 十进制广播地址　150 . 14 . 127 . 255

图 2-11　计算广播地址

包含的主机地址范围。

划分子网的步骤如下。

（1）确定要划分的子网数以及每个子网的主机数。

（2）根据子网数和主机数确定子网借位数，计算子网划分后的子网掩码。

（3）确定每一个子网的网络地址。

（4）确定每一个子网上所使用的主机地址的范围。

【解】　任务实施过程如下。

（1）确定子网数以及每个子网的主机数。

学院新建了 5 个实训室机房，每个实训室有 25 台计算机，且每个实训室是独立的。所以，此例中至少需要划分 5 个子网，而且每个子网的主机数至少为 25。

（2）确定子网借位数和子网掩码。

学校分配给新建实训室地址是一个 C 类地址 192.168.1.0/24,32 位标准 C 类地址中网络号和主机号长度分别是 24 和 8，子网划分是从主机号的高位开始借位来实现的。假设此例中子网借位数为 n，则借位后主机位长度变为 $8-n$，可以用公式来确定 n：$2^n \geqslant 5$ 且 $2^{8-n}-2 \geqslant 25$，满足这两个条件的 n 值为 3。

因此，从主机位借用 3 位划分子网是可行的，则网络长度变成了 24＋3＝27，子网掩码为 255.255.255.224，如图 2-12 所示。

（3）确定子网地址。

每个子网地址由网络号、子网号和主机号 3 部分组成。将借用的 3 位可能的组合依次列出，有 000、001、010、011、100、101、110、111 共 8 种组合，保持原主网络 24 位地址不变，主机号位全置 0，这样即可得到每个子网的网络地址，如图 2-13 所示。按照规则，默认不使用全 0 和全 1 的子网，即不使用 192.168.1.0/27 和 192.168.1.224/27 的子网。

（4）确定每个子网的主机地址范围。

每个子网的主机位是 5 位，5 位二进制数的组合有 00000、00001、……、11110、11111 共 $2^5=32$ 种，其中，主机位全 0 是网络地址，主机位全 1 是子网的广播地址，这两个特殊地址都不可以分给主机，所以，一个子网内最多有 30 个编号可分给主机。图 2-14 为子网 192.168.1.32/27 的主机地址范围。

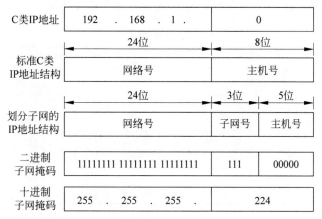

图 2-12 确定子网位和子网掩码

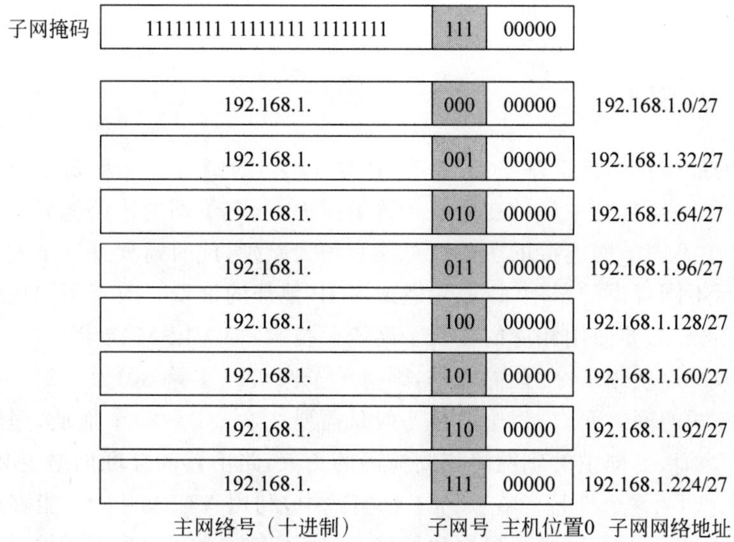

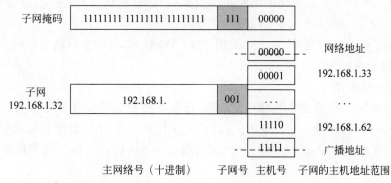

图 2-13 计算每个子网的网络地址

图 2-14 子网 192.168.1.32/27 的主机地址范围

所有子网的子网地址、主机可用 IP 地址范围、子网掩码等表示,如表 2-2 所示,本任务中可选择前 5 个子网,第 6 个子网暂未使用,预留为将来升级使用。

表 2-2　所有子网信息

序号	子 网 地 址	每个子网 IP 地址范围	子 网 掩 码	
			十进制表示	前级表示
1	192.168.1.32	192.168.1.33～192.168.1.62		
2	192.168.1.64	192.168.1.65～192.168.1.94		
3	192.168.1.96	192.168.1.97～192.168.1.126	255.255.255.224	/27
4	192.168.1.128	192.168.1.129～192.168.1.158		
5	192.168.1.160	192.168.1.161～192.168.1.190		
6	192.168.1.192	192.168.1.193～192.168.1.222		

2.3　知识扩展

2.3.1　VLSM

子网划分的最初目的是把基于类(A 类、B 类、C 类)的网络进一步划分为几个规模相当的子网,即每个子网包含的主机数在同一个数量级内,所有子网的子网掩码都相同。但在实际应用中,网络中不同子网连接的主机数可能有很大差别,此时需要在一个网络中定义多个子网掩码来表示不同规模的子网,以避免造成对 IP 地址的浪费。对于不同规模的子网划分称为变长子网划分,需要使用相应的变长子网掩码技术,即 VLSM 技术。

假设某局域网上使用了 27 位的掩码,则每个子网可以支持 30($2^5-2=30$)台主机;而对于路由器间互联的网络而言,每个连接一般只需要 2($2^2-2=2$)个地址,理想的方案是使用 30 位掩码。然而,受同主类别网络相同掩码的约束,路由器间互联网络也必须使用 27 位掩码,这样就浪费了 28 个地址。在实际工程实践中,利用 VLSM 技术,能够进一步将网络划分成多级子网,可以对子网进行层次化编址,以便最有效地利用现有的地址空间。

下面通过一个示例来介绍 VLSM 技术的应用。

【例 2-4】　图 2-15 是某公司的组织结构及部门规模(主机数)示意图,该公司计划用 C 类 192.168.10.0/24 地址进行本公司的地址布局。

【解】　为了便于分级管理,该公司采用了 VLSM 技术,将原主网络划分称为三级子网。图 2-16 是多级子网划分示意图。

(1) 确定一级子网。

一级子网数为 2,分别为市场部和技术部,每个子网的主机数分别为 80 和 90。原主网络为 192.168.10.0/24,是一个标准的 C 类网络,主机位长度为 8,借用 1 位划分一级子网,此时主机位长度还有 7 位,子网数 $2^1=2$、主机数 $2^7-2=126$,满足一级子网要求,该方案可行。

市场部分得了一级子网中的第 1 个子网,即 192.168.10.0,子网掩码为 255.255.255.128,该一级子网共有 126 个 IP 地址可供分配,用于主机使用。技术部分得了一级子网中的第 2 个子网 192.168.10.128,子网掩码 255.255.255.128。

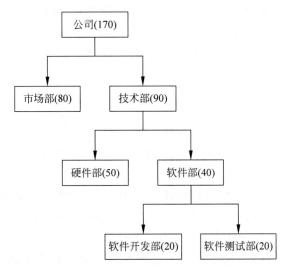

图 2-15 某公司的组织结构及部门规模示意图

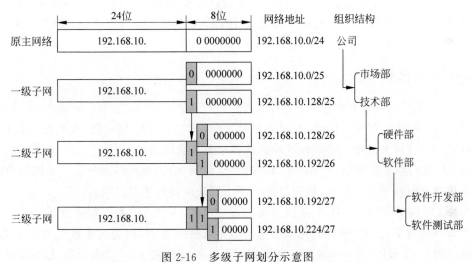

图 2-16 多级子网划分示意图

（2）确定二级子网。

将技术部分得的一级子网 192.168.10.128/25 进一步划分成两个二级子网。同上述一级子网划分分析,借用 1 位划分二级子网。其中第 1 个二级子网 192.168.10.128、子网掩码 255.255.255.192,划分给技术部的下属部门硬件部,该二级子网共有 $2^6-2=62$ 个 IP 地址可供分配。第 2 个二级子网 192.168.10.192、子网掩码 255.255.255.192 分给技术部的下属部门软件部。

（3）确定三级子网。

将软件部分得的二级子网 192.168.10.192/26 进一步划分成两个三级子网。同前面一级子网划分分析,借用 1 位划分三级子网。其中第 1 个三级子网 192.168.10.192、子网掩码 255.255.255.224,划分给软件部的下属部门开发部,该三级子网共有 $2^5-2=30$ 个 IP 地址可供分配;第 2 个三级子网 192.168.10.224、子网掩码 255.255.255.224,划分给软件部的下属部门测试部,该三级子网也有 $2^5-2=30$ 个 IP 地址可供分配。

确定了每个子网的子网掩码和网络地址后,就可以计算每个子网可分配的 IP 地址范围。计算方法同前面的任务实施部分,结果如图 2-17 所示。

2.3.2　IPv6

1. IPv6 概述

IP 是因特网的核心协议,IPv4 是在 20 世纪 70 年代末期设计的,因特网上每台主机都有一个长度为 32 位的唯一地址。32 位的地址空间是有限的,而因特网经过几十年的飞速发展,到 2019 年 11 月,IPv4 的地址已经耗尽,ISP 和其他大型网络基础设施提供商已经不能再申请到新的 IP 地址块了。如果不是 NAT(网络地址转换)技术的广泛应用,IPv4 早已停止发展了。NAT 技术仅仅是为了延长 IPv4 使用寿命而推出的权宜之计,解决 IP 地址耗尽的根本措施是采用具有更大地址空间的新版本的 IP,即 IPv6,其地址数量号称可以为全世界的每一粒沙子编上一个地址。

其实 IPv4 地址将被耗尽自 20 世纪 80 年代就已被预见了。IETF 早在 1992 年 6 月就提出要制定下一代的 IP,且将其正式命名为 IPv6。1998 年 12 月发布的 RFC 2460～2463 已使 IPv6 成为因特网草案标准协议。

2. IPv6 的优点

与 IPv4 相比,IPv6 主要有以下优点。

(1) 更大的地址空间。IPv6 将 IP 地址从 32 位增加到 128 位,所包含的地址数目高达 $2^{128} \approx 10^{40}$ 个,这样大的地址空间在可预见的将来是不会用完的。

(2) 扩展的地址层次结构。IPv6 由于地址空间很大,因此可以划分为更多的层次,可以更好地反映互联网的拓扑结构,使得寻址和路由层次的设计更具灵活性。

(3) 灵活的首部格式。IPv6 采用了新的首部格式,将选项与基本首部分开,并将选项插入基本首部与数据之间。这就简化和加速了路由选择的过程,因为大多数的选项不需要进行路由。图 2-18 和图 2-19 分别为含有多个可选扩展首部的 IPv6 数据报格式和 IPv6 的基本首部格式。

(4) 改进的选项。IPv6 允许数据报包含有选项的控制信息,因而可以包含一些新的选项实现附加的功能。

(5) 允许协议扩充。当有新的技术或应用需要时,IPv6 允许协议进行扩充。这一点很重要,因为技术总是在不断发展,新的应用也会不断出现。

(6) 支持资源的预分配。在 IPv6 中,删除了 IPv4 中的服务类型,增加了流标记字段,可以为实时音频和视频等要求保证一定的带宽和时延的应用,提供更好的服务质量保证。

(7) 更高的安全性。在使用 IPv6 网络中,用户可以对网络层的数据进行加密并对 IP 报文进行校验,IPv6 中的加密与鉴别选项提供了分组的保密性与完整性,极大地增强了网络的安全性。

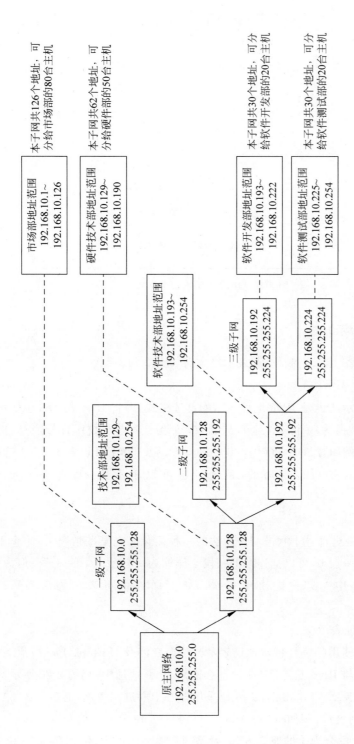

图 2-17　VLSM 子网划分结构图

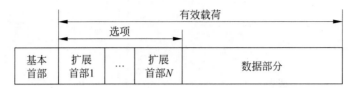

图 2-18　含有多个可选扩展首部的 IPv6 数据报格式

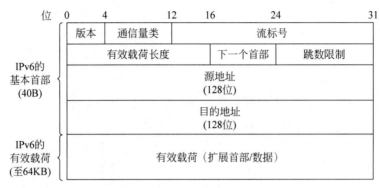

图 2-19　IPv6 的基本首部格式

3. IPv6 地址的表示方法

IPv6 地址采用 128 位二进制数，其表示格式有如下 3 种。

1）冒号十六进制表示法

冒号十六进制表示法也是 IPv6 地址表示的首选格式，即将 IPv6 的 128 位地址按 16 位一组进行划分，每组转换为一个 4 位十六进制数，每组十六进制数用冒号隔开，格式为 X：X：X：X：X：X：X：X。例如，21DA：0000：0000：0000：02AA：000F：FE08：9C5A。这种表示法中，每个 X 的前导 0 是可以省略的，该地址也可以表示为 21DA：0：0：0：2AA：F：FE08：9C5A。

2）0 位压缩表示法

0 位压缩表示法是对冒号十六进制表示法的一种简化。在某些情况下，一个 IPv6 地址中间可能包含很长的一段 0，可以把连续的一段 0 压缩为一对冒号，即"：："。但为保证地址解析的唯一性，地址中"：："只能出现一次。如上面地址可表示为 21DA：：2AA：F：FE08：9C5A。

3）内嵌 IPv4 地址表示法

这是过渡机制中使用的一种特殊地址表示方法。在涉及 IPv4 和 IPv6 节点混合的网络环境，为了实现 IPv4 与 IPv6 互通，IPv4 地址会嵌入 IPv6 地址中，如图 2-20 所示，此时地址常表示为 X：X：X：X：X：X：d.d.d.d，前 96 位采用冒号十六进制表示，而最后 32 位地址则使用 IPv4 的点分十进制表示，例如：：192.168.0.1（81～96 位全为 0 的兼容方式）与：：FFFF：192.168.0.1（81～96 位全为 1 的兼容方式）就是两个典型的例子，注意在前 96 位中，压缩 0 位的方法依旧适用。

96位						32位			
16位	16位	16位	16位	16位	16位				
X	X	X	X	X	X	d	d	d	d

图 2-20　内嵌 IPv4 地址表示法

4．IPv6 过渡技术简介

经过十几年的研究、实验和产业推动，IPv6 目前已经走到商用部署阶段。但因为现在整个互联网上使用 IPv4 的路由器太多，所以，IPv6 不可能立刻替代 IPv4。因此，在相当一段时间内 IPv4 和 IPv6 会共存在一个环境中，向 IPv6 过渡只能采用逐步演进的办法，使得对现有网络的使用者影响最小。目前 IETF 推荐使用双协议栈、隧道技术以及 NAT-PT 等转换机制来解决平稳过渡问题。

1）双协议栈技术

双协议栈技术是 IPv4 向 IPv6 过渡的一种有效的技术。双协议栈是指单个节点可以同时支持 IPv4 和 IPv6 两种协议栈，其既能与支持 IPv4 的节点通信，又能与支持 IPv6 的节点通信。双协议栈的主机或路由器一般具有两种 IP 地址：一个 IPv6 地址和一个 IPv4 地址。双协议栈主机在和 IPv6 主机通信时使用 IPv6 地址，而和 IPv4 主机通信时使用 IPv4 地址。使用双协议栈技术进行从 IPv4 到 IPv6 的过渡如图 2-21 所示。

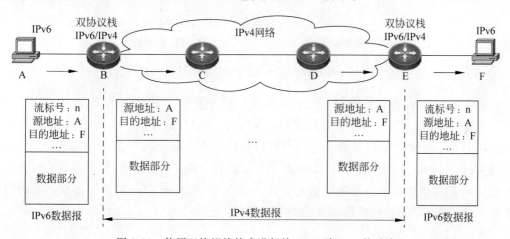

图 2-21　使用双协议栈技术进行从 IPv4 到 IPv6 的过渡

在图 2-21 所示的示意图中，源主机 A 和目的主机 F 都仅使用 IPv6，所以，主机 A 发送 IPv6 数据报，经过路由器 B、C、D、E 转发到达目的主机 F，而路由器 C 和 D 只使用 IPv4，它们不能直接转发 IPv6。由于路由器 B 是 IPv6/IPv4 路由器，路由器 B 可以把 IPv6 数据报首部转换为 IPv4 数据报首部后发送给路由器 C。该 IPv4 数据报经过 IPv4 网络到路由器 E 时，路由器 E 也是 IPv6/IPv4 路由器，路由器 E 把 IPv4 数据报再恢复为 IPv6 数据报后转发给主机 F。至此，使用 IPv6 的主机 A 和 F 利用双协议栈跨越 IPv4 网络完成通信。

双协议栈技术是 IPv4 向 IPv6 过渡的基础，所有其他的过渡技术都以此为基础。

2）隧道技术

隧道机制就是将 IPv6 数据报作为数据封装在 IPv4 数据报里，使 IPv6 数据报能在已有的 IPv4 基础设施（主要是指 IPv4 路由器）上传输的机制。隧道对于源节点和目的节点是透明的，在隧道的入口处，路由器将 IPv6 的数据报封装在 IPv4 中，该 IPv4 数据报的源地址和目的地址分别是隧道入口和出口的 IPv4 地址，在隧道出口处，再将 IPv6 数据报取出转发给目的节点。隧道技术的优点在于隧道的透明性，IPv6 主机之间的通信可以忽略隧道的存在，隧道只起到物理通道的作用。使用隧道技术进行从 IPv4 到 IPv6 的过渡如图 2-22 所示。

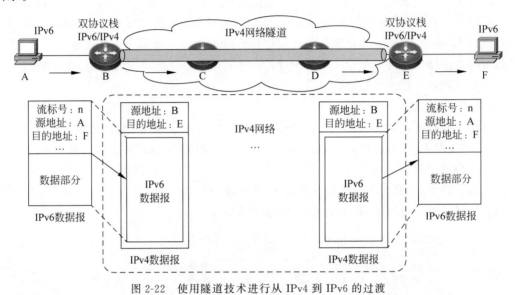

图 2-22　使用隧道技术进行从 IPv4 到 IPv6 的过渡

在图 2-22 所示的示意图中，在 IPv4 网络中建立了一条从路由器 B 到 E 的"IPv6 隧道"，路由器 B 是隧道的入口，而 E 是出口。在隧道的入口处，路由器 B 将 IPv6 的数据报封装在 IPv4 中，该 IPv4 数据报的源地址和目的地址分别是隧道入口 B 和出口 E 的 IPv4 地址，在隧道出口处，路由器 E 再将 IPv6 数据报取出转发给主机 F。注意，要使双协议栈节点知道 IPv4 数据报里面封装的数据是一个 IPv6 数据报，必须把 IPv4 首部的协议字段的值设置为 41（41 表示数据报的数据部分是 IPv6 数据报）。

3）NAT-PT

网络地址转换（Network Address Translation，NAT）技术原本是针对 IPv4 网络提出的，但只要将 IPv4 地址和 IPv6 地址分别看作 NAT 技术中的内部私有地址和全局地址，或者相反，NAT 就演变成了网络地址转换-协议转换（Network Address Translation-Protocol Translation，NAT-PT）。例如，内部的 IPv4 主机要和外部的 IPv6 主机通信时，在 NAT 服务器中将 IPv4 地址（相当于内部地址）变换成 IPv6 地址（相当于全局地址），服务器维护一个 IPv4 与 IPv6 地址的映射表。反之，当内部的 IPv6 主机和外部的 IPv4 主机进行通信时，则将 IPv6 地址（相当于内部地址）变换成 IPv4 地址（相当于全局地址）。通过 NAT-PT 技术，实现 IPv4 主机和 IPv6 主机之间的透明通信。

2.4　实践训练

实训 2　IP 地址与子网划分

1．实训目标

（1）配置 IP 地址和子网掩码。
（2）掌握子网划分的方法。

2．实验设备

（1）安装有 Windows XP 操作系统的 PC 5 台。
（2）交换机 1 台。
（3）直通线 5 根。

3．实验拓扑

为了完成本次实训任务，搭建如图 2-23 所示的网络拓扑结构。

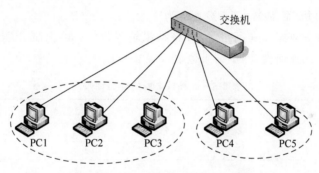

图 2-23　小型对等网络的拓扑示意图

4．实验步骤

第 1 步：硬件连接。

如图 2-23 所示，将 5 根直通双绞线的两端分别插入每台计算机网卡的 RJ-45 接口和交换机的 RJ-45 接口中，检查网卡和交换机的相应指示灯是否亮起，判断网络是否正常连通。

第 2 步：TCP/IP 配置。

按表 2-3 所示配置 PC1、PC2、PC3、PC4、PC5 每台计算机的 IP 地址和子网掩码。

在 PC1、PC2、PC3、PC4、PC5 之间用 ping 命令测试网络的连通性，测试结果填入表 2-4 中。计算该网络的网络号所需的二进制位数，并将可能的最大位数结果填入表 2-4 中。

表 2-3　主机网络地址规划

计 算 机	IP 地 址	子网掩码
PC1	192.168.1.10	
PC2	192.168.1.20	
PC3	192.168.1.30	255.255.255.0
PC4	192.168.1.40	
PC5	192.168.1.50	

表 2-4　计算机之间的连通性（1）

计算机	PC1	PC2	PC3	PC4	PC5
PC1	—				
PC2		—			
PC3			—		
PC4				—	
PC5					—
最大二进制位					

第 3 步：划分子网。

现要求保持各主机的 IP 地址不变，将该物理网络分为两个子网。子网 1 包括 PC1、PC2、PC3 三台计算机，而 PC4、PC5 被划分为子网 2。

计算子网 1 的子网掩码和网络号，并将结果填入表 2-5 中。在 PC1、PC2、PC3 之间用 ping 命令测试网络的连通性，测试结果也填入表 2-5 中。

表 2-5　计算机之间的连通性（2）

计 算 机	PC1	PC2	PC3
PC1	—		
PC2		—	
PC3			—
子网 1 子网掩码			
子网 1 网络地址			

计算子网 2 的子网掩码和网络号，并将结果填入表 2-6 中。用 ping 命令测试 PC4、PC5 之间网络的连通性，测试结果填入表 2-6 中。

表 2-6　计算机之间的连通性（3）

计 算 机	PC4	PC5
PC4	—	
PC5		—
子网 2 子网掩码		
子网 2 网络地址		

第 4 步：子网 1 和子网 2 之间连通性测试。

用 ping 命令测试 PC1、PC2、PC3（子网 1）与 PC4、PC5（子网 2）之间网络的连通性，测试结果填入表 2-7 中。

表 2-7　子网之间的连通性

子网 1(计算机)		子网 2	
		PC4	PC5
子网 1	PC1		
	PC2		
	PC3		

【结论】　由于各个子网在逻辑上是独立的,因此,没有路由器的转发,子网之间的主机不可能相互通信,尽管这些主机可能处于同一个物理网络中。

2.5　习题

一、选择题

1. 以下(　　)不是有效的 IP 地址。

 A. 193.254.8.1　　　　　　　　　　B. 193.8.1.2

 C. 193.1.25.8　　　　　　　　　　　D. 193.1.8.257

2. 以下(　　)地址为回送地址。

 A. 128.0.0.1　　　　　　　　　　　B. 127.0.0.1

 C. 126.0.0.1　　　　　　　　　　　D. 125.0.0.1

3. 主机 IP 地址为 202.130.82.97,子网掩码为 255.255.192.0,则这台主机所在的网络地址为(　　)。

 A. 202.64.0.0　　　　　　　　　　　B. 202.130.0.0

 C. 202.130.64.0　　　　　　　　　　D. 202.130.82.0

4. 下面(　　)不是组播地址。

 A. 224.0.1.1　　　　　　　　　　　B. 232.0.0.1

 C. 233.255.255.1　　　　　　　　　D. 240.255.255.1

5. 如果借用 C 类 IP 地址中的 4 位主机号划分子网,那么子网掩码应该为(　　)。

 A. 255.255.255.0　　　　　　　　　B. 255.255.255.128

 C. 255.255.255.192　　　　　　　　D. 255.255.255.240

二、填空题

1. 如果一个 IP 地址为 202.93.120.34 的主机需要向 202.93.120.0 网络进行直接广播,那么它使用的直接广播地址为＿＿＿＿＿＿＿＿。

2. 如果一个 IP 地址为 10.1.2.20、子网掩码为 255.255.255.0 的主机需要发送一个有限广播数据报,该有限广播数据报的目的地址为＿＿＿＿＿＿＿＿。

3. IPv6 的地址长度为＿＿＿＿＿位。

4. 一个 IPv6 地址为 21DA:0000:0000:0000:12AA:2C5F:FE08:9C5A。如果采用双冒号表示法,那么该 IPv6 地址可以简写为＿＿＿＿＿＿＿＿＿。

三、简答题

1. 有类 IP 地址可分为哪几类？各类的地址范围是什么？

2. 在 IPv4 网络中，为什么需要划分子网？

3. IPv6 相对 IPv4 有哪些优点？

四、实践操作题

1. 某企业使用 C 类网络 199.1.1.0/24，现在由于业务需求，需要将其分成两个相对独立的部门，即每个部门都需要一个不同的网络号。请写出每个子网的网络地址、子网掩码及每个子网可用的 IP 地址范围。

2. 若要将一个网络 172.18.0.0/16 划分子网，其中包括 3 个能容纳 16 000 台主机的子网，7 个能容纳 2000 台主机的子网，8 个能容纳 254 台主机的子网。请写出每个子网的网络地址、子网掩码及每个子网可用的 IP 地址范围。

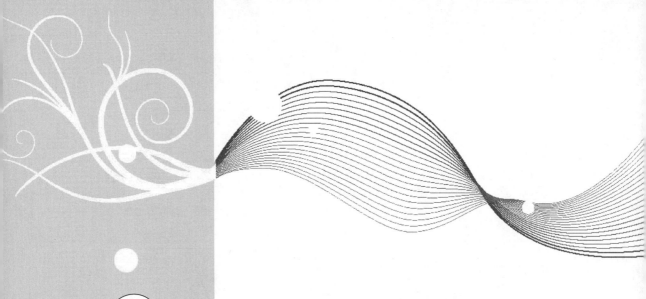

项目 ② 园区交换网构建

在无纸化办公、电子商务、电子政务等诸多领域中,局域网起着越来越重要的作用。因此,众多高校、事业单位、政府机构及企业都建立了自己的计算机网络,而交换机作为当代网络基础建设的基本设备,是目前组建园区交换网的主要设备。

组建可靠的园区交换网络时须考虑:不同业务部门之间的独立、防止因单一链路故障造成全网瘫痪、主干链路的连接带宽等问题,以保证为用户提供一个高性能、安全的网络。通过交换机的配置可以很好地解决这些问题。

本项目中将构建园区交换网的实施分为如下 5 个任务。

任务 3 管理交换机

任务 4 控制交换网中的广播流量

任务 5 避免交换网络环路

任务 6 提升交换机之间的连接带宽

任务 7 监控交换网络端口流量

任务 3

管理交换机

【任务描述】

交换机是构建以太网的最重要的设备,所有的终端用户都是通过交换机接入网络的。新买的交换机需要经过相关的配置才能满足企业组网的需求,而进行功能配置的第一步是能登录到交换机,然后再正确使用相关功能命令进行配置管理。

【任务分析】

管理交换机的基本操作一般包括管理方式的选择、配置命令语法的使用及使用技巧、配置文件的保存与加载等。对设备管理常用的配置方式是 CLI(即命令行方式)。虽然不同厂家的设备实现相同功能的配置命令有所不同,但命令使用语法基本一致,掌握设备配置命令的语法构成及使用技巧,可为后续任务做好积极的准备。

3.1 知识储备

3.1.1 认识交换机

1. 认识交换机端口

交换机是构建局域网必不可少的网络设备,其主要作用是将计算机、打印机等终端设备接入网络。目前市场上交换机品牌主要有思科、华为、华三、锐捷、神州数码等,本书主要介绍在我国教育系统中用得比较多的自主生产品牌——锐捷交换机。

图 3-1 为锐捷交换机 RG-S2910-24GT4XS-E 前面板的外观,其具有 24 个 RJ-45 类型的 10/100/1000Base-T 以太网自适应端口以及 4 个 SFP＋端口(即 24 千兆电口＋4 个固化万兆光口),以及 Console 端口(控制端口)。此外,还有一系列的 LED 指示灯。

交换机前面板以太网端口编号由两部分组成,分别为插槽号和端口在插槽上的编号。插槽的编号从 0 开始,默认固化端口插槽编号为 0;端口的编号从 1 开始,按照从上到下、从左到右的顺序依次编号。若固化插槽上的某个端口编号为 3,则该端口标识为 FastEthernet 0/3,简写为 Fa0/3 或 F0/3。注意,如果多台交换机处在堆叠模式或 VSU(Virtual

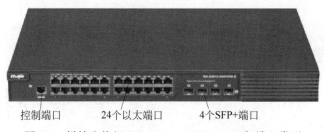

控制端口　　　24个以太端口　　　4个SFP+端口

图 3-1　锐捷交换机 RG-S2910-24GT4XS-E 与端口类型

Switching Unit，虚拟交换单元）虚拟化模式下，编号由 3 部分组成，分别为设备号、插槽号和端口在插槽上的编号。若上述设备为堆叠组里编号为 2 的设备，则端口的标识为 Fa2/0/3。

　　交换机配置端口 Console 是一个特殊端口，是控制交换机设备的端口，能实现设备初始化或远程控制。Console 端口的外形同普通的 RJ-45，但不能用双绞线连接设备，需要用专用配置线将交换机的 Console 端口连接到计算机的 COM 串口，在计算机上利用超级终端仿真程序（如 Windows 系统"超级终端"）管理交换机。

　　前面板上多排指示灯是端口连接状态灯，代表端口的工作状态。当交换机加电后，端口指示灯可以标明其最基本的 3 个状态：非连通状态、连通但没有数据传输和连通并有数据在传输。其中非连通时端口指示灯不亮，连通但没有数据传输时指示灯亮起但不闪烁，连通并有数据在传输时指示灯亮起且不停闪烁。

2. 认识交换机组件

　　以太网交换机和计算机一样也由硬件和软件系统组成。组成交换机的基本硬件一般都包括 CPU（中央处理器）、RAM（随机存储器）、ROM（只读存储器）、Flash（可读写存储器）、Interface（端口）等组件组成。下面介绍几个交换机特有的组件。

　　（1）ASIC 芯片。

　　ASIC（Application Specific Integrated Circuit，专用集成电路）是交换机内的专用集成电路芯片，是连接 CPU 和前端端口的硬件集成电路，能并行转发数据，提供高性能的基于硬件的帧交换功能，主要提供端口上接收到数据帧的解析、缓冲、VLAN 标记等功能。

　　（2）交换机背板。

　　交换机背板是交换机最重要的硬件，背板是交换机高密度端口之间的连接通道，类似 PC 中的主板。交换机背板带宽是交换机端口处理器或接口卡和数据总线间所能吞吐的最大数据量。背板带宽标志交换机总的数据交换能力，单位为 Gb/s，也叫交换带宽。

　　（3）Console 端口。

　　每台可管理的交换机上都有一个 Console 端口，用于对交换机进行配置和管理。其类型有如图 3-1 所示的 RJ-45 Console 端口，也有如图 3-2 所示的串行 Console 端口。它们都需要用专用的 Console 线连接至计算机的 COM 串口。

　　（4）交换机模块。

　　交换机模块就是在原有板卡上预留出小槽位，为客户未来进行设备业务扩展预留接口。常见物理模块类型可以分为以下几类：光模块（包括 SFP、SFP＋、GBIC 等）、电口模块、光转电模块、电转光模块。其中 SFP（Small Form-factor Pluggable）模块为 GBIC（Giga-Bit

Interface Converter,千兆位接口转换器)的升级版本,如图 3-3 所示。SFP 模块体积比 GBIC 模块少一半,在相同面板上可以多出一倍以上端口数。SFP 模块的其他功能和 GBIC 模块相同,有些交换机厂商称 SFP 模块为小型化 GBIC。

图 3-2　串行 Console 端口

图 3-3　SFP 模块

3.1.2　交换机工作原理

视频讲解

交换机(Switch)工作在数据链路层,属于二层网络设备,它可以识别数据包中的 MAC 地址信息并根据目的 MAC 地址将数据包从交换机的一个端口转发至另一个端口,同时交换机会将数据包中的源 MAC 地址与对应的端口关联起来,在内部自动生成一张 MAC 地址和端口之间的映射表,即 MAC 地址表。在进行数据转发时,通过在发送端口和接收端口之间建立的临时交换路径,将数据帧由源地址发送到目的地址,从而避免与其他端口发生碰撞,提高了网络的交换和传输速度。

交换机要完成数据帧的转发功能,大致需要执行以下 4 种操作。

1. 泛洪("广播")

交换机根据 MAC 地址表来决定数据从哪个端口转发出去。在交换机加电启动之初,MAC 地址表为空,交换机不知道任何主机连接的是哪个端口。交换机收到帧后,因 MAC 地址表为空,交换机查找不到目的 MAC 地址对应的端口,不知道将数据发往哪个端口,它就将收到的数据帧从接收端口之外的其余所有端口转发出去,这个过程称为泛洪(Flooding),也称"广播",如图 3-4 所示。泛洪还用于发送目的地址为广播或组播 MAC 地址的帧。

在图 3-4 中,假设主机 A 有信息要发给主机 C,则数据帧中源 MAC 地址是主机 A 的 MAC 地址(00-D0-F8-00-11-11),目的 MAC 地址是主机 C 的 MAC 地址(00-D0-F8-00-11-13)。交换机收到主机 A 发来的数据帧,会根据目的 MAC 地址转发。因目的 MAC 地址不在 MAC 地址表,交换机就使用泛洪的方法,将数据从 F0/2、F0/3 和 F0/4 端口转发出去,主机 B、C、D 都将收到该数据,然后各主机都会检查数据帧中的目的 MAC 地址是否与自身 MAC 地址相同。主机 B、D 发现目的 MAC 地址与自身 MAC 地址不同,认为该数据不是发给它们的,所以,主机 B、D 丢弃该帧,只有主机 C 会接收并响应该数据帧。

2. 学习

交换机从某个端口接收到数据帧后,会读取数据帧的源 MAC 地址,并查看 MAC 地址

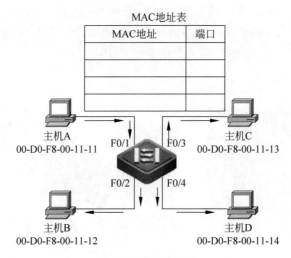

图 3-4　交换机泛洪

表中是否已经有该源 MAC 地址条目。若没有，则建立该源 MAC 地址与接收端口的映射，并将其写入 MAC 地址表中，同时设置该条目的老化时间（一般为 300s），这样，交换机就学习到某个端口所连接的设备了。若数据帧的源 MAC 地址已在 MAC 地址表中存在，则继续查看 MAC 地址表相应条目中的端口与该接收端口是否一致，若一致，则刷新计时器，重新开始老化计时；若不一致，则将 MAC 地址表中该源 MAC 对应条目中的端口改为该接收端口，同时也重新开始老化计时。

图 3-4 中，交换机从 F0/1 端口收到主机 A 发给主机 C 的数据帧，读取数据帧的源 MAC 地址（主机 A 的 MAC 地址）。因源 MAC 地址不在 MAC 地址表中，交换机建立源 MAC 地址（00-D0-F8-00-11-11）与接收端口（F0/1）的映射，并将其写入 MAC 地址表中，至此交换机就学习到主机 A 的 MAC 地址，如图 3-5 所示。

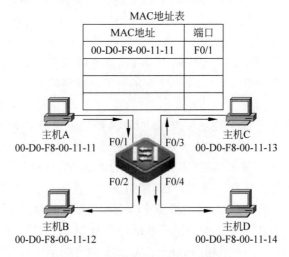

图 3-5　交换机学习 MAC 地址

随着网络中的主机不断发送数据帧，这个学习过程也将不断进行下去，最终交换机会学习到所有端口连接设备的 MAC 地址，从而建立一张完整的 MAC 地址表，如图 3-6

所示。

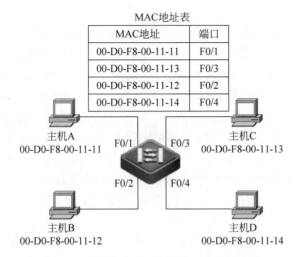

图 3-6　交换机学习到完整的 MAC 地址表

同上可分析含集线器的多交换机网络环境下,交换机学习到的 MAC 地址表如图 3-7 所示。

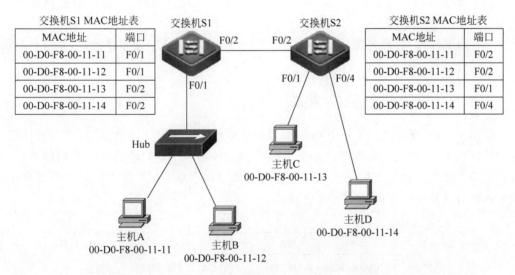

图 3-7　含集线器的多交换机学习到完整的 MAC 地址表

视频讲解

3. 转发

交换机收到数据帧后,会读取数据帧的目的 MAC 地址,并查看 MAC 地址表中是否已经有该目的 MAC 地址条目。若 MAC 地址表中没有该目的地址,则将数据帧从接收端口之外的其余所有端口泛洪出去;若该目的地址已存在于 MAC 地址表中,则查看该 MAC 地址所对应的端口,直接将数据帧转发至该端口,不再泛洪到所有端口;如果数据帧的目的 MAC 地址是广播地址,则将数据帧从接收端口之外的其余所有端口泛洪出去。

4. 过滤

交换机在查找 MAC 地址表时,如果发现帧的目的 MAC 对应的端口与帧接收端口为同一个端口,则直接将该数据帧丢弃,而不会从接收端口再发送回去。

图 3-7 中,若主机 A 向主机 B 发送信息,则数据帧中源 MAC 地址是主机 A 的 MAC 地址(00-D0-F8-00-11-11),目的 MAC 地址是主机 B 的 MAC 地址(00-D0-F8-00-11-12)。集线器是工作在物理层的设备,不能识别 MAC 地址,其会将数据从所有端口泛洪出去,主机 B 和交换机 S1 的 F0/1 端口都会收到。交换机 S1 根据目的 MAC 地址查找自己的 MAC 地址表,发现目的 MAC (00-D0-F8-00-11-12)对应的端口是 F0/1,与接收该数据帧的端口相同,则丢弃该帧,不会将该数据帧从 F0/1 端口再发送回给集线器。

综上所述,交换机收到数据帧后的转发策略,与帧的类型、源所在的端口(源端口)和目的所在的端口(目的端口)等有关,总结如下。

(1) 如果目的地址与 MAC 地址中的所有条目不匹配,即目的端口未知,则进行泛洪,即向除接收端口之外的所有端口转发。

(2) 如果目的地址已在 MAC 地址表中,且源端口和目的端口不同,则转发该帧,即转发。

(3) 如果目的地址已在 MAC 地址表中,但源端口和目的端口相同,则丢弃该帧,即过滤。

(4) 如果目的 MAC 地址是广播地址(FF-FF-FF-FF-FF-FF)或组播地址,则进行泛洪,即向除接收端口之外的所有端口转发。

3.1.3　交换机的交换方式

如前面所讲,交换机作为位于 OSI 参考模型中数据链路层的网络设备,其主要作用是进行快速高效、准确无误地转发数据帧。那么,当交换机一个端口收到一个数据帧后,是等待收完整个数据帧后再转发,还是仅接收到部分数据帧后就开始转发呢? 以太网交换机转发数据帧有 3 种交换方式,如图 3-8 所示。

图 3-8　以太网交换机的 3 种交换方式

1. 存储转发(Store-and-Forward)

存储转发方式就是先接收后转发的方式。在存储转发交换中,交换机把从端口接收的数据帧先全部接收并存储在其缓冲区中,然后进行 CRC(循环冗余码校验)检查,把错误帧丢弃,然后取出数据帧的目的地址,查找 MAC 地址表后进行过滤或转发。此处错误帧指长度小于64B或大于1518B的数据帧,还有经CRC检查发现传输过程中出现错误的数据帧。

存储转发方式的延迟与数据帧的长度成正比,数据帧越长,接收整个帧所花费的时间越多,延迟越大,这是它的不足。但是它可以对进入交换机的数据帧进行错误检测,所以网络中没有残留数据包转发,可减少潜在的不必要的数据转发,有效地改善网络性能。尤其重要的是,它可以支持不同速度的端口间的转发,保持高速端口与低速端口间的协同工作。存储转发方式适用于链路质量一般或较为恶劣的网络环境。

2. 直通转发(Cut Through)

交换机在输入端口检测到一个数据帧时,检查该帧的帧头,只要获取了帧的目的地址,就开始查找 MAC 地址表,确定转发端口后就边接收边转发。它的优点是转发前不需要读取整个完整的帧,延迟非常小,交换非常快。它的缺点是,因为数据帧内容没有被交换机保存下来,所以无法检查所传送的数据帧是否有误,不能提供错误检测能力,导致一些错误的数据帧也在网络内传输,浪费了网络带宽。还有,由于没有缓存,因此不能将具有不同传输速率的输入输出端口直接接通,容易丢帧。直通交换方式适用于网络链路质量较好、错误数据包较少的网络环境,或延迟时间跟帧的大小无关的环境。

3. 碎片隔离(Fragment Free)

碎片隔离是改进后的直通转发,是介于前面两种交换方式之间的一种解决方案。因为在正常运行的网络中,冲突大多发生在 64B 之前,也就是说,大多数的错误帧长度都小于64B,所以,碎片隔离方式是读取数据帧的前 64B 后,根据目的地址查找 MAC 地址表确定转发端口,然后就开始边接收边转发。这种方式也不提供数据校验,它的数据处理速度比存储转发方式快,但比直通转发慢。可以看出,对于超过以太网规定最大帧长(1518B)的超长数据帧,碎片隔离方式也是没有办法检查出来的,即采用这种方式的交换机同样会将这种超长的错误数据帧发送到网络上,从而无谓地占用网络带宽,并会占用目的主机的处理时间,降低网络效率。碎片隔离方式适用于链路质量一般的网络环境。

交换机的数据转发延迟和错误率取决于采用哪种交换方式,3 种交换方式的性能比较如表 3-1 所示。现在,许多交换机可以做到在正常情况下采用直通转发方式,而当数据的错误率达到一定程度时,自动转换到存储转发方式。

表 3-1 交换机 3 种交换方式的性能比较

对 比 项 目	直 通 转 发	碎 片 隔 离	存 储 转 发
数据帧的转发延迟	最小	居中	最大
错误检测能力	没有	居中	完整检查
帧错误率	最大	居中	最小
收到多少字节开始转发	14	64	所有字节

3.1.4 交换机的管理方式

一般情况下,所有厂家的交换机都支持多种管理方式,用户可以根据实际情况选择最合适的方式管理交换机。下面介绍两种常用的管理方式。

1. 通过 Console 端口进行本地管理

对于新买的交换机,第一次配置时只能通过 Console 端口进行初始配置,这种方式需要使用网络设备附带的专用 Console 配置线缆,用此专用配置线将交换机的 Console 端口和主机的 COM 串口连接起来。这种管理方式不占用网络带宽,因此被称为带外管理。通过 Console 端口管理交换机的连线方式如图 3-9 所示。

图 3-9　通过 Console 端口管理交换机的连线方式

当前,绝大多数的计算机都没有 COM 串口,这时需要一条 USB to Serial(DB9)转接线。USB to Serial 转接线的一端为 COM 串口,另一端为 USB 口,如图 3-10 所示。USB to Serial 转接线的 COM 串口连接 Console 配置线缆的 DB9 头,另一端插入计算机的 USB 口。注意,USB to Serial 线缆在使用前需要安装驱动程序,否则无法正常工作。

图 3-10　USB to Serial 转接线缆

正确连接线缆之后,在计算机上安装并设置终端管理软件(如 Windows 系统自带的超级终端软件、SecureCRT 等),以命令行的方式来管理交换机,SecureCRT 命令行界面如图 3-11 所示。

图 3-11　SecureCRT 命令行界面

通过 Console 端口对交换机进行管理的方式是其他管理方式的基础,其他管理方式都需要在管理前对设备进行一些基础配置,而新设备出厂时是没有任何配置的。所以,用户在首次配置交换机或者无法进行其他方式管理时,都必须使用 Console 端口这种方式进行配置。

2. 通过 Telnet/SSH 进行远程管理

Console 端口线缆的长度有限,不可能把 Console 端口线缆无限拉长到办公室或家里。所以,在办公室或家里是无法使用 Console 端口方式对交换机进行配置管理的,Console 端口方式只能对设备进行本地管理,但管理员也不能每次调试设备时都必须到机房。

当通过 Console 端口方式对设备进行初始化配置并开启了相关服务后,只要计算机和网络设备之间的网络可达,就可以通过 Telnet 或 SSH 的方式远程登录到设备,这样,可以坐在办公室甚至家里管理设备,管理员不必在办公室与机房之间来回奔波了。Telnet 或 SSH 的配置命令及各种信息通过网络进行传输,会消耗网络带宽,因此属于带内管理。SSH 和 Telnet 基本相同,区别在于 Telnet 是一种不安全的传输协议,明文传输口令和数据,信息很容易被截获,而 SSH 是一种非常安全的协议,加密传输,其安全性高,但配置过程相对复杂些。通过 Telnet 或 SSH 远程管理交换机如图 3-12 所示。

图 3-12　通过 Telnet 或 SSH 远程管理交换机

通过 Telnet 方式管理交换机要具备以下条件。
- 交换机配置管理地址。
- 计算机和交换机之间的网络可达。
- 在交换机上启用 Telnet 或 SSH 服务,锐捷设备默认情况下已启用。
- 在交换机上设置授权的 Telnet 用户。

上述条件具备后,在计算机上利用 Windows 系统自带的 Telnet 连接工具登录交换机。使用方法:"开始"→"运行"→输入 cmd 命令,转到 DOS 命令行界面,输入"telnet IP 地址"命令,如图 3-13 所示。经过验证远程登录成功后,Telnet 或 SSH 的配置界面和直接使用 Console 端口登录的界面是完全一致的。

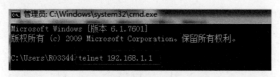

图 3-13　在 Windows 命令提示符下远程登录交换机

3.1.5　交换机的命令行界面

交换机的操作系统软件(IOS)提供的服务通常通过命令行界面(Command Line Interface,CLI)来访问。相比其他管理界面(如 Web 界面),CLI 配置和管理起来更加便捷、

视频讲解

快速，并且不同厂商的 CLI 在一定程度上具有相似性，因此专业的网管人员和网络工程师都善于使用 CLI。

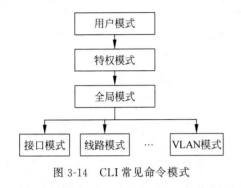

图 3-14　CLI 常见命令模式

1. 命令模式

CLI 由 Shell 程序提供，它是由一系列的配置命令组成的。设备可供使用的命令非常多，为便于使用这些命令，将命令按功能进行分类，不同类别的命令对应着不同的命令模式。当使用某条命令时，需要先进入这个命令所在的模式。不同命令模式之间既有联系又有区别。CLI 常见命令模式如图 3-14 所示。

（1）用户模式。

当用户通过 Console 端口或 Telnet 等管理方式成功登录到交换机后，首先进入的第一个模式便是用户模式。在该模式下，只能执行少量的查看系统信息、基本的测试命令，不能执行任何功能性命令。

用户模式的提示符是">"，使用 enable 命令进入下一级的特权模式。

（2）特权模式。

在特权模式下，可以查看交换机的所有配置信息，可以对设备进行文件管理和网络测试等。特权模式的提示符是"♯"，使用 exit 命令退回到上一级的用户模式，使用 configure terminal 命令进入下一级的全局模式。

用户在特权模式下可以查看设备的配置信息，也可以进入全局模式修改设备的配置信息，因此，一般需要设置进入特权模式的用户口令，防止用户的非法使用，对交换机配置进行恶意修改，避免造成不必要的损失。

（3）全局模式。

在全局模式下，可以配置影响交换机的全局参数，且配置信息是对整个交换机起作用的，如输入一条有效的配置命令并按 Enter 键，内存中正在运行的配置就会立即改变并生效；也可以进入下一级的接口模式、线路模式、VLAN 模式等各种子模式。

全局模式的提示符是"(config)♯"，使用 exit 或 end 命令或按 Ctrl＋Z 组合键退回到上一级的特权模式，不同的是 exit 命令逐级返回，而 end 命令和按 Ctrl＋Z 组合键都可在任何模式（用户模式除外）下直接退回到特权模式。

（4）接口模式。

在接口模式下可以配置网络设备的接口参数，该模式下的配置只对该接口有效。

在全局模式下，使用 interface 命令进入接口模式。接口模式的提示符是"(config-if)♯"，使用 exit 命令返回上一级全局模式，使用 end 命令或按 Ctrl＋Z 组合键直接退回到特权模式。

（5）线路模式。

线路模式用于配置一条实际线路（如控制台）或虚拟线路（如虚拟终端 VTY），主要功能是设置用户级登录密码。

在全局模式下,使用 line vty 或 line console 命令进入线路模式,提示符是"(config-line)♯",使用 exit 命令返回上一级全局模式,使用 end 命令或按 Ctrl＋Z 组合键直接退回到特权模式。

(6) VLAN 模式。

VLAN 模式用于配置 VLAN 参数。在全局模式下,使用 vlan 命令进入该模式,提示符是"(config-vlan)♯",使用 exit 命令返回上一级全局模式,使用 end 命令或按 Ctrl＋Z 组合键直接退回到特权模式。

2. 命令语法

交换机为用户提供了各种各样的配置命令,尽管这些配置命令的形式各不一样,但它们都遵循交换机配置命令的语法。以下是交换机提供的通用命令格式。

```
cmdtxt < variable >{enum1 | enum2 | … | enumN }[ option ]
```

语法说明:黑体字 cmdtxt 表示命令关键字;< variable >表示参数为变量;{enum1 | … | enumN}表示在参数集 enum1～enumN 中必须选一个参数;[option]中的"[]"表示该参数为可选项。在各种命令中还会出现"< >""{}""[]"符号的组合使用,如[< variable >]、{enum1 < variable >| enum2}、[option1[option2]]等。

下面是几种配置命令语法的具体分析。

- show version:没有任何参数,属于只有关键字没有参数的命令,直接输入命令即可。
- vlan< vlan-id >:输入 vlan 关键字后,还需要输入相应的参数值 vlan-id。
- duplex{auto|full|half}:此类命令表示输入 duplex 后,还需要输入{}中的任一个属性。

3. 系统帮助

用户可以使用 help 命令获取帮助系统的摘要描述信息,也可以使用"?"或某个命令和"?"的不同组合方式来获取所需的帮助信息。获取帮助信息的使用方法和功能如表 3-2 所示。

表 3-2　获取帮助信息的使用方法和功能

命　　令	使用方法和功能
help	在任意命令模式下,输入 help 命令均可获取帮助系统的摘要描述信息
?	在任意命令模式下,输入"?"获取该配置模式下的所有命令及其简单描述信息
命令 ?	在命令关键字后,输入以空格分隔的"?",列出该命令的下一个关键字或参数。若下一个关键字是参数,则列出该参数的取值范围及描述信息;若是关键字,则列出关键字的集合及其简单描述;若是"< cr >",则表示此命令已输入完整,按 Enter 键即可
命令字符串＋?	在字符串后紧接着输入"?",列出以该字符串开头的所有命令关键字

4．命令使用技巧

（1）简写命令。

如果命令较长，输入时经常会出现错误，而且太长的命令也不易记住。如果想简写命令，只需要输入命令关键字的一部分字符，且这部分字符能够与其他命令关键字区分，即能识别为唯一的命令关键字。如进入全局模式的命令 configure terminal 可以简写成 conf t，查看配置信息的命令 show running-config 可以简写成 sh ru 等。如果输入的字符太短，系统无法与其他关键字区分，系统会提示继续输入后面的字符。

（2）自动补全命令。

在输入不完整的命令关键字后，如果该关键字后缀唯一，按 Tab 键可以将该关键字的剩余字符自动补全，生成完整关键字。如输入 show ru<Tab>，系统会自动补全为 show running-config。如果输入的字符串不能唯一区分一个命令，按 Tab 键则不会补全。

（3）命令查询。

如果知道一个命令的部分字符串，也可以通过在部分字符串后面输入"?"来显示匹配该字符串的所有命令，如在全局模式下输入"h?"，将显示以"h"开头的所有关键字。

```
(config)♯h?
    help    hostname
```

（4）使用历史命令。

交换机 IOS 可以记忆已经输入的命令，用向上或向下方向键将使用过的历史命令重新调用，以便减少命令的重复输入。向上方向键在历史命令中向前翻滚，向下方向键在历史命令中向后翻滚。

5．命令行常见错误提示

命令行方式下输入的每一条命令都要先经过 Shell 语法检查，只有语法检查通过的命令才被执行。若命令输入有错，命令行（CLI）会输出以"％"开头的错误提示信息。了解错误提示信息含义，有助于输入正确的命令。命令行常见错误提示如表 3-3 所示。

表 3-3　命令行常见错误提示

错 误 信 息	含 义
％Ambiguous command："show a"	命令输入太短，输入的字符（或字符串）开头的命令不唯一
％Incomplete command	命令输入不完整，还需要输入其他关键字或参数
％Invalid input detected at'^' marker	命令语法错误，符号(^)指名产生错误的位置
％Unknown command ％Unrecognized command	命令关键词拼写错误或命令配置模式错误

6. 取消命令

有时输入的命令虽然通过 Shell 语法检查了,但执行后没有达到预期效果。如规划交换机管理地址为 192.168.1.1/24,配置时不小心输入的命令是 ip address 192.168.10.1 255.255.255.0,显然这条命令完整且没有语法错误,能被执行,但交换机的管理地址被设为 192.168.10.1/24,与预期要求不同。像这样的手误,在命令行输入时经常会发生。

解决的办法是取消原来的操作重新进行配置。设备的许多配置命令,都可以使用前缀 no 来取消一个命令的作用。先执行 no ip address 命令,再执行 ip address 192.168.1.1 255.255.255.0 命令,这样配置的地址就是预期规划的地址了。

3.1.6　管理交换机的基本命令

锐捷 RGOS 命令行提供的命令非常多,常用的基本管理命令如表 3-4 所示。

表 3-4　常用的基本管理命令

命令模式	CLI 命令	作　用
用户模式	enable	进入特权配置模式
特权模式	configure terminal	进入全局配置模式
全局模式	hostname ruijie	修改设备的系统名称为 ruijie
全局模式	enable password 123	设置进入特权模式的密码为 123,password 密码以明文形式显示,而 secret 密码经过加密后显示,更安全。两个同时设置时,安全性高的 secret 密码有效,password 密码无效
	enable secret 123	
全局模式	interface fastEthernet 0/2	进入单个指定端口的接口模式
	interface range fastEthernet 0/2-6	进入连续多个指定端口的接口模式
	interface range fastEthernet 0/2,fastEthernet 0/9	进入不连续多个指定端口的接口模式
接口模式	description con_to_PC1	配置端口描述信息
	speed {10|100|1000|auto}	配置端口速率
	duplex{ auto |full|half}	配置端口双工模式
全局模式	interface vlan 1	进入交换机的 VLAN 接口
VLAN 接口模式	ip address 192.168.1.1 255.255.255.0	配置 IP 地址
接口模式	no shutdown	打开端口
	shutdown	关闭端口
全局模式	line vty 0 4 line console 0	进入线路模式
线路模式	password 123	设置线路的登录密码为 123
	login	启用密码进行线路登录认证
	login local	启用本地用户名和密码进行线路登录本地认证
全局模式	username admin password ruijie	创建用户名为 admin、密码为 ruijie 的本地用户信息

续表

命 令 模 式	CLI 命 令	作 用
特权模式	show interfaces fastEthernet 0/2	显示指定端口的详细信息
	show ip interface brief	显示端口 IP 及端口状态
	show interfaces status	显示交换机的端口名称、所属 VLAN、速率等
	show version	显示系统信息，包括软件和硬件的版本信息等
	show mac-address-table	查看交换机的 MAC 地址表
	show arp	显示当前的 ARP 表
	show running-config	显示内存中正在运行的配置信息
	show startup-config	显示已保存的配置信息
	copy running-config startup-config	保存配置，两条命令功能相同
	write	
	copy startup-config running-config	将已保存的配置复制到内存
	copy flash:filename tftp://location/filename	通过 TFTP 从网络设备传输文件到本地主机
	copy tftp://location/filename flash:filename	通过 TFTP 从本地主机传输文件到网络设备
	dir	显示当前目录下的文件信息
	pwd	显示当前所处路径
	rename oldname newname	更改文件名
	cd〔filesystem:〕〔directory〕	进入或退出文件夹（目录）
	reload	重启设备
	ping 192.168.1.2	测试网络连通性
	telnet 192.168.1.2	远程登录另一台设备，如 tftp 服务器
全局模式	no ip domain-lookup	禁止 DNS 域名解析
	exit	退回到上一级命令模式
	end	直接退回到特权模式
	no	禁止某项功能或执行与命令本身相反的操作

视频讲解

3.2 任务实施

1. 交换机管理方式

（1）连接计算机和交换机。

常用的交换机管理方式有通过 Console 端口进行本地管理（带外管理）和通过 Telnet 进行远程管理（带内管理）两种方式。这两种方式管理交换机的拓扑结构如图 3-15 所示。

图 3-15 中，通过 Console 端口对交换机进行管理时，使用的是专用 Console 配置线缆，连接交换机的 Console 端口和主机的 COM 串口；通过 Telnet 对交换机进行管理，使用网线连接交换机的网络端口 F0/2 和计算机的网卡接口。在首次配置交换机时，只能通过

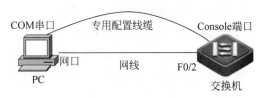

图 3-15　管理交换机的拓扑结构

Console 端口方式进行管理。通过 Console 端口方式对交换机进行一些基础配置后,只要网络可达,可以通过 Telnet 方式对交换机进行管理。

通过 Console 端口对交换机进行管理时,如果计算机没有 COM 串口,则用 USB to Serial(DB9)转接线的 COM 串口连接 Console 配置线缆的 DB9 头,转接线的另一端插入计算机的 USB 口,如图 3-16 所示。注意,USB to Serial 线缆在使用前需要安装驱动程序,安装成功后计算机内生成一个虚拟的 COM 串口。

图 3-16　Console 线缆＋USB to Serial 转接线连接计算机和交换机

(2)设置终端管理软件。

正确连接线缆之后,在计算机上安装并设置终端管理软件(如 Windows 系统自带的超级终端软件、SecureCRT、PuTTY 等),此处以网络工程师最常用的 SecureCRT 来介绍终端软件的初始设置方法。SecureCRT 设置主要有如下两步。

第 1 步,查看配置线缆所连计算机的 COM 串口。可以打开计算机"设备管理器"窗口,在"端口"项中去查看配置线缆所连的端口,如图 3-17 所示。

图 3-17　计算机"设备管理器"中的"端口"项

第 2 步，运行 SecureCRT 并进行连接参数设置。单击工具栏上的"快速连接"按钮，弹出"快速连接"设置对话框，如图 3-18 所示。在此对话框中，"协议"选择 Serial，"端口"选择第 1 步中查找到的配置线缆所连计算机的对应端口，"波特率"设置为 9600，"数据流控制"下的"RTS/CTS(R)"复选框不勾选，其他参数保持默认值不变（即"数据位""奇偶校验""停止位"分别为 8、无、1）。

设置好连接参数后，单击对话框下方的"连接"按钮并按 Enter 键，在 SecureCRT 窗口工具栏下方出现连接会话 Serial-COM5，如图 3-19 所示。如果椭圆处设备标签为绿色，表示 Console 端口线缆连接正常。线缆连接正常后，交换机加电启动，有关交换机的启动信息会在图 3-19 所示的窗口中显示。出现"Ruijie >"提示符表示设备启动成功，连接成功后SecureCRT 命令行界面如图 3-20 所示。

图 3-18　SecureCRT"快速连接"设置对话框　　　　图 3-19　Console 端口线缆连接正常

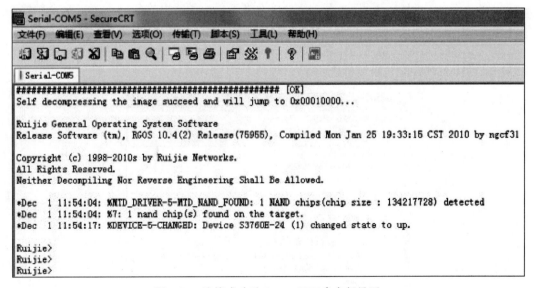

图 3-20　连接成功后 SecureCRT 命令行界面

2．交换机基础配置

（1）命令模式切换。

```
Ruijie>                                //用户模式
Ruijie>enable                          //进入特权模式
Ruijie#                                //特权模式
Ruijie#configure terminal              //进入全局模式
Ruijie(config)#                        //全局模式
Ruijie(config)#interface f0/2          //进入接口模式
Ruijie(config-if)#                     //接口模式
Ruijie(config-if)#exit                 //返回上一级模式,也可以使用命令 end
Ruijie(config)#
Ruijie(config)#interface vlan 1        //进入 VLAN 模式
Ruijie(config-if)#                     //VLAN 模式
Ruijie(config-if)#exit                 //返回上一级模式,也可以使用命令 end
Ruijie(config)#
Ruijie(config)#exit                    //返回特权模式,也可以使用命令 end
Ruijie#
Ruijie#exit
Ruijie>
Ruijie(config-if)#end                  //直接返回特权模式
Ruijie#
```

（2）修改交换机的名字。

交换机的名字被称作主机名（Hostname），它会在系统提示符前显示。大多数厂家交换机的系统默认名字是 Switch。在配置多交换机环境的网络中，应当使用一个具有一定意义并可帮助管理者区分网络内每一台交换机的名字，否则管理交换机时会极不方便。修改交换机名字需要在全局配置模式下使用 hostname 命令完成，名字大小写有区别，可以使用 no hostname 命令将系统名称恢复为默认值。如：

```
Ruijie(config)#hostname SW-B205        //修改交换机名字为 SW-B205
SW-B205(config)#
```

（3）设置交换机端口参数。

交换机的端口主要是用来连接终端设备的，大多数端口的参数都相同。对那些参数相同的端口，可以批量设置，而具有特定参数的端口就分开单独设置。所以，配置端口时，可以一次配置一个端口，也可以一次配置多个端口，即一个范围。范围内的连续端口用"-"连接端口的起始编号，单个或不连续的多个端口用"，"分开。注意，范围内的所有端口必须属于相同类型。

在全局配置模式下，使用 interface 或 interface range 命令进入接口模式，再在接口模式下使用 speed、duplex 等命令进行相应参数设置。如：

```
Ruijie(config)#interface f0/2          //进入单个端口模式
Ruijie(config-if)# speed 100           //设置端口速率为 100Mb/s
```

```
Ruijie(config-if)# duplex full                          //设置为全双工模式
Ruijie(config-if)#no shutdown                           //开启端口
Ruijie(config-if)#exit
Ruijie(config)# interface range f0/2-8                  //进入连续范围的端口模式
Ruijie(config-if-range)# speed 100
Ruijie(config-if-range)#exit
Ruijie(config)# interface range f0/9-12,f0/16           //进入不连续范围的端口模式
Ruijie(config-if-range)# duplex half                    //设置为半双工模式
Ruijie(config-if-range)#end
Ruijie#show interfaces status                           //显示端口的名字、状态、速率等信息
```

（4）配置管理 IP 地址。

交换机二层接口不能配置 IP 地址，但可以给交换虚拟接口（Switched Virtual Interface,SVI）配置 IP 地址作为交换机的管理地址，管理员通过该地址登录设备进行设备远程管理。交换机的默认交换虚拟接口是 VLAN 1,交换机的所有接口都默认属于 VLAN 1。交换机上的每个 VLAN 都对应一个交换虚拟接口，如果给多个 SVI 设置 IP 地址，只有一个地址有效。

交换机的 IP 地址是设置在 VLAN 接口上的。在接口配置模式下使用 ip address 命令完成 IP 地址的配置。如：

```
Ruijie(config)# interface vlan 1                         //打开交换机的管理 VLAN
Ruijie(config-if)# ip address 192.168.1.1 255.255.255.0  //配置管理地址
Ruijie(config-if)# no shutdown                           //开启端口
Ruijie(config-if)#exit
```

（5）管理交换机配置信息。

交换机所做的配置信息都自动保存在内存中的 running-config 文件中，如果不做保存操作，设备掉电或重新启动时配置信息会丢失。如果希望所做的配置永久生效，需要对配置信息进行保存。在特权模式下使用 show、write 或 copy 命令完成配置信息的查看和保存。如：

```
Ruijie#show version                    //查看交换机的系统版本信息
Ruijie#show running-config             //查看内存中正在运行的配置信息
Ruijie#show startup-config             //查看已保存的配置信息
Ruijie#write                           //保存配置
Ruijie#copy running-config startup-config  //保存配置
```

（6）重启设备。

如果遇到交换机系统死机，可以在特权模式下使用 reload 命令还原系统已保存的配置文件信息。

```
Ruijie#reload               //重启系统
```

3. 交换机的安全登录配置

（1）设置特权模式密码。

在用户模式下输入 enable 命令，直接进入特权模式，就会拥有管理交换机的所有权力，

非法用户可能会对交换机配置进行恶意修改,这样给网络管理设备带来了巨大风险。设置交换机特权密码后,在从用户模式进入特权模式时,需要输入正确的口令,只有验证通过才能进入特权模式,增加了交换机的安全性。

特权密码分加密密码和明文密码两种,加密密码优先级高于明文密码。如果同时设置了加密密码和明文密码,则明文密码无效。此外,在配置文件中,能正常看到设置的明文密码,而加密密码不正常显示。

在全局配置模式下,使用 enable 命令进行相应参数设置。如:

```
Ruijie(config)＃enable password ruijie              //设置明文密码为 ruijie
Ruijie(config)＃enable secret ruijie                //设置加密密码为 ruijie
Ruijie(config)＃exit
Ruijie＃exit
Ruijie＞enable
Password:                                           //提示输入密码,允许尝试 3 次
```

(2) 设置交换机 Telnet 密码。

Telnet 登录交换机有两种方式,一种是使用密码登录交换机,另一种是使用用户名及密码登录交换机。两种方式配置如下。

① Telnet 使用密码登录交换机。

```
Ruijie(config)＃line vty 0 4    //进入虚拟终端线路模式,允许 5 个用户同时登录到交换机
Ruijie(config-line)＃login               //设置启用密码登录认证
Ruijie(config-line)＃password ruijie     //设置 Telnet 密码为 ruijie
Ruijie(config-line)＃exit
Ruijie(config)＃
```

② Telnet 使用用户名及密码登录交换机。

```
Ruijie(config)＃username admin password ruijie
                           //设置本地用户的用户名为 admin,密码为 ruijie
Ruijie(config)＃line vty 0 4
                           //进入虚拟终端线路模式,允许共 5 个用户同时登录到交换机
Ruijie(config-line)＃login local //设置启用本地用户和密码登录认证
Ruijie(config-line)＃exit
Ruijie(config)＃
```

设置交换机 Telnet 密码后,就可以通过计算机自带的 Telnet 工具远程登录交换机,方便远程管理交换机。

3.3 知识扩展

3.3.1 以太网广播域和冲突域

广播域:处于同一个网络中的一个设备发出一个广播信号后,能接收到这个广播信号

的范围，即广播帧能到达的所有设备的集合。

冲突域：处于同一个网络中的一个设备发出一个单播信号后，能接收到这个单播信号的范围，即单播帧能到达的所有设备的集合。

早期以太网是使用共享介质传输的，典型代表是总线型以太网，但实际应用中更多的是以集线器（Hub）为中心的星形网络。由于在集线器内部，各端口都是通过背板总线连接在一起的，以集线器为中心的星形网络在逻辑上仍构成一个共享的总线。在传统共享式以太网中，通信信道只有一个，所有设备都必须采用介质争用的访问方法（如 CSMA/CD 介质访问方法）使用信道，不允许多个设备同时发送信息，否则会有冲突，导致双方数据发送失败。由于传统共享式以太网的广播性质，设备发送的单播帧或广播帧都能被同一网络中的所有设备收到，因此，共享式以太网中的所有设备共同构成了一个冲突域和一个广播域，二者范围相同，如图 3-21 所示。

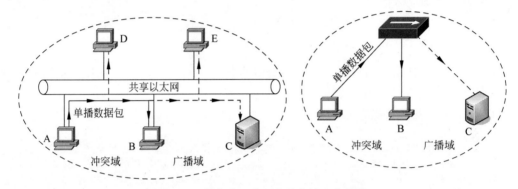

图 3-21　共享式以太网的冲突域和广播域

共享式以太网上的设备越多，发生冲突的可能性就越大，因此无法适应大型网络环境。解决此问题的方法是通过减少同一网段上用户的数量，来消除或减少冲突和争用的问题，这就是交换式以太网。

交换式以太网的主要设备是交换机。交换机工作在数据链路层，是基于 MAC 地址对数据包进行转发的，且交换机的端口发送和接收数据独立。交换机收到主机发送的单播帧后，会根据目的 MAC 地址转发数据到相应端口，如同为需要通信的两台主机直接建立专用的通信信道。所以，交换机的每一个端口都是自己的一个冲突域。交换机收到主机发送的广播帧后，会向其所有的端口转发，与交换机相连的所有设备都会收到此广播帧。因此，交换机和其所有端口所连接的主机共同构成一个广播域。交换式以太网的冲突域和广播域如图 3-22 所示。

由于不同的网络互联设备工作在 OSI 模型的不同层次上，因此，它们划分冲突域、广播域的效果也不相同。集线器工作在物理层，其所有端口都在同一个广播域与冲突域内，集线器不能分割冲突域和广播域；交换机工作在数据链路层，所有端口都在同一个广播域内，而每一个端口就是一个冲突域，交换机能隔离冲突域，不能隔离广播域；路由器工作在网络层，其每个端口连接的是不同网络，路由器不传播任何广播流量，每个网络都是独立的广播域和冲突域，路由器能同时分割冲突域和广播域。

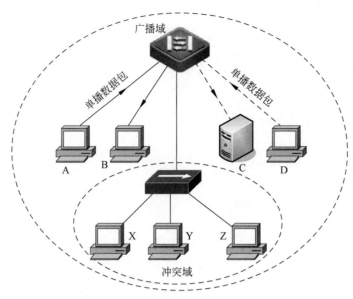

图 3-22　交换式以太网的冲突域和广播域

3.3.2　交换机的存储组件及启动过程

交换机中具有 4 种存储介质,它们具有不同的作用。

BootRom 是交换机的基本启动版本(即硬件版本,或者称为启动代码)所存放的位置。交换机加电启动时,会首先从 BootRom 中读取初始启动代码,由它引导交换机进行基本的启动过程,主要任务包括对硬件版本的识别和常用网络功能的启用等。

SDRAM 是交换机的运行内存,主要用来存放当前运行文件,如系统文件和当前运行的配置文件。它是掉电丢失的,即每次重新启动交换机,SDRAM 中的原有内容都会丢失。

Flash 中存放当前运行的操作系统版本,即交换机的软件版本或者操作代码。平时所说的升级交换机,就是将 Flash 中的内容升级。当交换机从 BootRom 中正常读取了相关内容并启动基本版本之后,即会在它的引导下从 Flash 中加载当前存放的操作系统版本到 SDRAM 中运行。它是掉电不丢失的,即每次重新启动交换机,Flash 中的内容都不会丢失。交换机在特权用户配置模式下使用 show version 命令检查交换机目前的版本信息,用于检查是否是最新版本,是否需要升级。

NVRAM 中存放交换机配置好的配置文件,即 startup-config。当交换机启动到正常读取了操作系统版本并加载成功之后,即会从 NVRAM 中读取配置文件到 SDRAM 中运行,以对交换机当前的硬件进行适当的配置。NVRAM 中的内容也是掉电不丢失的,交换机有无配置文件存在都可以正常启动。

交换机的存储结构和启动过程如图 3-23 所示。

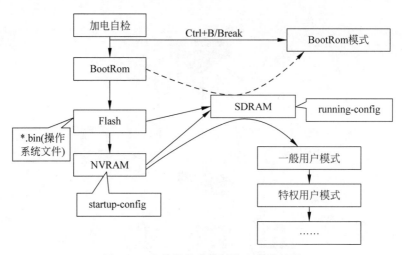

图 3-23　交换机的存储结构和启动过程

3.4　实践训练

实训 3　交换机的管理与基础配置

1．实训目标

（1）熟悉普通二层交换机的外观及端口命名。

（2）了解交换机的管理方式。

（3）熟悉交换机各种配置模式的切换。

（4）熟悉交换机的各种配置模式下的常用命令的使用语法。

（5）熟悉使用交换机配置帮助命令。

2．应用环境

交换机是组建网络的必备设备,网络设备的基础配置是用于设备登录、管理、维护的最基本配置,是网络管理人员必须掌握的基本技能。

3．实训设备

（1）二层交换机 1 台。

（2）PC 1 台。

（3）交换机 Console 线 1 根。

（4）直通网线 1 根。

4．实训拓扑

实训拓扑如图 3-24 所示。

图 3-24 实训拓扑

5. 实训要求

（1）正确认识交换机上各端口名称。

（2）熟悉交换机 CLI 的 Shell 命令格式。

（3）熟悉交换机 CLI 的调试技巧。

（4）掌握交换机命名、端口属性配置及恢复交换机的出厂设置等基础配置。

6. 实训步骤

第 1 步：按图 3-24 连接 Console 线，参照前面的任务实施熟悉交换机的带外管理方式。拔插 Console 线时注意保护交换机的 Console 端口和 PC 的串口，不要带电拔插。

第 2 步：按图 3-24 连接网线。

第 3 步：为交换机的默认 VLAN 设置 IP 地址，即管理 IP。

```
Ruijie(config)#interface vlan 1                          //进入 VLAN 1 接口
Ruijie(config-if)#ip address 192.168.1.1 255.255.255.0   //配置地址和掩码
Ruijie(config-if)#no shutdown                            //激活 VLAN 接口
Ruijie(config-if)#exit                                   //退出 VLAN 接口
```

第 4 步：配置 Telnet 登录时的用户名及密码。

```
Ruijie(config)#line vty 0 4
//进入 Telnet 密码配置模式,0 4 表示允许共 5 个用户同时登录到交换机
Ruijie(config-line)#login local               //启用 Telnet 时使用本地用户和密码功能
Ruijie(config-line)#exit                       //返回全局配置模式
Ruijie(config)#username admin password ruijie  //配置远程登录的用户名和密码
Ruijie(config)#enable password 123             //配置进入特权模式的密码
Ruijie(config)#end                             //退出到特权模式
Ruijie#write                                   //确认配置正确,保存配置
```

第 5 步：按以下步骤验证 Telnet 配置是否正确。

① 配置 PC 的 IP 地址，要求与交换机的管理地址在同一个网段，此处为 192.168.1.2。

② 在 DOS 命令行中输入 telnet 192.168.1.1 并按 Enter 键，输入合法的用户名

(admin)和密码(ruijie)后,进入设备的用户配置模式,出现如图 3-25 所示的界面表示配置成功。注意,密码输入时隐藏不显示。

③ 在用户配置模式下输入 enable 后,提示输入特权密码,输入正确的密码(123)后按Enter 键,进入特权模式,如图 3-26 所示。注意,密码输入时隐藏不显示。

图 3-25　验证 Telnet 远程连接

图 3-26　验证特权密码

第 6 步：参照前面的任务实施熟悉交换机 CLI 的命令模式切换。

第 7 步："?"的用途。

① 如果忘记某命令的全部拼写,则输入该命令的部分字母后再输入"?",会显示相关匹配命令。如：

```
Ruijie# co?          //显示当前模式下所有以 co 开头的命令
Configure    copy
```

以上信息说明,在特权模式下以 co 开头的命令有 configure 和 copy。

② 输入某命令后,如果忘记后面跟什么参数,可输入空格和"?",显示该命令的相关参数。如：

```
Ruijie#copy   ?       //显示 copy 命令后可执行的参数
  Flash:              //复制 Flash 存储器中的文件
  running-config      //复制当前运行的配置文件
  startup-config      //复制 startup 配置文件
  tftp:               //基于 TFTP 的文件复制
```

第 8 步：Tab 键的用途。

交换机通常还会支持 Tab 键补全功能,当输入的字母已经能够使系统在这个模式下唯一地确认一个命令时,系统会根据识别的命令补全这个未输入完整的命令字符。

```
Ruijie# conf(按 Tab 键)        //按 Tab 键自动补齐 configure 命令
Ruijie#configure
```

第 9 步：Shell 命令的省略输入。

Shell 命令支持简写,只要输入的字母能够使系统确认是唯一的命令,否则系统将会报错。如下面的命令含义相同。

```
Ruijie > sh ve
Ruijie > show version
```

第 10 步：设置交换机名。

```
Ruijie (config)♯hostname jwc                        //修改设备名称为 jwc(教务处)
```

第 11 步：设置特权密码。

设置特权用户口令，以防止非特权用户对交换机配置进行恶意修改。

```
Ruijie(config)♯enable password admin              //设置特权口令为 admin
```

验证方法 1：重新进入交换机。

```
Ruijie>
Ruijie>enable                    //进入特权用户配置模式
Password: *****                  //输入 admin
Ruijie♯
```

验证方法 2：使用 show 命令来查看。

```
Ruijie♯show running-config           //查看当前配置文件
Current configuration:
!
enable password level admin 8d25a83791cfffb3583cc442165864c1
//该行显示已经为交换机配置了 enable 密码
hostname ruijie
…                                    //省略部分显示
```

第 12 步：使用 no 命令。

当某个设置需要更正时，使用 no 命令可以清除以前的配置，只需在以前使用的命令串前加一个 no 即可。如：

```
Ruijie(config)♯ no enable password admin
```

第 13 步：保存配置。

用 write 命令将当前运行的配置文件 running-config 写入启动配置文件 startup-config 中，永久保存。

```
Ruijie♯write                //保存配置文件
```

第 14 步：恢复出厂设置(清空交换机的配置)。

```
Ruijie♯erase startup-config                //恢复出厂设置
    Jan 1 00:02:45 2021: erase startup-configuration ok!
Ruijie♯reload                              //重启
  Save current configuration to startup-config(Yes|No)?n
                                           //选择 n,不保存当前配置
  Please confirm system to reload(Yes|No)?y   //选择 y,确认重启
```

3.5　习题

一、选择题

1. 下列（　　）命令用来显示 NVRAM 中的配置文件。

　　A. show running-config　　　　　　　　B. show startup-config

　　C. show backup-config　　　　　　　　 D. show version

2. 以太网交换机一个端口在接收到数据帧时，如果没有在 MAC 地址表中查找到目的 MAC 地址，通常处理的方式为（　　）。

　　A. 把以太网帧复制到所有端口

　　B. 把以太网帧单点传送到特定端口

　　C. 把以太网帧发送到除本端口以外的所有端口

　　D. 丢弃该帧

3. Ethernet Switch 的 1000Mb/s 全双工端口的带宽为（　　）。

　　A. 1000Mb/s　　　　　　　　　　　　 B. 10/100Mb/s

　　C. 2000Mb/s　　　　　　　　　　　　 D. 10Mb/s

4. 以下说法正确的是（　　）。

　　A. MAC 地址表是管理员配置的　　　　 B. MAC 地址表是出厂时配置好的

　　C. MAC 地址表是交换机自动学习的　　 D. 以上都不对

5. 锐捷交换机上的 Console 端口，默认的波特率为（　　）。

　　A. 1200　　　　　B. 4800　　　　　C. 6400　　　　　D. 9600

6. 以太网交换机的每一个端口可以看作一个（　　），所有端口可以看作一个（　　）。

　　A. 冲突域　　　　　B. 广播域　　　　　C. 管理域　　　　　D. 阻塞域

7. 在第一次配置一台新交换机时，只能通过（　　）方式进行。

　　A. 通过 Console 端口连接进行配置　　　 B. 通过 Telnet 连接进行配置

　　C. 通过 Web 连接进行配置　　　　　　 D. 通过 SNMP 连接进行配置

8. 下面（　　）提示符表示交换机处于特权模式。

　　A. Ruijie＞　　　　　　　　　　　　　 B. Ruijie＃

　　C. Ruijie(config)＃　　　　　　　　　　D. Ruijie(config-if)＃

9. 交换机依据（　　）决定如何转发数据帧。

　　A. IP 地址和 MAC 地址表　　　　　　　B. MAC 地址和 MAC 地址表

　　C. IP 地址和路由表　　　　　　　　　　D. MAC 地址和路由表

二、填空题

1. 交换机的基本功能有＿＿＿＿＿＿＿＿和＿＿＿＿＿＿＿＿。

2. 以太网交换机的数据交换方式有＿＿＿＿＿、＿＿＿＿＿、＿＿＿＿＿。

3. 交换机的基本存储组件有多个，其中＿＿＿＿＿用于存放当前正在运行的系统文件及配置文件等信息，＿＿＿＿＿用于存放当前使用的操作系统软件。

4. 交换机在收到数据帧后将检查其_____MAC 地址及 MAC 地址表,若目地端口未知则进行_____,若源 MAC 地址和目地 MAC 地址对应同一端口则数据帧_____,若对应不同端口则进行_____。

三、简答题

1. 简述什么是冲突域,为什么需要分割冲突域。

2. 交换机如何构造 MAC 地址表?

3. 交换机如何转发单播帧?

控制交换网中的广播流量

【任务描述】

某毛绒玩具公司是一个小规模企业,成立初期,员工不多,组建的局域网规模不大,所有用户设备都处在一个网络内,网络也能正常工作。但随着公司规模的扩大,网络节点数不断增加,网内数据传输也日益增多。公司网络在使用过程中,发现网络性能不稳定,网速变得越来越慢,网络堵塞现象时有发生等。还有,用户可随意访问一些重要部门的敏感信息,使得网络的安全问题也日益突出。

【任务分析】

二层交换机能隔离冲突域,每个端口就是一个冲突域,但交换机不能隔离广播域,使用二层交换机组建的局域网中的所有设备都在同一个广播域里,一台主机发出的广播包会被广播(泛洪)到整个网络,如图 4-1 所示。

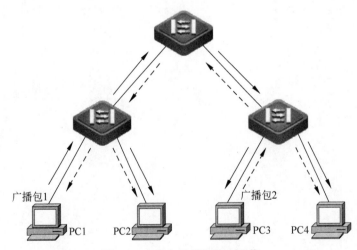

图 4-1　广播包泛洪到整个网络

网络规模越大,广播域越大,网络中充斥着的广播包也越多,会消耗大量的网络带宽,降低网络效率,造成网络延迟,严重时甚至产生广播风暴,最终导致网络瘫痪。另外,广播域过大,也不利于故障的隔离和防止病毒的扩散等。但网络中很多协议都是通过广播来工作的,如 ARP 寻址广播、DHCP 请求广播等,随着通信用户的增加,网络中必然存在大量的广播包。显然,人们无法控制网络中广播包的数量,那只能寻求一种办法来限制广播域的大小,从而降低广播影响的范围,提高网络传输速率。

在二层交换机上通过实施 VLAN 技术,可以把不同业务部门进行隔离,每个业务部门都是一个独立的广播域,相互之间只有通过三层路由才能通信。这样,通过缩小广播域的范围,从而降低了广播风暴的影响,提高了网络传输速率,还可防止一些部门的敏感信息泄露,增加网络的安全性。

4.1 知识储备

4.1.1 VLAN 概述

1. VLAN 的概念

VLAN(Virtual Local Area Network,虚拟局域网)是一组逻辑上的设备和用户组成的工作组。这些设备和用户不受地理位置的限制,可以根据功能、部门及应用等因素将它们组成不同的虚拟工作组,同一工作组内部设备之间的通信就像在同一逻辑 LAN 中一样,与物理上形成的 LAN 有着相同的属性,可以直接通信,但不同工作组之间无法直接通信。

VLAN 就是在一个物理网络上划分出来的逻辑网络,一个 VLAN 就是一个网段。通过在交换机上划分 VLAN,可以将一个大的局域网划分成若干网段,每个网段内所有主机间的通信和广播仅限于该 VLAN 内,广播帧不会被转发到其他网段,即一个 VLAN 就是一个广播域(即逻辑子网),如图 4-2 所示。VLAN 之间不能进行直接通信,实现了对广播域的分割和隔离,从而有助于控制不同业务网段间的流量,快速进行故障的定位与隔离,防止病毒的扩散等,提高网络安全性。假如图 4-2 中 VLAN 205 内部有一个学生发动了 ARP 攻击,则影响的范围只能在 VLAN 205 中,只需要在 VLAN 205 中排查。

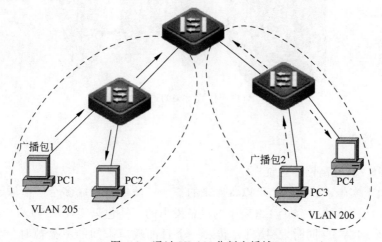

图 4-2 通过 VLAN 分割广播域

不同 VLAN 之间要相互通信，必须经过路由来实现，即通过具有三层路由功能的三层交换机或路由器完成。

为了加深对虚拟局域网的理解，可以打个比方。VLAN 的划分很像日常课堂教学中的大班教学变成小班的例子。上课人太多、班级太大，学生就容易听不清楚（冲突域大，有人讲话，发生冲突的概率高），上课效率低（发生冲突后同样的概念要讲很多遍），不够安全（有人捣乱管不过来）等。

2．VLAN 的用途

在企业内网络中，由于不同部门业务功能的不同，对网络中的数据和资源，有不同访问权限要求，如企业财务部门的一些敏感数据就不容许其他部门人员监听截取，以提高网络内部数据安全性。但由于在普通二层设备上无法实现广播隔离，容易造成此安全隐患。而在交换机上实施 VLAN 技术后，通过划分 VLAN 进行部门隔离，不同的部门属于不同的 VLAN，从而限制不同部门用户的二层互访，有效地控制局域网内不必要的广播扩散，提高网络内带宽资源利用率。如图 4-2 所示，企业内部网络通过 VLAN 技术实现不同部门的安全隔离。

此外，对一些大中小型企业和校园园区网，为了方便业务的展开或管理，同一部门的人员可能分布在不同的地域（即同一部门的计算机接在不同的交换机上）。VLAN 可以突破地理位置的限制，完全根据管理功能或组织结构划分。这样同一部门的人员可以正常通信，就好像接在同一个交换机上，像这样使用 VLAN 技术构造与物理位置无关的逻辑子网示意如图 4-3 所示。

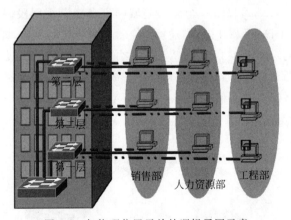

图 4-3　与物理位置无关的逻辑子网示意

3．VLAN 的优点

（1）限制广播，提高网络性能。

在交换机上实施 VLAN 后，可以将原来的一个广播域分割成多个广播域，一个 VLAN 就是一个独立的广播域，一个 VLAN 中的设备发出的广播包只能在该 VLAN 内部传播，不会传播至其他 VLAN。同时，交换机在转发一个目的端口未知的单播帧时，也只会将此单播帧泛洪到属于该 VLAN 的其他端口，而不是交换机的所有端口。这样，可以很好地控制广播或单播流量的扩散范围,减少网络上不必要的流量,提高网络带宽的利用率和网络性能,也减少了主机接收不必要的数据包所带来的资源浪费。

（2）隔离部门,增加网络安全性。

当在交换机上实施 VLAN 后,同一个 VLAN 内的主机可以互相访问,不同 VLAN 之间的主机不能互相访问,即使这些主机接在同一个交换机,甚至配置相同的网络地址,只要它们不在同一个 VLAN,就不能互相访问,这就实现了不同 VLAN 之间的数据隔离,降低泄露私密信息的可能性,同时,某一个 VLAN 发生的故障或病毒感染也不会影响到其他 VLAN,从而增加了网络安全性。

（3）灵活构建虚拟工作组,提高管理效率。

VLAN 是以软件的方式对网络实现逻辑工作组的划分,与物理位置无关,同一 VLAN 中的用户,可以连接在不同交换机上。当一台主机需要从一个工作组转移到另一个工作组时,只需要调整 VLAN 配置,而无须改变网络物理布线也不必移动位置。这种组网的灵活性,减少了在设备移动、添加和修改等问题的开销,降低了网络管理难度,提高了管理效率。

4.1.2　划分 VLAN 的方法

划分 VLAN 的方法有基于端口、MAC 地址、网络层协议、策略等多种,其中基于端口划分 VLAN 和基于 MAC 地址划分 VLAN 是最常见的 VLAN 划分方法。

1. 基于端口划分 VLAN

基于端口划分 VLAN 是最常见的一种 VLAN 划分方法,它实际上是某些交换端口的集合。这种方法配置简单、应用最广泛,目前几乎所有厂家的交换机都支持这种划分方法。管理员以手动方式将交换机的某些端口定义为某一个 VLAN 的成员,这些端口属于同一个 VLAN 的端口,可以是连续的,也可以是不连续的,甚至跨越多台交换机。默认情况下,交换机的所有端口属于 VLAN 1（默认 VLAN）。

在这种划分方法中,主机属于哪一个 VLAN 与其所连接的交换机端口有关。在图 4-4 中,交换机的 3、5、7 端口被划分到 VLAN 205,19、21、22 端口被划分到 VLAN 206,图中其他未明确指定 VLAN 的端口均属于 VLAN 1。PC1 连接在交换机的端口 5 上,主机 PC1 就属于 VLAN 205,而 PC2 连接在交换机的端口 21 上,主机 PC2 就属于 VLAN 206。

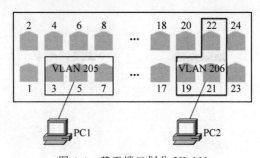

图 4-4　基于端口划分 VLAN

基于端口划分 VLAN 的优点是定义 VLAN 成员比较简单;缺点是终端设备从一个端口移到另一个端口时,其所属 VLAN 可能会发生变化,如果还保持原来的 VLAN 特性,就需要人工对端口所属 VLAN 重新进行配置。

2．基于 MAC 地址划分 VLAN

基于 MAC 地址划分 VLAN 是将主机网卡的 MAC 地址和某一个 VLAN 关联起来，主机所属 VLAN 与连接的交换机端口无关，当主机从一个端口移到另一个端口时，其所属 VLAN 不变。

基于 MAC 地址划分 VLAN 的最大优点是当终端设备物理位置发生改变时，如切换到交换机的另一个端口或另一台交换机，VLAN 不用重新配置；缺点是设备初始化配置时，所有主机的 MAC 地址都需要人工收集记录，再逐个配置 VLAN。如果网络规模大，主机数量多，则初始配置的工作量是相当巨大的。而且这种划分方法也导致了交换机执行效率的降低，因为在每一个交换机的端口都可能存在多个 VLAN 组的成员，这样就无法限制广播包了。

【说明】　所有支持 VLAN 技术的交换机都存在一个特殊 VLAN，即默认 VLAN，并用 1 标识。VLAN 1 不能被删除也不能被创建。默认情况下，所有设备都属于 VLAN 1。

4.1.3　Trunk 技术

1．Trunk 概述

对员工办公地点比较分散的企业来说，如果按照企业管理功能划分逻辑工作组，那同一 VLAN 的成员可能会分散在不同的交换机上。这种成员分散连接的 VLAN 被称为跨交换机 VLAN。跨交换机的同一 VLAN 的主机如何实现通信？最简单的办法是在交换机之间为每一个 VLAN 增加一条互连线路，每个 VLAN 通过各自的互连线路独立传输数据，互不干扰，如图 4-5 所示。这样，交换机之间就需要多对端口用网线互连，即 n 个 VLAN 需要 n 对端口互连，必然会造成交换机端口的极大消耗，每台交换机上可以连接主机的端口数量随着 VLAN 数量的增加会减少。所以，这种方法成本高且扩展性差。

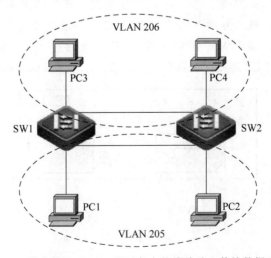

图 4-5　跨交换机 VLAN 通过各自的线路独立传输数据示意

为了解决上述问题,当前的网络厂商都采用 Trunk 技术实现跨交换机 VLAN 的通信。Trunk 技术使得在一条物理线路上可以传输多个 VLAN 的数据,也可以理解为多个 VLAN 共享同一条物理线路,如图 4-6 所示。交换机 SW1 从属于某一个 VLAN(如 VLAN 205)的端口接收到数据后,在 Trunk 链路上进行传输前,会给数据添加一个标签或标记(Tag),表明该数据是属于哪一个 VLAN(此处为 VLAN 205);交换机 SW2 接收后,会根据标签确定数据所属 VLAN,然后将数据发送给相应 VLAN(此处为 VLAN 205)的端口。

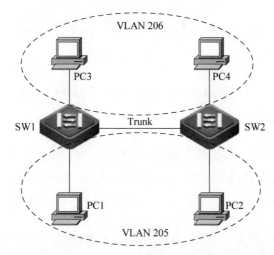

图 4-6　跨交换机 VLAN 通过 Trunk 链路传输多个 VLAN 的数据示意

2. IEEE 802.1q 标准

交换机之间使用 Trunk 技术传输 VLAN 数据时,一条 Trunk 链路上会有多个不同 VLAN 的数据通过。为了判断数据属于哪一个 VLAN 以控制其不会被发送给其他 VLAN,交换机需要给每个经过 Trunk 链路的数据打上(或添加)标签,以声明它属于哪一个 VLAN,从而实现跨交换机相同 VLAN 的通信,真正实现 VLAN 可以突破地理范围的限制,同一 VLAN 的成员可以分布在任何物理位置,它们之间的通信就像在一台交换机上一样。

有两种 Trunk 帧标签技术:ISL 和 IEEE 802.1q。ISL 技术为思科私有,而 IEEE 802.1q 是国际标准,得到所有厂家的支持。

IEEE 802.1q 标准是在原标准以太网帧(即 IEEE 802.3 帧)的源 MAC 地址后插入 4 字节标签字段,同时重新计算帧校验(FCS)并进行更新。IEEE 802.3 帧和 IEEE 802.1q 帧结构如图 4-7 所示。

在 IEEE 802.1q 帧中,插入的 4 字节标签字段包含了 2 字节的标签协议标识(Tag Protocol Identifier,TPID)和 2 字节的标签控制信息(Tag Control Information,TCI)。其中,TPID 是表明这是 802.1q 帧,值固定为 0x8100;TCI 是标签控制信息字段,包括 3 位的优先级(Priority)、1 位的规范格式指示器(Canonical Format Indicator,CFI)和 12 位的 VLAN 号(VLAN ID)。

交换机会根据数据帧中的 VLAN ID 信息,来标记它们所在的 VLAN,这使得所有属于

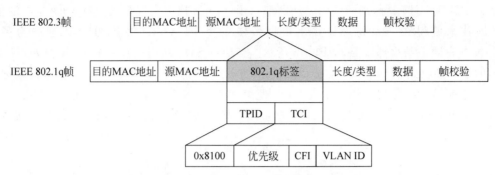

图 4-7   IEEE 802.3 帧和 IEEE 802.1q 帧结构

该 VLAN 的数据帧,不管是单播帧还是广播帧,都被限制在该逻辑 VLAN 内传输。

3. 交换机的端口类型

根据端口应用功能的不同,交换机的端口类型有 3 种: Access 端口(访问端口或接入端口)、Trunk 端口(中继端口或干道端口)和 Hybrid 端口(混合端口),其中最常用的是 Access 端口和 Trunk 端口。

(1) Access 端口。

交换机 Access 端口通常用于连接 PC、打印机等终端设备,以提供网络接入服务。Access 端口只能是一个 VLAN 的成员端口,只能属于一个 VLAN,也只允许一个 VLAN 的数据通过。默认情况下,交换机所有端口都是 Access 端口。

(2) Trunk 端口。

交换机 Trunk 端口一般用于交换机之间或交换机与其他网络设备(如路由器)之间的连接。Trunk 端口可以是多个 VLAN 的成员端口,可以属于多个 VLAN,可以允许多个 VLAN 的数据通过,所有 VLAN 的数据经过 Trunk 端口都必须加上 802.1q 标签(Native VLAN 除外)。默认情况下,Trunk 端口属于本交换机上的所有 VLAN,允许所有的 VLAN 数据通过。

(3) Hybrid 端口。

Hybrid 端口允许多个 VLAN 的数据通过,与 Trunk 端口不同是的,Trunk 端口只允许一个 VLAN 即 Native VLAN 的数据不打标签通过,而 Hybrid 端口可以允许多个 VLAN 的数据不打标签通过。Hybrid 端口可以用于交换机之间的连接,也可以用于主机与交换机之间的连接。

4. 交换机端口操作

以太网中的计算机、不可管理的交换机等设备不支持 VLAN 技术,这些设备发送或接收的数据帧只能是标准的以太网数据帧(IEEE 802.3),不包含 4 字节的 802.1q 标签,同时也无法识别这 4 字节。因此,实施 VLAN 技术后,为了能保证网络正常通信,支持 VLAN 技术的交换机必须知道何时添加或删除 802.1q 标签。

在 IEEE 802.1q 中,定义了接口的两种动作行为。

- 封装:将 802.1q 标签信息加入数据帧包头的操作。具有添加标记能力的端口将会执行封装操作。

- 去封装：将 802.1q VLAN 的信息从数据帧头去掉的操作。具有删除标记能力的端口将会执行去封装操作。

对支持 VLAN 技术的交换机，端口执行封装或去封装操作与端口类型有关系，不同类型的数据帧进出端口的操作如表 4-1 所示。

表 4-1 不同类型的数据帧进出端口的操作

| 端口类型 | 帧 类 型 | | | |
| | 带标签的数据帧(IEEE 802.1q) | | 标准数据帧(IEEE 802.3) | |
	in	out	in	out
Trunk 端口	无动作	无动作 特例：对 Native VLAN 帧去封装	封装	—
Access 端口	—	去封装	封装	—

一般情况下，Access 端口是用于连接不能够识别 802.1q 标签的设备，从 Access 端口转发出去的数据帧一定是不带标签的数据帧。802.1q 数据帧流出 Access 端口时，执行去封装操作，即把数据帧中的 VLAN 标记去除；标准以太网帧(即无标签的帧)流进 Access 端口时，执行封装操作，即把 VLAN 标记插入数据帧中。Trunk 端口是用于交换机之间的连接，VLAN 数据在经过 Trunk 端口时都是带 802.1q 标签的，只有 Native VLAN 是特例。

5. Native VLAN

IEEE 802.1q 的插入标记法，方便了 Trunk 链路上不同 VLAN 数据的区分，但同时也会直接导致数据帧的帧头部分增大，从而影响链路传输效率。为了提高处理效率及兼容某些不支持 VLAN 的设备，可以在 Trunk 链路上指定一个 VLAN，这个 VLAN 就是 Native VLAN，也称本地 VLAN 或本征 VLAN，Native VLAN 的数据帧通过 Trunk 端口时不插入 VLAN 标记。默认情况下，Trunk 端口的 Native VLAN 就是默认的 VLAN 1。

使用 IEEE 802.1q 封装协议的 Trunk 端口，把数据帧从该端口发出时，如果数据帧中的 VLAN 标记与 Trunk 端口的 Native VLAN 号相同，执行去封装操作，删除数据帧中的 VLAN 标记再发出去；Trunk 端口接收到不带 VLAN 标签的数据帧时，执行封装操作，即把本端口的 Native VLAN 标记插入数据帧中；其他情况下，不对数据帧进行任何操作，直接转发。

4.1.4 三层交换机

使用 VLAN 技术隔离了二层广播域，也相应隔离了各个网段之间的任何流量，不同 VLAN 内的用户之间不能直接互相通信，从而有效解决了局域网内广播干扰的问题，如图 4-2 所示。不同 VLAN 之间的通信，需要借助第三层路由技术实现，通过三层设备的路由功能，将 IP 数据包从一个 VLAN 转发到另一个 VLAN 中。能提供路由功能的三层设备可以是路由器或三层交换机。

　　三层交换机具有二层交换机的所有功能，同时又具备三层路由器的部分功能，其内部通过维护一张 MAC 地址表（二层）、一张 IP 路由表（三层）和一张包括目的 IP 地址与下一跳MAC 地址在内的硬件路由转发表等三张表来完成二层、三层交换的，能做到"一次路由，多次转发"。

　　当一台三层交换机收到一个 IP 数据包时，首先解析出 IP 数据包中的目的 IP 地址，并根据此目的 IP 地址查询硬件路由转发表，若没有匹配结果，就将数据包交由路由进程处理，查询路由表，此时会消耗 CPU 资源；查看路由表后，发现此 IP 地址是直连的，再查看 ARP找出此地址对应的 MAC 地址，然后转发出去，在此决定转发过程中，交换机会把包括目的IP 地址、下一跳对应的 MAC 地址、MAC 地址对应的 VLAN 及对应的端口等信息保存到硬件路由转发表中，这样当同样的数据流再次通过时，交换机查看此硬件路由转发表，就可以直接从二层转发数据而不是再次路由，从而消除了路由选择造成的网络延迟，提高数据包的转发效率。这种采用硬件芯片或高速缓存支持的转发技术，可以达到线速交换。由此可见，三层交换机采用二层的 ASIC 硬件（专用集成电路芯片）转发数据，路由器一般采用 CPU 进行数据转发，而三层交换机是结合二层和三层机制转发的，其转发数据包的效率要高于普通路由器，可以实现不同 VLAN 间的高速路由，减少网络延迟和拥塞。因而，在当前的局域网中大多采用三层交换机来实现 VLAN 间路由。

　　三层交换机可以理解成一台具有路由功能的交换机，但它不是简单地把路由器设备的硬件及软件叠加在交换机上，而是两者的有机结合，图 4-8 为三层交换机的"二层交换＋三层路由"的原理示意。二层交换机上的每个 VLAN 都有一个端口和虚拟路由器的端口相连，该端口称为交换虚拟接口（Switched Virtual Interface，SVI），这种 SVI 存在于交换机内部，与 VLAN 相关联，而不是特指某个物理端口。SVI 相当于路由器的一个端口，只不过这是一个看不见的虚拟端口。只要给每个 VLAN 对应的 SVI 配置 IP 地址，并把此地址作为各自 VLAN 内主机的默认网关，便可实现不同 VLAN 之间的通信。

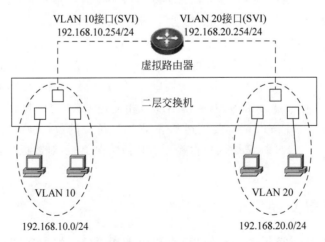

图 4-8　三层交换机的"二层交换＋三层路由"的原理示意

　　三层交换机虽然具有路由功能，但不能简单地把它和路由器等同起来，三层交换机也不能完全代替路由器。三层交换机一般用于局域网内部不同网段之间的数据转发，不承担连接外网的工作，不具有某些高级路由功能；路由器主要用于连接外网，可以实现不同类型网络之间的互联,并对不同协议的数据包进行转换和封装,实现不同类型网络之间的数据转发。

4.1.5 配置 VLAN 的常用命令

锐捷二层交换机与三层交换机配置 VLAN 命令基本相同,VLAN 的常用配置命令如表 4-2 所示。

表 4-2 VLAN 的常用配置命令

命令模式	CLI 命令	作用
全局模式	vlan vlan-id	创建 VLAN 或进入 VLAN 模式,vlan-id 为 VLAN 标识号,VLAN 1 不能创建
	no vlan vlan-id	删除已存在的 VLAN,VLAN 1 不能删除。删除一个 VLAN 后,其下的成员端口会自动还原至 VLAN 1 中
VLAN 模式	name vlan-name	设置 VLAN 的名字,VLAN 默认名字为 VLAN+VLAN ID
接口模式	switchport mode{access|trunk|hybrid}	配置端口的二层模式
	switchport access vlan vlan-id	将端口加入指定 VLAN。如果加入的 VLAN 不存在,则先创建 VLAN,然后把端口加入这个 VLAN
	switchport trunk native vlan vlan-id	指定 Trunk 端口的默认 VLAN。默认情况下,Trunk 端口的默认 VLAN 为 VLAN 1
	switchport trunk allowed vlan{all|{add|remove|except|only}}vlan-list	将 Trunk 端口加入或退出指定 VLAN 列表
SVI 模式	ip address ip-address mask	配置 SVI 地址
特权模式	show vlan	显示所有 VLAN 信息
	show vlan vlan-id	显示指定 VLAN 信息
	show interface trunk	显示交换机 Trunk 端口信息
	show interface switchport	显示交换机端口(二层端口)信息
	show ip interface brief	显示 SVI 的 IP 地址及接口状态
	show ip route	显示路由信息(路由表)
全局模式	ip routing	开启三层交换机的路由功能,默认已开启

4.2 任务实施

1. 配置 VLAN 实现单交换机上业务网络分隔

某公司生产部和设计部员工在同一个办公室办公,且所有计算机都接在一台交换机上,如图 4-9 所示,现要求使用 VLAN 技术实现部门网络之间的安全隔离。

由于还没有在交换机上实施 VLAN,交换机上只有一个默认的 VLAN 1,所有端口都

视频讲解

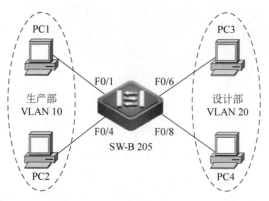

图 4-9　配置单交换机 VLAN

属于 VLAN 1,图 4-9 中所有主机都处在同一个广播域中,按表 4-3 配置每台 PC 的 IP 地址,配置完成后,在某一台 PC 上使用 ping 命令分别 ping 其他 PC,都可以 ping 通,说明不同部门之间是互通的。下面介绍通过实施 VLAN 技术实现部门网络之间的隔离。

表 4-3　主机 IP 地址

设　　备	IP 地址/子网掩码	备　　注
PC1	192.168.1.1/24	生产部 PC 设备
PC2	192.168.1.2/24	生产部 PC 设备
PC3	192.168.1.3/24	设计部 PC 设备
PC4	192.168.1.4/24	设计部 PC 设备

1) 配置 VLAN

结合部门计算机连接交换机的端口信息,确定基于端口的 VLAN 信息如表 4-4 所示。

表 4-4　VLAN 信息

VLAN	VLAN 名称	成 员 端 口
VLAN 10	生产部(scb)	F0/1~5
VLAN 20	设计部(sjb)	F0/6~10

(1) 创建 VLAN。

默认情况下,支持 VLAN 技术的交换机会自动创建一个特殊的 VLAN,即 VLAN 1,交换机的所有端口默认属于 VLAN 1。VLAN 1 是默认 VLAN,不能被创建和删除,也不能修改其名字,Trunk 端口默认的 Native VLAN 就是 VLAN 1。在特权模式下使用 show vlan 命令查看。

```
SW-B 205#show vlan              //显示已存在的所有 VLAN 信息
VLAN  Name       Status       Ports
--------------------------------------------------------------
1     default    active       Fa0/1,Fa0/2,Fa0/3,Fa0/4,Fa0/5
                               Fa0/6,Fa0/7,Fa0/8,Fa0/9,Fa0/10
                                     ...
                               Fa0/21,Fa0/22,Fa0/23,Fa0/24
```

由上面显示的信息可知,默认情况下,所有端口都属于交换机管理 VLAN 1。

在全局模式下使用 vlan 命令进入 VLAN 模式,创建生产部和设计部所属 VLAN,使用 no vlan 命令可以删除指定 VLAN。

```
SW-B  205(config)♯vlan 10                    //创建生产部 VLAN
SW-B  205(config-vlan)♯name scb              //将 VLAN 10 命名为 scb
SW-B  205(config-vlan)♯exit
SW-B  205(config)♯vlan 20                    //创建设计部 VLAN
SW-B  205(config-vlan)♯name sjb              //将 VLAN 20 命名为 sjb
```

配置完成后,在特权模式下使用 show vlan 命令检查创建的 VLAN 信息。

```
SW-B  205♯show vlan                 //显示已存在的所有 VLAN 信息
VLAN   Name      Status        Ports
-----------------------------------------------------------------
1      default   active        Fa0/1,Fa0/2,Fa0/3,Fa0/4,Fa0/5
                               Fa0/6,Fa0/7,Fa0/8,Fa0/9,Fa0/10
                               …
                               Fa0/21,Fa0/22,Fa0/23,Fa0/24
10     scb       active
20     sjb       active
```

从上面的信息可以看到,交换机上新增了两个 VLAN,此时仅是创建了 VLAN,还没有添加成员端口,所以,新增加的两个 VLAN 中的 Ports 列都为空。

name 命令可为 VLAN 取一个具有一定意义并有助于区分 VLAN 的名字。如果没有配置,交换机自动为该 VLAN 起一个默认名字,格式为 VLANXXXX,其中 XXXX 为 4 位 VLAN 的 ID 号,如 VLAN0050 就是 VLAN 50 的默认名字。VLAN 1 的名字不能修改。

(2) 配置 VLAN 端口成员。

将端口加入某个 VLAN 使其成为该 VLAN 的成员端口,一般需 3 条命令完成,即进入某个或某范围接口模式、配置端口为访问(Access)模式、加入指定 VLAN。如果一个 VLAN 只有一个端口成员,使用 interface 命令进入该接口配置模式;如果一个 VLAN 有多个端口成员,使用 interface range 命令进入该接口范围配置模式,批量设置端口。range 表示一定范围的接口,连续端口由"-"连接端口起始编号,单个、不连续接口范围,使用","隔开。如果不想对端口进行批量设置,也可以一个一个单独重复配置。

```
//单独配置生产部 VLAN 10 的成员端口,重复 5 次
SW-B  205(config)♯interface f0/1           //进入 f0/1 接口模式
SW-B  205(config-if)♯switchport mode access //配置端口为 Access 模式
SW-B  205(config-if)♯switchport access vlan 10 //将端口 f0/1 加入 VLAN 10
…
SW-B  205(config)♯interface f0/5           //进入 f0/5 接口模式
SW-B  205(config-if)♯switchport mode access //配置端口为 Access 模式
SW-B  205(config-if)♯switchport access vlan 10 //将端口 f0/1 加入 VLAN 10

//批量配置设计部 VLAN 20 的成员端口,只需 1 次
```

```
SW-B  205(config)♯interface range f0/6-10        //进入范围接口模式
SW-B  205(config-if)♯switchport mode access       //配置端口为 Access 模式
SW-B  205(config-if)♯switchport access vlan 20    //将范围内端口加入 VLAN 20
```

配置完成后，再次使用 show vlan 命令检查 VLAN 信息。

```
SW-B  205♯show vlan                              //显示已存在的所有 VLAN 信息
VLAN   Name        Status       Ports
---------------------------------------------------------------------------
1      default     active       Fa0/11,Fa0/12,Fa0/13,Fa0/14,Fa0/15
                                 ...
                                 Fa0/21,Fa0/22,Fa0/23,Fa0/24
10     scb         active       Fa0/1,Fa0/2,Fa0/3,Fa0/4,Fa0/5
20     sjb         active       Fa0/6,Fa0/7,Fa0/8,Fa0/9,Fa0/10
```

从上面的信息可以看到，生产部所属的 VLAN 10 包含 f0/1 到 f0/5 的 5 个端口，设计部所属的 VLAN 20 包含 f0/6 到 f0/10 的 5 个端口。因为这 10 个端口被配置为访问模式，访问模式的端口只能属于一个 VLAN，所以，这 10 个端口不再属于 VLAN 1，其余端口还在默认 VLAN 1 中。

2）验证测试

完成 VLAN 配置后，再次在某一台 PC 上使用 ping 命令分别 ping 其他 PC，进行网络连通性的测试。测试结果是：PC1 ping 通 PC2，PC3 ping 通 PC4，其他主机之间 ping 不通，说明实施 VLAN 之后实现了不同部门之间的隔离，同一交换机上，同一 VLAN 内可以互通，不同 VLAN 之间不通。

视频讲解

2. 配置 Trunk 实现跨交换机相同业务网络通信

随着公司的发展，公司规模不断扩大，生产部和设计部新增的员工在另一个场所办公，如图 4-10 所示。现要求在实施 VLAN 技术实现部门网络之间安全隔离的基础上，配置 Trunk 实现跨交换机相同业务网络通信。

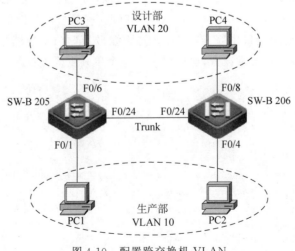

图 4-10　配置跨交换机 VLAN

按表 4-3 配置每台 PC 的 IP 地址,再按表 4-4 配置每台交换机上的 VLAN,具体配置过程不再详细赘述。配置完成后,在每台交换机上使用 show vlan 命令检查 VLAN 相关信息,并进行连通性测试,在某台 PC 上使用 ping 命令分别 ping 其他 PC,结果都 ping 不通。ping 不通的原因分析如下。

(1) PC1 ping 不通 PC3、PC2 ping 不通 PC4,是因为它们属于同一台交换机上的不同 VLAN,所以无法 ping 通。

(2) 其他 PC 间 ping 不通,是因为它们连接在不同交换机上,而交换机之间的互连端口 F0/24 是接入端口(Access),默认属于 VLAN 1,只能转发 VLAN 1 的数据帧,而图 4-10 中的 4 台 PC 分别在 VLAN 10 和 VLAN 20 中,所以都 ping 不通。

下面介绍配置 Trunk 主干链路,使 VLAN 可以跨交换机进行通信。

1) 配置 Trunk

(1) 配置 Trunk 端口。

为了使得在一条链路上可以传输多个 VLAN 的数据帧,需要将交换机之间的互连端口设置成 Trunk 端口。可以单个端口单独配置,也可以多个端口同时配置,按具体需求进行。此处,每台交换机上只有一个互连端口需配置。

```
SW-B 205(config)♯interface f0/24        //进入 f0/24 接口模式
SW-B 205(config-if)♯switchport mode trunk   //配置端口为 Trunk 模式
SW-B 206(config)♯interface f0/24        //进入 f0/24 接口模式
SW-B 206(config-if)♯switchport mode trunk   //配置端口为 Trunk 模式
```

配置完成后,在每台交换机上使用 show vlan 命令检查 VLAN 信息。

```
SW-B 205♯show vlan               //显示已存在的所有 VLAN 信息
VLAN   Name      Status     Ports
------------------------------------------------------------------
1      default   active     Fa0/11,Fa0/12,Fa0/13,Fa0/14,Fa0/15
                            ...
                            Fa0/21,Fa0/22,Fa0/23,Fa0/24
10     scb       active     Fa0/1,Fa0/2,Fa0/3,Fa0/4,Fa0/5,Fa0/24
20     sjb       active     Fa0/6,Fa0/7,Fa0/8,Fa0/9,Fa0/10,Fa0/24
```

对锐捷交换机而言,当把某一个端口设置为 Trunk 模式后,该端口会在该交换机上的所有 VLAN 中出现,即属于所有 VLAN。从上面的信息可以看到,F0/24 端口属于 VLAN 1、VLAN 10 和 VLAN 20,所以该端口可以通过 VLAN 1、VLAN 10 和 VLAN 20 的数据帧。

(2) 验证测试。

完成 Trunk 端口配置后,再次使用 ping 命令测试网络连通性。测试结果是:PC1 只能 ping 通 PC2,PC3 只能 ping 通 PC4,其他主机之间 ping 不通,说明同一 VLAN 内的主机可以通信,不同 VLAN 之间的主机不可以通信。

2) Trunk 高级应用

(1) 配置 VLAN 修剪。

Trunk 端口默认允许所有 VLAN 的流量通过,为了减少不必要的 VLAN 流量经过

Trunk 端口进行扩散，导致网络带宽的浪费，可以通过设置 Trunk 端口的 VLAN 允许列表，来限制某些 VLAN 的流量不能通过 Trunk 端口，这被称为"VLAN 修剪"或"VLAN 裁剪"。实际应用中一般都是先禁止所有 VLAN，再将允许通过的 VLAN 添加到允许 VLAN 列表中。

```
SW - B  205(config)♯interface f0/24              //进入 f0/24 接口模式
SW - B  205(config - if)♯switchport mode trunk    //配置端口为 Trunk 模式
SW - B  205(config - if)♯switchport mode trunk allowed vlan remove 1 - 4094
      //将所有 VLAN 从 Trunk 允许列表中去除(即禁止所有 VLAN 流量从 Trunk 端口通过)
      //相当于清空允许列表
SW - B  205(config - if)♯switchport mode trunk allowed vlan add 1,10,20
//将 VLAN 1、VLAN 10、VLAN 20 添加到允许列表中(即仅允许这 3 个 VLAN 流量从 Trunk 端口通过)
```

实际应用中可以根据具体需求选用 switchport mode trunk allowed vlan 命令中的选项。该命令中不同选项的含义如下。

- vlan-list：VLAN 列表，列表中的所有 VLAN 允许通过 Trunk 链路。
- add：在原有的允许列表上增加允许通过 Trunk 链路的 VLAN，即将指定的 VLAN 加入允许列表中。
- all：允许所有 VLAN 数据通过 Trunk 链路。
- except：除了指定 VLAN 以外的 VLAN 的数据都允许通过 Trunk 链路。
- remove：在原有的允许列表上禁止指定的 VLAN 数据通过 Trunk 链路，即从允许列表中删除指定的 VLAN。

（2）配置 Native VLAN。

默认情况下，Trunk 端口的 Native VLAN 是默认的 VLAN 1，只有 VLAN 1 的数据帧通过 Trunk 端口是不带标签的，其他 VLAN 数据在经过 Trunk 端口时都是带有 802.1q 标签的。Trunk 链路两端的 Native VLAN 必须相同，否则会造成 Trunk 链路不能正常工作，VLAN 通信出现异常。

```
SW - B  205(config)♯interface f0/24               //进入 f0/24 接口模式
SW - B  205(config - if)♯switchport mode trunk     //配置端口为 Trunk 模式
SW - B  205(config - if)♯switchport trunk native vlan 10   //配置 Native VLAN
SW - B  206(config)♯interface f0/24               //进入 f0/24 接口模式
SW - B  206(config - if)♯switchport mode trunk     //配置端口为 Trunk 模式
SW - B  206(config - if)♯switchport trunk native vlan 10   //配置 Native VLAN
```

3. 配置三层交换机实现不同业务网络通信

将公司的不同部门划分至不同的 VLAN 中，虽然可以隔离广播，实现不同业务部门之间网络的隔离，提高网络安全性，但不同业务部门之间无法访问，又会导致公司内部公共资源不能共享，造成网络资源的浪费。不同 VLAN 间的通信需通过三层路由技术来实现，提供路由功能的设备有路由器或三层交换机。

下面以图 4-11 为例配置三层交换机 VLAN，实现不同 VLAN 间的通信。

具体实现方法是：在三层交换机上，创建各个 VLAN 虚拟接口 SVI，配置 IP 地址，并把

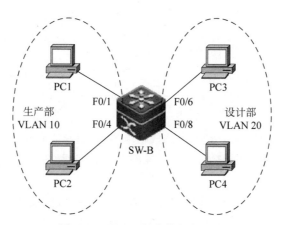

图 4-11　配置三层交换机 VLAN

此地址作为其对应二层 VLAN 内设备的网关,通过 SVI 实现三层设备跨 VLAN 之间的路由,实现不同 VLAN 之间的通信。

(1) 基础配置。

三层交换机上实施 VLAN 命令与二层交换机上相同,按表 4-5 和表 4-6 分别完成 PC 网络属性配置及 VLAN 配置,此处要注意每个 VLAN 应属于不同的网段。配置完成后,使用 ping 命令测试连通性。由于 PC1 和 PC2 属于 VLAN 10,PC3 和 PC4 属于 VLAN 20,所以,PC1 只能 ping 通 PC2,PC3 只能 ping 通 PC4,其他主机之间 ping 不通。

表 4-5　主机 IP 地址

设　　备	IP 地址/子网掩码	默 认 网 关	备　　注
PC1	192.168.1.1/24	192.168.1.254	生产部 PC 设备
PC2	192.168.1.2/24	192.168.1.254	生产部 PC 设备
PC3	192.168.2.1/24	192.168.2.254	设计部 PC 设备
PC4	192.168.2.2/24	192.168.2.254	设计部 PC 设备

表 4-6　VLAN 信息

VLAN	VLAN 名称	成员端口	SVI 地址
VLAN 10	生产部(scb)	F0/1～5	192.168.1.254/24
VLAN 20	设计部(sjb)	F0/6～10	192.168.2.254/24

(2) 配置 SVI 地址。

按表 4-6 为每个 VLAN 配置 SVI 接口地址。在三层交换机上,可以配置多个 SVI 接口,多个 SVI 接口的 IP 地址可以同时生效,而二层交换机上只能有一个 IP 地址有效。

```
SW-B(config)#interface vlan 10                          //进入 SVI 模式
SW-B(config-if)#ip address 192.168.1.254 255.255.255.0  //配置 SVI 地址
SW-B(config-if)#no shutdown                             //启动虚拟接口
SW-B(config-if)#exit
SW-B(config)#interface vlan 20
SW-B(config-if)#ip address 192.168.2.254 255.255.255.0
SW-B(config-if)#no shutdown
```

```
SW - B(config - if) ♯ exit
SW - B(config) ♯ ip routing                          //启动路由功能,默认是启动的
```

如果在执行 interface vlan vlan-id 命令前,已经使用 vlan vlan-id 命令创建了相应的 VLAN,则直接进入 SVI 配置模式,且该 SVI 的 Status 处于 up 状态,否则会自动创建 SVI 并进入 SVI 配置模式,但该 SVI 处于 down 状态。

另外,如果创建了 VLAN 但没有添加成员端口,或者该 VLAN 不在交换机 Trunk 链路允许通过的 VLAN 列表中,则配置该 VLAN 的 SVI 地址后,SVI 的线路协议 Protocol 处于 down 状态,不能正常工作。

配置完成后,使用 show vlan 命令检查 VLAN 二层信息,使用 show ip interface brief 命令查看 SVI 的信息,使用 show ip route 查看路由信息。

```
SW - B♯ show ip interface brief              //显示 SVI 地址及状态等信息
Interface      IP - Address(Pri)    IP - Address(Sec)    Status      Protocol
Vlan 10        192.168.1.254/24     no address           up          up
Vlan 20        192.168.2.254/24     no address           up          up
```

从上述信息可以看出,各个 SVI 均已配置了 IP 地址,而且 Status 和 Protocol 这两列均为 up,说明接口正常工作。

```
SW - B♯ show ip route                        //显示路由信息
Codes: C - connected, S - static, I - IGRP, R - RIP, M - mobile, B - BGP
       D - EIGRP, EX - EIGRP external, O - OSPF, IA - OSPF inter area
       N1 - OSPF NSSA external type 1, N2 - OSPF NSSA external type 2
       E1 - OSPF external type 1, E2 - OSPF external type 2, E - EGP
       i - IS - IS, L1 - IS - IS level - 1, L2 - IS - IS level - 2, ia - IS - IS inter area
       * - candidate default
Gateway of last resort is not set
C    192.168.1.0/24 is directly connected, Vlan10
C    192.168.2.0/24 is directly connected, Vlan20
```

show ip route 命令显示三层交换机上的路由表信息。从上述信息可以看到,各 SVI 所在的直连路由均出现在路由表中,且送出接口都是相应的 SVI。

（3）验证测试。

配置完成后,再次使用 ping 命令验证不同 VLAN 之间的主机能否 ping 通。测试结果是:图 4-11 中 4 台 PC 互相 ping 通,即相同 VLAN 内主机可以 ping 通,不同 VLAN 的主机也可以 ping 通。

4.3　知识拓展

4.3.1　相同 VLAN 通信分析

在交换机上划分 VLAN 后,可以隔离广播域,减小冲突域,这不但提高了网络的性能和

安全性,而且给网络管理员管理网络带来很大的便利。

下面以图 4-12 为例来分析实施 VLAN 后相同 VLAN 之间的通信过程。

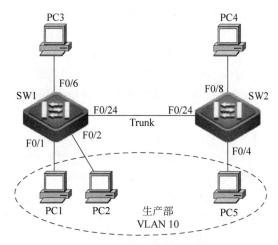

图 4-12　相同 VLAN 通信分析示意

图 4-12 中,两台交换机上都创建了 VLAN 10,并将相应端口加入 VLAN,端口 F0/24 都配置为 Trunk 端口。所以,PC1、PC2 和 PC5 属于 VLAN 10(生产部),PC3、PC4 属于默认的 VLAN 1。

假设网络刚开始工作,所有主机、交换机都刚通电,还没有学到设备的 MAC 地址,交换机的 MAC 地址表及 PC 的 ARP 表都是空的。现假设 PC1 要发送数据给 PC5,交换机对数据的转发过程分析如下。

(1) PC1 发送请求 PC5 MAC 地址的 ARP 广播包。由于 PC1 并不知道 PC5 的 MAC 地址,为了完成数据的发送,PC1 首先发送一个 ARP 查询包,询问 PC5 的 MAC 地址,该 ARP 查询包以广播的形式发送,此时数据包封装的源 MAC 是 PC1 的,而目标 MAC 地址是广播地址。这是一个不带 802.1q 标记的广播帧。

(2) 交换机 SW1 从 F0/1 端口收到 PC1 发过来的 ARP 广播包。由于 F0/1 是属于 VLAN 10 的 Access 端口,SW1 知道这是一个来自 VLAN 10 的广播包。SW1 完成地址学习在 MAC 地址表中加入 PC1 的 MAC 地址和对应的 VLAN 号(10)及端口号(F0/1)等信息,同时 SW1 在 ARP 广播包中加入 VLAN 10 的标记(即 4 字节的 802.1q 标签),然后 SW1 把加入标记的 ARP 广播包“泛洪”到除 F0/1 端口之外的所有属于 VLAN 10 的端口。交换机 SW1 上 F0/5 端口属于默认的 VLAN 1,F0/2 是属于 VLAN 10 的 Access 端口,F0/24 是 Trunk 端口,默认允许所有 VLAN 数据通过,所以,ARP 广播包只会从 F0/2、F0/24 端口发送出去,而不会从 F0/5 端口发送出去,PC3 收不到这个 ARP 广播包,交换机不会把一个 VLAN 中的广播转发到另一个 VLAN 中。

(3) 交换机 SW1 从 F0/2、F0/24 端口转发 ARP 广播包。交换机不同类型的端口转发带标签的数据帧操作是不一样的。

- F0/2 是 Access 端口。交换机从 Access 端口发出数据帧之前,要执行解封装操作,即要去除数据帧中的 VLAN 标记,否则,计算机收到后会因为不能识别而把数据帧丢弃。交换机 SW1 去除 VLAN 10 标记,从 F0/2 端口转发给 PC2。

- F0/24 是 Trunk 端口。交换机从 Trunk 端口发出数据帧时，如果 Trunk 端口的 Native VLAN 与数据帧中的 VLAN 标记相同，交换机去除数据帧中的 VLAN 标记后再发出；如果不相同，交换机不修改数据帧，直接发出去。此处，F0/24 的 Native VLAN 是默认的 VLAN 1，与数据帧中 VLAN 10 标记不一样，交换机 SW1 不修改数据帧，把带有 VLAN 10 标记的 ARP 广播请求发给交换机 SW2。

（4）交换机 SW2 从 F0/24(Trunk)端口接收到 SW1 发来的 ARP 广播数据帧后，SW2 查看数据帧中的 VLAN 标记，并在 MAC 地址表中添加学习到的 MAC 地址(PC1)和对应的 VLAN 号及端口号(F0/24)等信息，然后 SW2 把收到的 ARP 广播包"泛洪"到除 F0/24 端口之外的所有属于 VLAN 10 的端口，即从 F0/4 端口发出去。同前面(3)的分析，SW2 先去除数据帧中加入的 VLAN 10 标记，再发送出去，PC5 也收到 PC1 发过来的 ARP 广播请求。PC4 属于默认 VLAN 1，PC4 是收不到这个数据帧的。

（5）至此，VLAN 10 中所有 PC(PC2 和 PC5)都会收到 PC1 发的 ARP 广播请求。PC2 和 PC5 接收此广播帧后，把数据包解封装后上传网络层进行处理，知道这是一个 ARP 请求分组，PC2 发现该 ARP 请求分组中询问的 IP 地址不是自己的地址，就丢弃该分组不做响应，而 PC5 发现是发给自己的 ARP 请求分组，PC5 会在其 ARP 高速缓存中写入 PC1 的 IP 地址到 MAC 地址的映射，并封装 ARP 应答包，把应答包发往交换机 SW2。此应答包封装的源 MAC 是 PC5 的，而目标 MAC 地址是 PC1 的。这是一个不带 VLAN 标记的单播帧。

（6）交换机 SW2 从 F0/4 端口(Access 端口)收到 PC5 对 PC1 的响应帧。同前面的(2)和(3)分析，交换机 SW2 完成地址学习并将该响应帧从 F0/24 端口发出，且发出的是带有 VLAN 10 标记的数据帧。

（7）同(4)的分析，交换机 SW1 从 F0/24(Trunk)端口接收到 SW2 发来的数据帧后，SW1 首先也是在 MAC 地址表中添加学习到的 MAC 地址(PC5)和对应的 VLAN 号及端口号(F0/24)等信息，然后查询 MAC 地址表，找到 PC1 对应的 MAC、VLAN 号和端口号，并比较数据帧中源 MAC 和目的 MAC 地址在同一个 VLAN 10 中，SW1 把数据帧从目的 MAC 地址对应的端口 F0/1 发出。F0/1 是 Access 端口，交换机 SW1 去除 VLAN 10 标记，把数据帧从 F0/1 发往 PC1。

（8）PC1 成功接收了 PC5 的 ARP 应答包，并在其 ARP 高速缓存中写入 PC5 的 IP 地址到 MAC 地址的映射。接下来的通信过程与 ARP 的解析过程类似。

图 4-12 中，PC3 和 PC4 之间的通信过程与 PC1 和 PC5 类似，但数据帧通过 Trunk 链路时与上述不同。此例中 PC3 和 PC4 属于默认 VLAN 1，而 Trunk 端口的 Native VLAN 也是 VLAN 1，二者相同。所以，当数据帧从 Trunk 端口发出时，交换机会去除 Native VLAN 对应的 VLAN(VLAN 1)标记，当不带 VLAN 标记的数据帧流入 Trunk 端口时，交换机加入的是 Native VLAN 对应的 VLAN (VLAN 1)的标记，其他过程都相同。

4.3.2　不同 VLAN 间通信分析

在一般的二层交换机组成的网络中，VLAN 隔离了广播，实现了不同业务网络的隔离，但划分 VLAN 的目的并非要不同 VLAN 内的主机彻底不能相互通信。下面以图 4-13 为例来分析三层交换机实施 VLAN 后不同 VLAN 之间的通信过程。

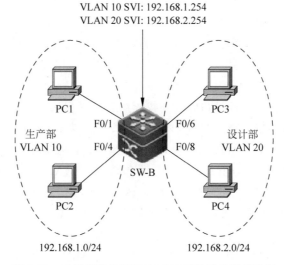

图 4-13　三层交换机不同 VLAN 间通信分析示意图

图 4-13 中,三层交换机上创建了 VLAN 10 和 VLAN 20,并将相应端口加入 VLAN,配置了各 VLAN 的 SVI 地址。所以,PC1、PC2 属于 VLAN 10(生产部),PC3、PC4 属于 VLAN 20(设计部),配置了每台 PC 的 IP 地址,并将每个 VLAN 的 SVI 地址配置为该 VLAN 内所有主机的默认网关,PC1 和 PC2 的网关为 192.168.1.254,PC3 和 PC4 的网关为 192.168.2.254。为了便于说明,此处将网关依次标识为网关 C 和网关 D。

假设网络刚开始工作,所有主机、交换机都刚上电,还没有学到设备的 MAC 地址,交换机的 MAC 地址表及 PC 的 ARP 表都是空的。现假设 PC1 要发送数据给 PC3,交换机对该数据的转发过程分析如下。

(1) 主机 PC1 检查目标 PC3 的 IP 地址,与自己不在同一个网段,因此主机 PC1 知道需通过网关 C(VLAN 10 的 SVI 接口)来转发。PC1 首先查询 ARP 缓存表,没找到网关 C 的 MAC,所以广播 ARP 请求(目标 MAC 为全 F,源 MAC 为 PC1 的 MAC,源 IP 为 PC1 的 IP,目标 IP 为网关 C 的 IP),请求网关 C 的 MAC 地址。

(2) 三层交换机从 F0/1 端口接收到 PC1 发送的 ARP 广播请求,首先根据报文的源 MAC 完成地址学习更新 MAC 地址表,同时在 ARP 广播包中加入 VLAN 10 的标记(即 4 字节的 802.1q 标签),然后查询 MAC 表,把加入标记的 ARP 广播包"泛洪"到除 F0/1 端口之外的所有属于 VLAN 10 的端口,VLAN 10 内所有终端(PC2、三层交换机)收到此 ARP 广播包,进行解封装,三层交换机发现目标 IP 是 VLAN 10 的 SVI,所以返回 ARP 应答,而 PC2 丢弃不做应答。同时三层交换机通过软件把主机 PC1 的 IP 地址、MAC 地址、与交换机直接相连的端口号等信息设置到交换芯片的三层硬件转发表中。

(3) 三层交换机给 PC1 返回 ARP 应答(目标 MAC 为 PC1,源 MAC 为网关 C,目标 IP 为 PC1,源 IP 为网关 C),PC1 收到此 ARP 应答后获取网关 C 的 MAC 地址,并更新 ARP 缓存表,再重新封装 ICMP(目标 MAC 为网关 C,源 MAC 为 PC1,目标 IP 为 PC3,源 IP 为 PC1),把要发给 PC3 的数据首先发给三层交换机(网关 C)。

(4) 三层交换机收到 PC1 发送的 ICMP 后,同样首先进行源 MAC 地址学习更新 MAC

地址表,查找目的 MAC 地址,由于此时目的 MAC 地址为交换机的 MAC 地址,交换机接收后对数据帧进行解封装,解封装后送到交换芯片的三层引擎处理。三层引擎管理两个表:一个是三层硬件转发表,这个表是以 IP 地址为索引的,里面存放目的 IP 地址、下一跳 MAC地址、交换机端口号等信息;另一个是路由表,这个表是以网络地址为索引的,里面存放目标网络地址、下一跳 IP 地址等信息。

(5) 交换机根据目的 IP 地址(PC3)查找三层硬件转发表,没有找到匹配选项,于是交给 CPU 进行软件处理,CPU 根据目的 IP 地址查找路由表,匹配到一个直连网段,发现目标 PC3 所在的网段是交换机的直连网段,数据应从 VLAN 20 的 SVI(网关 D)转发。交换机以 PC3 的 IP 为索引查找 ARP 缓存表,若没有 PC3 的 MAC 地址,则向 PC3 所在网段广播一个 ARP 请求,请求 PC3 的 MAC 地址。PC3 得到此 ARP 请求后向交换机回复其MAC 地址,交换机在收到这个 ARP 回复报文后更新 MAC 表和 ARP 表,同时通过软件把 PC3 的 IP 地址、MAC 地址、进入交换机的端口号等信息设置到交换芯片的三层硬件转发表中,然后重新封装 ICMP(目标 MAC 为 PC3,源 MAC 为网关 D 的 MAC,目标 IP 为PC3,源 IP 为 PC1)把由 PC1 发来的 IP 报文转发给 PC3,这样就完成了 PC1 到 PC3 的第一次单向通信。PC3 收到后给出 ICMP 应答,就是以上过程的逆过程,所以 PC1 与 PC3之间就 ping 通了。

(6) 由于三层交换机芯片内部的三层引擎的三层硬件转发表中已经保存主机 PC1、PC3的路由信息,以后 PC1、PC3 之间进行通信或其他网段的主机想要与 PC1 或 PC3 进行通信,交换芯片则会直接把包从三层硬件表项中指定的端口转发出去,而不必再把包交给 CPU进行路由处理。这种"一次路由,多次交换"的方式,大大提高了转发速度。

需要说明的是,三层引擎中的路由表项大都是通过软件设置的。至于何时设置、怎么设置在此不做讨论。

4.3.3 企业园区网分层网络模型设计

在企业园区网中采用分层网络设计更容易管理和扩展,排除故障也更迅速。典型的分层设计模型可分为接入层、汇聚层和核心层,如图 4-14 所示。

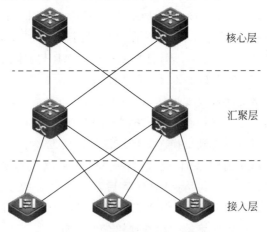

图 4-14 园区网分层设计模型

1. 接入层

接入层的目的是允许终端用户连接到网络,并提供对网络资源的访问,因此,在接入层设计上主张使用性能价格比高的设备,即一般选用具有低成本和高端口密度特性的二层交换机,实现如 PC、打印机、无线接入点、IP 电话等终端设备的接入。

2. 汇聚层

汇聚层是楼群或小区的信息汇聚点,是连接接入层和核心层的网络设备,为接入层提供数据的汇聚、传输、管理和路由等功能,如通过 VLAN 的划分和路由实现网络隔离,可以防止某些网段的问题蔓延和影响到核心层;为接入层提供基于策略的连接,控制和限制接入层对核心层的访问,保证核心层的安全和稳定。

因为汇聚层交换机是多台接入层交换机的汇聚点,它必须能够处理来自接入层设备的所有通信量,并提供到核心层的上行链路,因此,汇聚层交换机与接入层交换机比较,需要更高的性能和交换速度。汇聚层设备一般采用可管理的三层交换机或堆叠式交换机,以达到带宽和传输性能的要求。

3. 核心层

核心层是网络的主干部分,是整个网络性能的保障。因为核心层是网络的枢纽中心,所以,核心层交换机应该采用拥有更高带宽、更高可靠性、更高性能和吞吐量的千兆甚至万兆以上可管理交换机。

在实际应用中,尤其在中小型网络中,通常采用紧缩型设计,很多时候汇聚层被省略了,即将汇聚层和核心层合并。在传输距离较短且核心层有足够多的能直接连接接入层交换机的接口情况下,汇聚层就可以被省略,这样可以节省组网总体成本,也可以减轻网络维护负担,网络状况也更易监控。

4.4　实践训练

实训 4-1　交换机配置 VLAN

1. 实训目标

(1) 了解 VLAN 原理。
(2) 熟练掌握二层交换机 VLAN 的划分方法。
(3) 掌握单交换机相同 VLAN 间通信的调试方法。
(4) 了解交换机端口的 Access 模式和 Trunk 模式。

2. 应用环境

随着学校办学规模的发展壮大,数学学院和信息学院引进了部分新老师,由于 5 楼的办公地点有限,新引进老师的办公地点安排在办公楼的 4 楼,该楼层新增一台交换机供老师联网。这样,数学学院和信息学院的老师办公地点分散在 4 楼和 5 楼,每个楼层都有一台交换机满足老师的上网需求。现要求:同一学院的计算机可相互通信,而不同学院之间不可以互相访问。

3. 实训设备

(1) 二层交换机 2 台。

(2) PC 至少 6 台。

(3) Console 线 1 根。

(4) 直通网线 7 根。

4. 实训拓扑

根据应用环境分析,搭建如图 4-15 所示的单交换机实施 VLAN 拓扑。

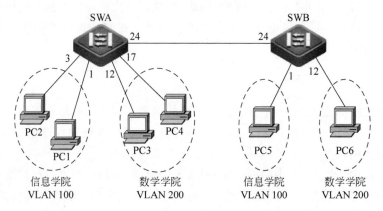

图 4-15　单交换机实施 VLAN 拓扑

5. 实训要求

在交换机 SWA 和 SWB 上分别划分两个基于端口的 VLAN:VLAN 100 和 VLAN 200,VLAN 配置如表 4-7 所示。实施 VLAN 后使得 VLAN 100 的成员能够互相访问,VLAN 200 的成员能够互相访问;VLAN 100 和 VLAN 200 的成员之间不能互相访问。

表 4-7　VLAN 配置信息

设　　备	VLAN	VLAN 名称	成员端口	Trunk 端口
SWA	100	信息学院(xxxy)	F0/1～10	F0/24
	200	数学学院(sxxy)	F0/11～17	
SWB	100	信息学院(xxxy)	F0/1～10	F0/24
	200	数学学院(sxxy)	F0/11～17	

每个学院内主机 PC 的网络属性设置如表 4-8 所示。

表 4-8 主机网络属性设置

设　备	IP　地　址	子网掩码
PC1	192.168.1.1	255.255.255.0
PC2	192.168.1.2	255.255.255.0
PC3	192.168.1.3	255.255.255.0
PC4	192.168.1.4	255.255.255.0
PC5	192.168.1.5	255.255.255.0
PC6	192.168.1.6	255.255.255.0

6. 实训步骤

第 1 步：按图 4-15 搭建网络，按表 4-8 设置主机 IP 地址，并测试连通性。

第 2 步：交换机命名。此处给出交换机 SWA 的配置命令。

```
Switch(config)♯hostname SWA
```

第 3 步：参照任务实施，按表 4-7 在交换机 SWA 和 SWB 上创建 VLAN 100 和 VLAN 200，并加入相应成员端口。两台交换机上配置命令相同，此处仅给出交换机 SWA 的配置过程。

① 创建 VLAN 之前先查看交换机的 VLAN 信息。

```
SWA♯show vlan
```

② 创建 VLAN 100 和 VLAN 200。

```
SWA(config)♯vlan 100              //设置 VLAN 100
SWA(config-vlan)♯name xxxy        //设置 VLAN 100 名字为 xxxy
SWA(config-vlan)♯exit
SWA(config)♯vlan 200              //设置 VLAN 200
SWA(config-vlan)♯name sxxy        //设置 VLAN 200 名字为 sxxy
SWA(config-vlan)♯
```

创建 VLAN 后使用 show vlan 命令验证配置。

```
SWA♯show vlan
VLAN    Name        Status      Ports
----    ----------  ----------  ----------      ----------------
1       default     active      Fa0/1, Fa0/2, Fa0/3, Fa0/4
                                Fa0/5, Fa0/6, Fa0/7, Fa0/8
                                Fa0/9, Fa0/10, Fa0/11, Fa0/12
                                Fa0/13, Fa0/14, Fa0/15, Fa0/16
                                Fa0/17, Fa0/18, Fa0/19, Fa0/20
                                Fa0/21, Fa0/22, Fa0/23, Fa0/24
                                Gig1/1, Gig1/2
100     xxxy        active
200     sxxy        active
```

可见,已经创建了 VLAN 100 和 VLAN 200,但 VLAN 100 和 VLAN 200 中没有端口。
③ 给 VLAN 100 和 VLAN 200 添加端口。

```
SWA(config)♯interface range f0/1-10
SWA(config-if-range)♯switchport mode access        //将端口设置为 Access 模式
SWA(config-if-range)♯switchport access vlan 100     //将 1～10 号端口加入 VLAN 100
SWA(config)♯interface range f0/11-17
SWA(config-if-range)♯switchport mode access
SWA(config-if-range)♯switchport access vlan 200     //将 11～17 号端口加入 VLAN 200
```

使用 show vlan 命令验证配置。

```
SWA♯show vlan
VLAN   Name       Status      Ports
----   ---------- ----------  ----------  ----------------
   1   default    active      Fa0/18, Fa0/19, Fa0/20, Fa0/21
                              Fa0/22, Fa0/23, Fa0/24
                              Gig1/1, Gig1/2
100    xxxy       active      Fa0/1, Fa0/2, Fa0/3, Fa0/4
                              Fa0/5, Fa0/6, Fa0/7, Fa0/8
                              Fa0/9, Fa0/10
200    sxxy       active      Fa0/11, Fa0/12, Fa0/13, Fa0/14
                              Fa0/15, Fa0/16, Fa0/17
```

可见,此时 VLAN 100 和 VLAN 200 中都有了相应的端口。

第 4 步:单交换机 VLAN 验证,PC1 和 PC2 通,PC3 和 PC4 通,PC5 和 PC6 不通。

单交换机 VLAN 实训结果:接在同一个 VLAN 内的主机之间 ping 通;接在不同 VLAN 内的主机之间 ping 不通。

第 5 步:跨交换机 VLAN 验证,跨交换机相同 VLAN 的主机之间不通。

第 6 步:将交换机的 F0/24 端口设置为 Trunk 模式。

```
SWA(config)♯interface f0/24
SWA(config-if)♯switchport mode trunk        //将端口设置为 Trunk 模式
SWB(config)♯interface f0/24
SWB(config-if)♯switchport mode trunk        //将端口设置为 Trunk 模式
```

使用 show vlan 命令验证配置,端口 F0/24 属于所有 VLAN。

第 7 步:跨交换机 VLAN 验证,跨交换机相同 VLAN 的主机之间互通。

跨交换机 VLAN 实训结果:当交换机之间的互连线接在 Trunk 端口时,跨交换相同 VLAN 内的主机可以相互通信,不通 VLAN 之间不可通信。

实训 4-2　三层交换实现 VLAN 间路由

1. 实训目标

(1) 掌握三层交换机基本配置方法。

（2）掌握三层交换机 VLAN 路由的配置方法。

（3）通过三层交换机实现 VLAN 间相互通信。

2．应用环境

根据实际应用要求,希望通过实施 VLAN 使信息学院、数学学院、教务处等部门内正常通信,部门之间的数据互不干扰。但不同部门有时候也需要相互通信,此时就要利用三层交换机实施 VLAN 之间的通信。

3．实训设备

（1）三层交换机 1 台。

（2）二层交换机 1 台。

（3）PC 3 台。

（4）Console 线 1 根。

（5）直通网线若干。

4．实训拓扑

根据应用环境分析,搭建如图 4-16 所示的利用三层交换机实施 VLAN 通信拓扑。

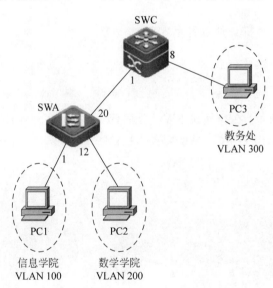

图 4-16　利用三层交换机实施 VLAN 通信拓扑

5．实训要求

在交换机上划分两个基于端口的 VLAN:VLAN 100、VLAN 200 和 VLAN 300,VLAN 配置如表 4-9 所示。

PC 的主机及 VLAN SVI 的 IP 地址设置信息如表 4-10 所示。

配置各设备的网络属性,并正确连接 PC1、PC2 和 PC3,经过三层设备 SWC 的路由使用 PC1、PC2 及 PC3 之间互相 ping 通。

表 4-9　VLAN 配置信息

交 换 机	VLAN	VLAN 名称	端口成员	Trunk 端口
SWA	100	信息学院（xxxy）	F0/1～10	F0/20
	200	数学学院（sxxy）	F0/11～17	
SWC	100	信息学院（xxxy）	无	F0/1
	200	数学学院（sxxy）	无	
	300	教务处（jwc）	F0/5～12	

表 4-10　IP 地址设置信息

设备	接　口	IP 地 址	子网掩码	网　关
SWC	VLAN 100 SVI	192.168.1.254	255.255.255.0	
	VLAN 200 SVI	192.168.2.254	255.255.255.0	
	VLAN 300 SVI	192.168.3.254	255.255.255.0	
PC1	NIC	192.168.1.1	255.255.255.0	192.168.1.254
PC2	NIC	192.168.2.1	255.255.255.0	192.168.2.254
PC3	NIC	192.168.3.1	255.255.255.0	192.168.3.254

6. 实训步骤

第 1 步：将两个交换机分别命名为 SWA、SWC。

```
Switch(config)#hostname SWA
SWC(config)#hostname SWC
```

第 2 步：参照实训 4-1 在交换机 SWC 上配置 ALAN，注意 VLAN 100 和 VLAN 200 没有成员端口。此处给出交换机 SWC 配置 VLAN 300 命令。

```
SWC(config)#vlan 300                           //设置 VLAN 300
SWC(config-vlan)#name jwc                       //设置 VLAN 300 名字为 jwc
SWC(config-vlan)#exit
SWC(config)#interface range f0/5-12
SWC(config-if-range)#switchport mode access      //将端口设置为 Access 模式
SWC(config-if-range)#switchport access vlan 300  //将 5～12 号端口加入 VLAN 300
```

利用 show vlan 验证配置并做记录。

```
SWC#show vlan
```

第 3 步：将端口设置为 Trunk 模式。

二层交换机与三层交换机配置 Trunk 命令略有不同，对于三层交换机而言，设置 Trunk 模式时，要先给这个接口的 Trunk 封装为 802.1q 的帧格式，再设置工作模式为 Trunk。

① 设置二层交换机 SWA 的 Trunk。

```
SWA(config)♯int f0/20
SWA(config-if)♯switchport mode trunk       //定义接口的工作模式为 Trunk
```

② 设置三层交换机 SWC 的 Trunk。

```
SWC(config)♯int f0/1
SWC(config-if)♯switchport trunk encapsulation dot1q
                        //定义接口的 Trunk 封装为 802.1q 的帧格式
SWC(config-if)♯switchport mode trunk       //定义接口的工作模式为 Trunk
```

第 4 步：按表 4-10 配置每个 VLAN SVI 地址，此处给出 VLAN 100 的配置代码。

```
SWC(config)♯interface vlan 100                    //进入 VLAN 100 虚拟接口
SWC(config-if)♯ip address 192.168.1.254 255.255.255.0  //配置 IP 地址
SWC(config-if)♯no shutdown                        //开启该端口
```

按要求连接 PC1、PC2 及 PC3，验证配置。

```
SWC♯show ip route
Codes: K - kernel, C - connected, S - static, R - RIP, B - BGP
O - OSPF, IA - OSPF inter area
N1 - OSPF NSSA external type 1, N2 - OSPF NSSA external type 2
E1 - OSPF external type 1, E2 - OSPF external type 2
i - IS-IS, L1 - IS-IS level-1, L2 - IS-IS level-2, ia - IS-IS inter area
 * - candidate default
C  192.168.1.0/24 is directly connected, vlan100
C  192.168.2.0/24 is directly connected, vlan200
C  192.168.3.0/24 is directly connected, vlan300
```

第 5 步：按表 4-13 设置每台 PC 的网络属性，验证实训。

所有 PC 互相 ping，互通。

4.5　习题

一、选择题

1. VLAN 与 IP 子网的关系是(　　)。
   A. 一个 VLAN 对应多个 IP 子网　　　B. 一个 IP 子网对应一个 VLAN
   C. 一个 IP 子网对应多个 VLAN　　　D. 取决于交换机的型号
2. 下面关于 802.1q 协议的说法中正确的是(　　)。
   A. 这个协议在原来的以太网帧中增加了 4 字节的帧标记字段
   B. 这个协议在帧尾部附加了 4 字节的 CRC 校验码
   C. 这个协议在以太网帧的头部增加了 26 字节的帧标记字段

    D. 这个协议是 IETF 制定的

3. 下列对 IEEE 802.1q 标准的理解正确的是（   ）（提示：本题有 2 项正确）。

    A. 它在 MAC 层帧中插入了一个 16 位的 VLAN 标识符

    B. 它通过插入 3 位来定义 802.1q 优先级，对流入交换机的帧进行排序

    C. 一旦交换机启动了 IEEE 802.1q，则所有进出交换机的帧都被加了标记

    D. IEEE 802.1q 解决了跨交换机的相同 VLAN 间的通信问题

4. 下列对 VLAN 技术的理解正确的是（   ）（提示：本题有 2 项正确）。

    A. 同一 VLAN 中的设备必须在物理位置上很接近，否则在交换机上没有办法实现

    B. VLAN 是一个逻辑上属于同一个广播域的设备组

    C. VLAN 之间需要通信时，必须通过网络层的功能才可以实现

    D. 理论上可以基于端口、流量和 IP 地址等信息划分 VLAN

5. IEEE 802.1q 报文比普通的以太网报文增加了（   ）（提示：本题有 2 项正确）。

    A. TPID(Tag Protocol Indentifier)   B. Protocol

    C. Candidate Format Indicator   D. VLAN Identified(VLAN ID)

二、填空题

1. VLAN 是以 _____ 技术为基础的。

2. VLAN 成员的定义方法一般包括 _____。

3. 某台全新的交换机上人工创建了 VLAN 10 和 VLAN 20，但没有给 VLAN 指定成员，现端口 F0/10 应属于 VLAN _____。

4. 交换机端口连接计算机终端时应处于 _____ 模式。

5. 实施 VLAN 之后，各 VLAN 之间实现通信必须通过 _____。

三、课后综合实训

VLAN 综合实训拓扑如图 4-17 所示。按下列要求完成 VLAN 及 Trunk 配置，实现网络互联互通。

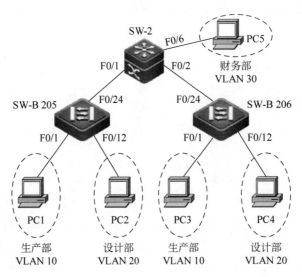

图 4-17　VLAN 综合实训拓扑

（1）按照图 4-17 拓扑图搭建网络。

（2）按照表 4-11 完成 VLAN 及 Trunk 配置。

表 4-11　VLAN 配置信息

设　备	VLAN	端 口 成 员	Trunk 端口
SW-B 205	VLAN 10	F0/1～10	F0/24
	VLAN 20	F0/11～20	
SW-B 206	VLAN 10	F0/1～10	F0/24
	VLAN 20	F0/11～20	
SW-2	VLAN 10	无	F0/1、F0/2
	VLAN 20	无	
	VLAN 30	F0/5～10	

（3）PC 的主机及 VLAN SVI 的 IP 地址设置信息如表 4-12 所示。

表 4-12　IP 地址设置信息

设　备	端　口	IP 地　址	子 网 掩 码	网　关
SW-2	VLAN 10 SVI	192.168.10.1	255.255.255.0	
	VLAN 20 SVI	192.168.20.1	255.255.255.0	
	VLAN 30 SVI	192.168.30.1	255.255.255.0	
PC1	NIC	192.168.10.11	255.255.255.0	192.168.10.1
PC3	NIC	192.168.10.12	255.255.255.0	192.168.10.1
PC2	NIC	192.168.20.11	255.255.255.0	192.168.20.1
PC4	NIC	192.168.20.12	255.255.255.0	192.168.20.1
PC4	NIC	192.168.30.11	255.255.255.0	192.168.30.1

（4）测试连通性,全网互通。

避免交换网络环路

【任务描述】

某校园网的主干部分拓扑结构如图 5-1 所示。图中每幢楼的汇聚交换机与校园网的核心交换机之间都只有一条链路连接,如果某条单一链路出现故障,如行政办公楼和网络中心之间的链路因校园内基础工程改造施工而被挖断,该楼内的网络则瞬间无法与外界联络,影响校园的日常办公。现要求增加一些保障措施,避免此类事件发生。

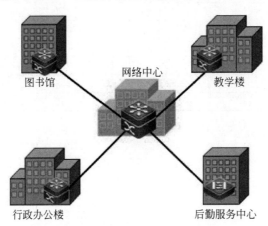

图 5-1 某校园网的主干部分拓扑结构

【任务分析】

在实际的网络环境中,为了提供可靠的网络连接,减少故障影响的一个重要方法就是"冗余",需要网络连接提供冗余链路。所谓"冗余链路",其实和日常走路一样,这条路不通,就走另一条路。冗余就是准备两条或两条以上的通路,当主链路不通时,马上启用备份链路,确保链路连接不中断。网络中的冗余可以起到当网络中出现单点故障时,还有其他备份的组件可以使用,使整个网络通信基本不受影响。

在交换网络中,冗余会使网络的物理拓扑形成环路,物理的环路结构很容易引起广播风暴、多帧复制和 MAC 地址表抖动等问题,这些问题会导致网络不可用。

在二层网络中配置生成树协议,可以解决环路问题,还可以在提供冗余备份的同时实现负载均衡,从而提高网络的可靠性。

5.1　知识储备

5.1.1　"冗余链路"的危害

视频讲解

交换机之间具有冗余链路本来是一件很好的事情,但是它有可能引起的问题比它能够解决的问题还要多。假设两台交换机之间有两条互连链路,冗余链路使得交换机之间形成了一个环路,如图 5-2 所示,交换机并不知道如何处理环路,只是周而复始地转发帧,形成一个"死循环"。这种交换环路会导致网络中出现广播风暴、MAC 地址表抖动和多帧复制等问题,对网络性能产生极为严重的不良影响,甚至导致网络瘫痪。

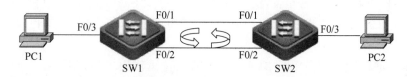

图 5-2　冗余拓扑形成交换环路

1. 广播风暴

在图 5-2 中,假设 PC1 和 PC2 要通信,由于 PC1 不知道 PC2 的 MAC 地址,因此 PC1首先发送一个 ARP 广播帧,请求 PC2 的 MAC 地址。交换机 SW1 收到此 ARP 广播请求,根据交换机的工作原理,交换机 SW1 将向除接收端口之外的所有端口(F0/1 和 F0/2)"泛洪"这个广播帧,交换机 SW2 从自己的 F0/1 和 F0/2 端口分别收到该 ARP 广播帧,同样也会泛洪出去,该 ARP 广播帧又被转发回到 SW1,SW1 收到后仍然会继续泛洪出去,如此往返,导致该 ARP 广播帧在两台交换机之间沿着顺时针和逆时针两个方向循环转发,永无休止,环路里逆时针方向的循环转发如图 5-3 所示。

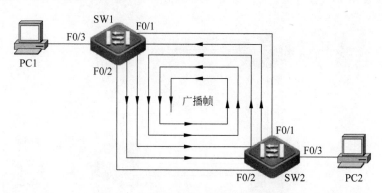

图 5-3　交换环路里广播帧的循环转发

随着其他设备间的通信增加,网络里的广播帧(如 ARP 请求、DHCP Discover 等)会越来越多,大量的广播帧在交换机之间不停循环,当流入的广播帧过多,导致所有可用带宽都被耗尽时,便形成了广播风暴。此时没有可用带宽转发正常数据流量,网络无法支持数据通信。因此，一旦出现广播风暴，网络可能很快便会瘫痪。

2. MAC 地址表抖动

MAC 地址表抖动指 MAC 地址表不稳定。在图 5-2 中，假设两台交换机都是刚启动的，交换机的 MAC 地址表都为空。当交换机 SW1 收到此 PC1 发送的 ARP 广播帧（请求 PC2 的 MAC 地址）后，会从除接收端口之外的所有端口（F0/1 和 F0/2）"泛洪"出去，若交换机 SW2 从 F0/2 端口收到该 ARP 广播帧，SW2 便会根据地址学习功能在其 MAC 地址表中加入 PC1 的 MAC 地址和端口（F0/2）等信息；若交换机 SW2 从 F0/1 端口收到该帧，又会将 PC1 的 MAC 地址和端口 F0/1 关联并更新 MAC 地址表。随着该广播帧在两台交换机之间不停地循环转发，交换机 SW2 一会儿从 F0/2 收到该广播帧，一会儿又从 F0/1 收到同样的帧，造成 SW2 的 MAC 地址表中 PC1 关联的端口在 F0/2 和 F0/1 之间不停跳变，不停更新 MAC 地址表，使得 MAC 地址表无法稳定。由此可见，MAC 地址表的无法稳定，是由于交换机之间存在环路使得相同的帧在不同端口上被重复接收引起的。

这种持续的更新、刷新 MAC 地址表的过程会严重耗用内存资源，影响该交换机的交换能力，同时降低整个网络的运行效率。严重时，将耗尽整个网络资源，并最终造成网络瘫痪。

3. 多帧复制

冗余拓扑除了带来广播风暴和 MAC 地址表不稳定外，还会引起多帧复制问题。多帧复制指目的主机收到多个相同的单播帧。

在图 5-2 中，假设 PC1 已知 PC2 的 MAC 地址，PC1 向 PC2 发送一个单播帧，交换机 SW1 收到该帧。若此时 SW1 的 MAC 地址表中没有目的主机 PC2 的 MAC 地址条目，SW1 便会将该帧从其 F0/1 和 F0/2 端口"泛洪"出去，则交换机 SW2 会从其 F0/1 和 F0/2 端口分别收到该单播帧。若 SW2 的 MAC 地址表中已有 PC2 的 MAC 地址条目，SW2 会将这两个帧都转发给 PC2。这样，PC2 就收到两个相同的单播帧，如图 5-4 所示。

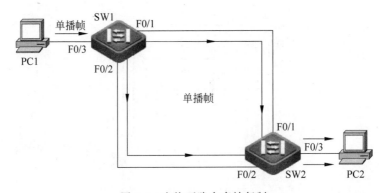

图 5-4　交换环路中多帧复制

PC1 仅发送一次单播帧，PC2 却收到两次。在工程中，重复帧复制也存在不足，比如在流量统计或计费软件的环境中，都造成不精确计算的问题。

5.1.2 生成树协议

通过冗余解决了由于单链路或单交换机故障引起的网络中断,提高了网络的可用性。但当在第二层采用冗余时,物理环路又会带来广播风暴、MAC 地址不稳定、多帧复制等问题。根据前面环路危害的分析可知,解决问题的主要途径是切断网络中的环路。

为了解决冗余链路引起的种种问题,IEEE 制定了 802.1d 协议,即生成树协议(Spanning-Tree Protocol,STP)。生成树协议通过在交换机上运行一套复杂的算法,将交换机的某些冗余端口置于"阻塞"状态(被阻塞的端口不转发数据),使得网络在通信过程中只有一条链路生效,从而使网络形成一个无环路的树状结构以消除环路,确保从源到任意目的地只有一条活动的逻辑链路。虽然逻辑上没有环路,但物理环路仍然存在,所以当活动的逻辑链路出现故障时,生成树协议将会重新计算出网络的最优链路,将处于"阻塞"状态的端口重新打开,不需要人工干预,这样,既保障了网络的正常运转,又保证了冗余能力,从而确保网络连接稳定、可靠。

视频讲解

虽然生成树协议并不像路由协议那样广为人知,但是它却掌管着交换机端口的转发大权,它的作用可形象比喻为"小树枝抖一抖,上层协议就得另谋生路"。

1. 生成树协议概述

生成树协议和其他协议一样,随着网络的不断发展而不断更新换代。在生成树协议的发展过程中,老的缺陷不断被克服,新的特性不断被开发出来。按照功能改进情况,可以把生成树协议的发展过程划分成 3 代。

第一代:STP(IEEE 802.1d)/RSTP(IEEE 802.1w)。

第二代:PVST/PVST+(思科网络的私有协议)。

第三代:MSTP(IEEE 802.1s)。

生成树协议的基本思想十分简单。众所周知,自然界生长的树是不会出现环路的,如果网络也能够像一棵树一样生长(扩展),就不会出现环路了。于是,生成树协议模拟自然界树的生长规律,从树根到树梢不会形成环路。所以,生成树协议通过定义根交换机、根端口、指定端口、路径开销等概念,目的就在于通过构造一棵自然树的方法,达到阻塞网络中冗余环路的目的,同时实现链路备份和路径最优化。

要实现这些功能,交换机之间必须进行一些信息的交换,在生成树协议中将这些交换的信息称为 BPDU(桥接协议数据单元)。BPDU 是运行 STP 功能的交换机之间交换的数据帧,所有支持 STP 的交换机都会接收并处理 BPDU,生成树协议的所有功能都是通过交换机之间周期性地发送的 BPDU 来实现的。理解 BPDU 中的各个字段的含义对掌握 STP 的工作原理至关重要,BPDU 包含的字段较多,这里着重介绍网桥 ID、端口 ID、路径开销和BPDU 计时器 4 个字段。

1) 网桥 ID

在 STP 中,交换机也称网桥或桥。每个网桥都有一个唯一的网桥 ID(Bridge ID,BID),用于确定交换环路中的根网桥(根交换机)。网桥 ID 共 8 字节,由 2 字节网桥优先级和 6 字节网桥 MAC 地址组成,如图 5-5 所示。网桥优先级的取值范围是 0~65 535,默认值是 32 768。

网桥ID最小的交换机称为根网桥。首先比较网桥优先级,优先级最低的网桥将成为根网桥。如果网桥优先级相同,则比较网桥MAC地址,具有最低MAC地址的交换机将成为根网桥。

2) 端口ID

端口ID参与决定到根网桥的路径。端口ID共2字节,由1字节的端口优先级和1字节的端口编号组成,如图5-6所示。端口优先级的取值范围是0~255,默认值是128 (0x80)。端口编号则是按照端口在交换机上的顺序排列的,例如,0/1端口的ID是 0x8001,0/2端口的ID是0x8002。端口优先级值越小,则端口优先级越高。如果端口优先级值相同,则端口编号越小,优先级越高。

图 5-5　网桥 ID 的组成　　　　　　　　图 5-6　端口 ID 的组成

3) 路径开销

选出根网桥后,生成树算法要确定其他每台交换机到达根网桥的最短路径。生成树的根路径开销也称为根路径成本,是指到根网桥的某条路径上所有端口开销的累计和。根网桥的路径开销为零,其他交换机收到BPDU报文后,把报文中的根路径开销值(Root Path Cost)加上接收端口的开销值,得到该端口的路径开销,路径开销反映了端口到根网桥的"距离"。路径开销最低的路径是最短路径,会成为活动链路转发数据,而所有其他冗余路径都作为备份链路会被阻塞。

端口开销与端口的带宽有关,带宽越大,开销值越小。STP使用的端口开销值由IEEE定义,IEEE 802.1d标准修订前后端口开销如表5-1所示。

表 5-1　修订前后的 IEEE 802.1d 端口开销

链 路 带 宽	成本(修订前)	成本(修订后)
10Gb/s	1	2
1000Mb/s	1	4
100Mb/s	10	19
10Mb/s	100	100

4) BPDU 计时器

BPDU计时器决定了STP的性能和状态转换,生成树协议定义了3个计时器,这3个计时器的数值虽然可以修改,但一般情况下不建议修改。

(1) Hello Time(呼叫时间)。

Hello Time是交换机之间定期发送BPDU的时间间隔,默认值是2s,取值范围为1~10s。

(2) Forward Delay(转发延迟)。

Forward Delay是交换机从监听状态跳转到学习状态或从学习状态到转发状态的时间间隔,默认值是15s,取值范围为4~30s。

(3) Max Age(最大老化时间)。

Max Age是交换机端口保存BPDU的最长时间。交换机收到BPDU会保存下来,同时启动计时器开始倒计时。正常情况下,交换机之间每隔 2s(Hello Time)发送一次 BPDU,如果在 Max Age 内还没有收到新的 BPDU,便认为线路出现故障,邻居交换机无法到达,从而开始新的 STP 计算。Max Age 的默认值是 20s,取值范围为 6～40s。

2. STP 端口角色

在 STP 工作过程中,交换机端口会被自动配置为 4 种不同的端口角色。

(1) 根端口(Root Port)。

根交换机上没有根端口,根端口是对非根交换机而言的。根端口是交换环路中非根交换机上到达根网桥的路径开销值最小的端口。根端口从根网桥接收 BPDU 并向下发送,每个非根交换机上只能有一个根端口。根端口可以接收并转发数据。

(2) 指定端口(Designated Port)。

指定端口存在于根网桥和非根交换机上,根网桥上的所有端口都是指定端口,非根交换机上的指定端口用于转发根网桥与非根交换机之间的流量。交换机之间的每一个物理网段只能有一个指定端口。指定端口也可以接收并转发数据。

(3) 非指定端口(Non-designated Port)。

除根端口和指定端口之外的其余端口都被称为非指定端口,非指定端口处于阻塞状态。此类端口不会转发数据,也不会根据源 MAC 进行地址学习更新 MAC 地址表。

(4) 禁用端口(Disabled Port)。

禁用端口是指未开启 STP 的端口,这种端口不参与 STP 的计算过程。

3. STP 端口状态

由于交换机刚启动时并不清楚整个网络的拓扑情况,如果交换机的端口直接进入转发状态,则可能会形成暂时性的环路。因为这个原因,STP 引入了 5 种端口状态,即禁用(Disabled)、阻塞(Blocking)、监听(Listening)、学习(Learning)和转发(Forwarding)。这些状态与 STP 的运行过程以及交换机的工作原理有着重要的关系,每种端口状态的功能如表 5-2 所示。其中,"√"表示某种状态下具有某种功能,"×"表示某种状态下没有某种功能。

表 5-2　STP 端口状态的功能

状　　态	功　　能			
	接收 BPDU	发送 BPDU	学习 MAC 地址	转发 DATA
禁用(Disabled)	×	×	×	×
阻塞(Blocking)	√	×	×	×
监听(Listening)	√	√	×	×
学习(Learning)	√	√	√	×
转发(Forwarding)	√	√	√	√

在这 5 种端口状态中,禁用因端口未启用 STP,不参与 STP 的计算,其余 4 种为 STP 的正常状态。其中,转发和阻塞为稳定状态,根端口和指定端口处于转发状态,非指定端口处于阻塞状态;监听和学习是不稳定的中间状态,在经过一定时间后会自动跳转到其他状

态。端口状态的转换过程如下。

（1）禁用状态。可以使用 no shutdown 命令和插入网线进行激活。

（2）阻塞状态。链路激活，端口转换到阻塞状态，这个状态会停留大约 20s，主要用于决定该端口的角色，如果该端口是根端口或指定端口，将转换到下一个状态，即监听状态；如果该端口是非指定端口，则继续停留在阻塞状态；本来处在阻塞状态的端口，如果在最大老化时间（默认为 20s）内接收不到 BPDU，则也会自动转换到监听状态。

（3）监听状态。除了接收 BPDU 外，还向邻居交换机发送 BPDU，以通知邻居该交换机将参与生成树的拓扑形成。在生成树拓扑形成过程中，该端口最终可能被选定为根端口或指定端口，也可能失去根端口或指定端口的地位，如果失去，则返回到阻塞状态。监听状态会停留大约一个转发延迟时间（默认为 15s）。

（4）学习状态。一个端口在监听状态下经过一段时间后，将自动进入学习状态，开始学习 MAC 地址。学习状态会停留大约一个转发延迟时间。

（5）转发状态。端口进入稳定状态，可以转发数据。

端口状态过渡和停留时间如图 5-7 所示。

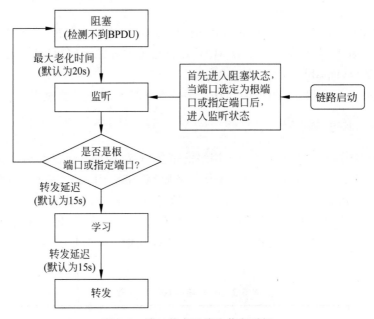

图 5-7　端口状态过渡和停留时间

从上述过程可以看出，端口在参与 STP 的计算过程中，先从阻塞状态开始，中间先后经过监听和学习状态，最后进入转发状态正常转发数据，这个过程需要耗费 30～50s 时间。这也是实际应用中，将一台计算机插入启动了 STP 功能的交换机上后，不能马上通信的原因。

4. STP 收敛

收敛是生成树的一个重要方面。STP 收敛是指网络在一段时间内确定根网桥，以根网桥为参考点计算出所有端口的角色，排除所有潜在的环路，使整个网络达到一个逻辑上没有环路的稳定状态的过程。当网络拓扑发生变化时，执行生成树算法，让网络重新收敛。生成树的收敛经历如下 4 个过程。

（1）选举根网桥。

在一个网络中只能存在一个根网桥，网桥 ID 最小的交换机被选举为根网桥。比较网桥 ID 时，首先比较网桥优先级，优先级最低的网桥将成为根网桥；如果网桥优先级相同，则比较 MAC 地址，具有最低 MAC 地址的交换机将成为根网桥。

在同一个广播域中的所有交换机参与选举根网桥。交换机开机时，每一台都假定自己就是根网桥，把自己的网桥 ID 写入 BPDU 中的根网桥 ID，封装 BPDU 并泛洪出去。每台交换机从邻居交换机收到 BPDU 后，都会将收到 BPDU 内的根桥 ID 与自己目前 BPDU 的根桥 ID 进行比较。如果接收 BPDU 的根桥 ID 比其目前的根桥 ID 小，就会用这个更小的值替换正在发送 BPDU 中的根桥 ID 字段，同时还修改根开销（Root Path）等参数的值，更新后再向外发送。这样，经过一段时间以后，同一个广播域中的所有交换机都会比较完全部的根桥 ID，最后都有一致的根桥 ID。由此选举出具有最小桥 ID 的交换机作为根网桥（根交换机）。

STP 选举根网桥拓扑如图 5-8 所示，每台交换机的优先级值和 MAC 地址如图中所示。交换机开机时，都假定自己就是根网桥，然后开始发送 BPDU，BPDU 中的根桥 ID 等于自己的桥 ID。当 SW1 与 SW2 交换过 BPDU 后，因为 SW2 的优先级值 4096 比 SW1 的优先级值 32 768 小，因此，SW1 向 SW3 发出的 BPDU 中的 Root BID 值修改为 SW2 的 BID；SW3 接收到此 BPDU 后，读取 Root BID，发现优先级同为 4096，但其 MAC 地址比 Root BID 中的 MAC 地址大，因此 SW3 也修改 BPDU 中的 Root BID 值后再发出。以此类推，这样，经过两个周期左右的 BPDU 交换后，SW2 被选举为根网桥。根网桥上的所有端口均为指定端口，可以接收并转发数据。

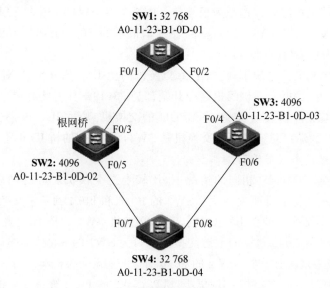

图 5-8　STP 选举根网桥拓扑

（2）选举非根交换机的根端口。

除根网桥外的所有交换机都成为非根网桥，或称非根交换机。在交换环路中，每台非根交换机都至少有两个端口接收到来自根网桥的 BPDU，因此要在这些端口中选择出一个端口作为转发端口,其他端口则不承担转发数据的任务,这个端口就是根端口。

　　每个非根交换机都需要选出一个根端口,而且仅有一个。非根交换机上根路径开销最小的端口被选举为根端口。

　　STP选举根端口拓扑如图5-9所示,假设图中每条链路的带宽均为100M,则交换机的端口开销值为19,SW2是根网桥,SW1、SW3和SW4为非根交换机。根端口的选举顺序如下。

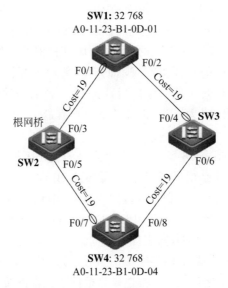

图5-9　STP选举根端口拓扑

　　① 根路径开销最小的端口选举为根端口。图5-9中,SW4的F0/7和F0/8端口的根路径开销分别为19和57(19+19+19),根路径开销最小的F0/7被选举为根端口,仿此可选举SW1的F0/1为根端口。

　　② 根路径开销相同的情况下,比较上游交换机的桥ID。图5-9中,对于SW3来说,从端口F0/4和F0/6到达根交换机的根路径开销都是38(19+19),此时端口的根路径开销相同,则比较端口对应的上游交换机(发送BPDU的交换机)的桥ID。F0/4端口对应的上游交换机是SW1,F0/6端口对应的上游交换机是SW4,而SW1的桥ID小于SW4的桥ID,因此,SW3的F0/4被选举成根端口。

　　③ 在上游交换机的桥ID相同的情况下,比较上游交换机对应的端口ID。在图5-10中,SW1是根网桥,SW2是非根交换机。SW2的F0/3和F0/4到达根交换机的根路径开销相同,都是19;上游交换机的桥ID也相同,都是交换机SW1的桥ID。此时比较上游交换机的端口ID。SW2的F0/3对应的上游交换机端口为SW1的F0/1,其端口ID为128.1(此处假设端口优先级为默认值128);SW2的F0/4对应的上游交换机端口为SW1的F0/2,其端口ID为128.2。SW1的F0/1端口ID更小,所以,SW2的F0/3被选举为根端口。

　　④ 在上游交换机端口ID相同的情况下,比较接收交换机自身的端口ID。图5-11中,SW1是根交换机,SW2为非根交换机,SW1的F0/1端口通过集线器连接着SW2的F0/2和F0/3。SW2的F0/2和F0/3到达根交换机的根路径开销一样,上游交换机的桥ID也一样(都是SW1的桥ID),上游交换机的端口ID也一样(都是交换机SW1的F0/1的端口

ID)。接下来比较交换机 SW2 自身的端口 ID。SW2 上 F0/2 端口的 ID 小于 F0/3 端口的 ID,所以,SW2 的 F0/2 端口被选举为根端口。

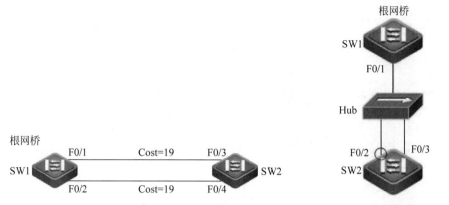

图 5-10 比较上游交换机的端口 ID　　　图 5-11 比较接收交换机的端口 ID

综上所述,选举根端口的依据顺序为:根开销最小、上游交换机 ID 最小、上游交换机发送端口 ID 最小、接收端口 ID 最小。

(3) 选举每个物理链路的指定端口。

在 STP 中,物理链路指的是交换机之间互连的链路。在物理链路选举指定端口,实际上是选举指定网桥(指定交换机)。每个物理链路都有一个指定交换机,该交换机负责把数据发往根交换机,指定交换机上的端口称为指定端口。选举指定端口的依据顺序为:根开销最小、交换机 ID 最小、端口 ID 最小。

① 根路径开销最小的被选定为指定网桥。在图 5-9 中,SW2 是根网桥。在 SW2-SW1 链路中,SW2 到根的路径开销为 0,SW1 到根交换机的路径开销为 19,所以 SW2 是这个链路上的指定交换机,则 SW2 上的端口 F0/3 是 SW2-SW1 链路上的指定端口。同理,SW2 是 SW2-SW4 链路上的指定交换机,SW2 上的端口 F0/5 是 SW2-SW4 链路上的指定端口。在 SW1-SW3 链路上,SW1、SW3 到根交换机的开销分别为 19、38(19+19),所以在此链路上,SW1 是指定交换机,则 SW1 上的 F0/2 端口为 SW1-SW3 链路上的指定端口。同理可选举 SW4 上端口 F0/8 为 SW4-SW3 链路上的指定端口。

② 根路径开销相同的情况下,比较交换机的桥 ID。图 5-12 中,SW2 是根交换机,在 SW1-SW3 链路上,SW1、SW3 到根交换机的开销相同,都为 19,接下来比较交换机的 ID,SW3 的桥 ID 比 SW1 的桥 ID 小,则在 SW1-SW3 链路上,SW3 是指定交换机,则 SW3 上的 F0/4 端口是 SW1-SW3 链路上的指定端口。

如果指定交换机上有多个端口连接到同一个网段,则具有最小端口 ID 的端口成为指定端口,这种情况较少出现,此处不再详述。

(4) 阻塞非指定端口。

除根端口和指定端口之外的其余所有端口被称为非指定端口。非指定端口自动被阻塞,不能转发数据。图 5-8 中的 F0/6 端口是非指定端口,被阻塞,这相当于 SW4-SW3 链路被逻辑断开,这条链路只能转发 BPDU,不能转发数据。图 5-8 所示拓扑最终的无环生成树逻辑拓扑即稳定的生成树逻辑拓扑如图 5-13 所示。

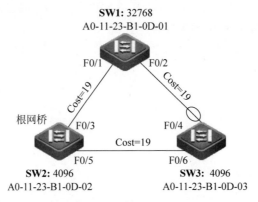

图 5-12　比较交换机的桥 ID

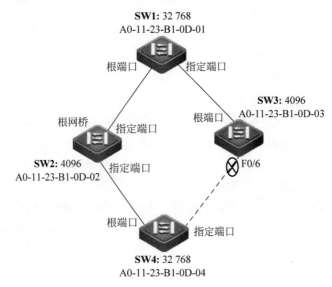

图 5-13　稳定的生成树逻辑拓扑

STP 拓扑稳定后,根交换机通过每隔 2s 的呼叫时间创建和发送 BPDU,非根交换机通过根端口接收 BPDU,并且从指定端口转发改变后的 BPDU。各交换机通过接收到的 BPDU 消息,来保持各端口状态的有效,直到拓扑发生变化。这样,通过生成树算法构造了一棵"树",逻辑上阻断网络中存在的环路,达到冗余链路的同时还实现了链路备份和路径最优化。当主链路出现故障时,阻断的链路马上恢复工作。

5.1.3　快速生成树协议

从上面的分析可知,传统的 STP(IEEE 802.1d)虽然可以解决网络交换环路问题,但端口从阻塞状态进入转发状态需要经历监听状态和学习状态,即从阻塞状态过渡到转发状态必须经历 2 倍的转发延迟时间。所以,网络拓扑发生变化时需要经过 30～50s 的时间才能恢复连通性,这对于现在高可靠性的网络而言,已无法满足用户的需求。

针对传统的 STP 收敛慢这一弱点,一些网络设备供应商开发了针对性的 STP 增强协议,而 IEEE 正是看到了这一广泛的需求,制定了 802.1w 标准协议。这一协议针对传统的 802.1d 收敛慢做了改进,它使得以太网的环路收敛在 1～10s 完成,所以 802.1w 又被称为快速生成树协议(Rapid Spanning Tree Protocol,RSTP)。RSTP 是从传统的 STP 发展而来的,具备 STP 的所有功能,但 RSTP 引入了新的机制,加快了网络收敛速度,提高了网络的可靠性和稳定性。

1. RSTP 的改进

相对于 STP,RSTP 能够快速收敛的原因主要是在以下 3 方面做了改进。

(1) 新增了两种端口角色。

RSTP 端口角色中的根端口和指定端口的确定方法与 STP 一致,而对阻塞端口可进一步细分为替换端口(Alternate Port)和备份端口(Backup Port)。正常情况下,这两种端口均处于阻塞状态(丢弃状态),接收 BPDU 但不转发数据。替换端口是根端口的备份,当根端口失效,替换端口立刻转换为根端口,直接进入转发状态;备份端口是指定端口的备份,若指定端口失效,备份端口立刻转换为指定端口,也直接进入转发状态。

在图 5-14 所示的网络环境中,假设 SW1 的桥 ID 最小,而 SW3 的桥 ID 最大。根据前面的分析可知,SW1 被选举为根交换机,F0/3、F0/4 被选举为根端口,图中标示为 RP,而 F0/1、F0/2、F0/6 被选举为指定端口,图中标示为 DP。在 STP 中 F0/5、F0/7 为阻塞端口,而在 RSTP 中,SW3 上的 F0/5 端口是根端口 F0/3 的替换端口,图中标示为 AP,为当前根端口 F0/3 到根网桥 SW1 提供了替代路径;SW2 上的 F0/7 端口是指定端口 F0/6 的备份端口,图中标示为 BP,为到达同网段提供备份路径,是对一个网段的冗余连接。所以当 SW3 的根端口 F0/3 断开或 SW2 的指定端口 F0/6 断开时,它们的替换端口或备份端口会无延迟进入转发状态,切换过程几乎不影响网络用户的正常通信。

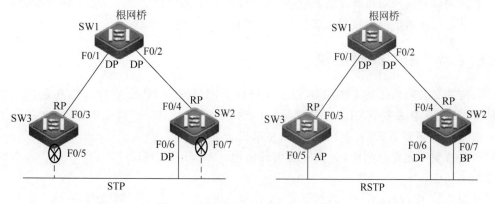

图 5-14 STP 和 RSTP 中的端口角色

(2) 引入了边缘端口的概念。

边缘端口(Edge Port)是指连接计算机、打印机等终端设备的交换机端口,这类端口通常不会产生环路,没必要也要经过 30～50s 的时间才进入转发状态。边缘端口无须经过监听、学习等中间状态,可以直接进入转发状态。

(3) 区分了不同的链路类型。

RSTP 在点对点类型的链路上使用请求/同意握手机制完成快速收敛。非边缘端口能否快速进入转发状态,取决于该端口所在的链路类型。非边缘端口的链路类型有点对点和共享两种,链路类型是自动确定的,一般全双工链路是点对点类型,半双工链路是共享类型。若是点对点链路,该端口只需要向对端交换机发送一个握手请求报文,如果对端响应了一个同意报文,则该端口可以直接进入转发状态。如果端口所在的链路是共享的,则端口状态切换同 STP,需要经过 2 倍的转发延迟才能进入转发状态。因当前的交换机端口默认情况下都工作在全双工状态,交换机之间的链路都是点对点链路,故端口都可以快速进入转发状态。

2. RSTP 的端口状态

STP 的端口状态有禁用、阻塞、监听、学习和转发 5 种,阻塞状态和监听状态在数据帧转发和 MAC 地址学习上没有区别,都是丢弃数据帧而且不学习 MAC 地址。RSTP 的端口状态只有丢弃、学习和转发 3 种,后面介绍的 MSTP 端口状态与 RSTP 相同。不同生成树协议的端口状态及功能对比如表 5-3 所示。

表 5-3　STP 和 RSTP/MSTP 端口状态及功能对比

STP 端口状态	RSTP/MSTP 端口状态	RSTP/MSTP 端口功能	
		学习 MAC 地址	转发数据
禁用	丢弃	×	×
阻塞			
监听			
学习	学习	√	×
转发	转发	√	

替换端口和备份端口处于丢弃状态,根端口和指定端口稳定状态下处于转发状态,学习状态是根端口和指定端口在进入转发状态之前的一种临时过渡状态。

5.1.4　多生成树协议

当前的交换网络往往工作在多 VLAN 环境下,不管是 STP 还是 RSTP,在进行生成树计算时,都没有考虑多个 VLAN 的情况,而是所有 VLAN 共享一棵生成树,因此在交换机的一条 Trunk 链路上,所有 VLAN 要么全部处于转发状态,要么全部处于阻塞状态,这就导致链路带宽不能充分利用,无法实现负载负担。多 VLAN 情况下 STP/RSTP 的不足如图 5-15 所示。

在图 5-15 中,假设通过生成树计算,交换机 SW2 的 F0/4 端口被阻塞,网络中只有一棵生成树,那么所有 VLAN 的流量均无法从该端口通过,VLAN 10 的用户访问服务器 Server 的流量路径是 SW2-SW3-SW1-SW4-Server,VLAN 20 的用户访问服务器 Server 的流量路径是 SW3-SW1-SW4-Server,导致所有 VLAN 的流量均从 SW3 与 SW1 之间的链路通过,可能造成该链路发生拥堵,而同时 SW2 与 SW1 之间的链路却空闲,无任何流量通过,冗余链路的带宽完全被浪费。

虽然思科的 PVST/PVST＋是可在每个 VLAN 中单独运行 STP 算法的协议,但由于交换机资源的因素,如果在单台交换机上实现几十个 VLAN,那么要运行几十个独立的

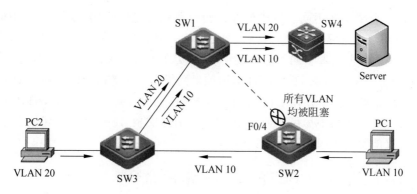

图 5-15　多 VLAN 情况下 STP 和 RSTP 的不足

STP 算法,显然会对设备的性能和资源提出严峻的挑战,并且由于其是私有的,不同厂家设备的互操作性存在问题。针对以上这些因素,IEEE 制定了 802.1s 的协议,目的是既能够实现同一台交换机内运行不同 STP 算法的协议,又可以将相同属性的 VLAN 归纳成组,在一个 VLAN 组内运行一个 STP 算法。

　　MSTP(Multiple Spanning Tree Protocol)是 IEEE 802.1s 中定义的一种新型多实例化生成树协议,除了具有 RSTP 的快速收敛机制外,还能实现链路的负载均衡。MSTP 将一个或多个 VLAN 映射到一个实例(Instance)中,同一个交换机上可以有多个实例,每个实例运行一棵单独的生成树,不同的实例可以有不同的生成树计算结果,这样就可以控制各 VLAN 的数据沿着不同的路径进行转发,实现基于 VLAN 的数据分流,从而充分利用链路带宽。多 VLAN 情况下 MSTP 的负载均衡如图 5-16 所示。

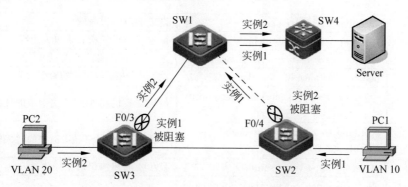

图 5-16　多 VLAN 情况下 MSTP 的负载均衡

　　在图 5-16 中,将 VLAN 1～VLAN 10 映射到实例 1,VLAN 11～VLAN 20 映射到实例 2,通过配置交换机在不同实例中的优先级,使得 SW2 成为实例 1 的根网桥,SW3 成为实例 2 的根网桥。假设实例 1 中生成树的计算结果是 SW3 的 F0/3 端口被阻塞,实例 2 中生成树的计算结果是 SW2 的 F0/4 端口被阻塞,这样,SW3 的 F0/3 端口阻塞实例 1 中的 VLAN 数据流通过,但允许实例 2 中的 VLAN 数据流通过,SW2 的 F0/4 端口阻塞实例 2 中的 VLAN 数据流通过,但允许实例 1 中的 VLAN 数据流通过。因此,VLAN 10 的用户访问服务器 Server 的流量路径是 SW2-SW1-SW4-Server,VLAN 20 的用户访问服务器 Server 的流量路径是 SW3-SW1-SW4-Server,从而实现了负载均衡的效果。由此可见,在

MSTP 中,同一个端口在不同实例中的端口角色及状态可以不同,如图 5-16 中的 F0/3 和 F0/4 端口,既可以阻塞某些实例的流量,同时又允许其他实例的流量通过。MSTP 可以实现不同 VLAN 的数据沿着不同的路径转发,从而实现了基于 VLAN 的负载均衡。

MSTP 可以向下兼容 RSTP 和 STP,但如果网络中存在 STP 与 RSTP/MSTP 的混用,交换机会根据"就低"原则,使用 STP 来计算生成树,从而导致无法发挥 RSTP/MSTP 的快速收敛功能。所以,网络中尽可能使用 MSTP 来消除交换环路,这样既能发挥生成树的快速收敛功能,又能实现不同 VLAN 的负载均衡。

5.1.5　配置 STP/RSTP/MSTP 常用命令

锐捷二层交换机与三层交换机配置生成树命令基本相同,常用的配置命令如表 5-4 所示。

表 5-4　STP/RSTP/MSTP 常用的配置命令

命 令 模 式	CLI 命 令	作　　用
全局模式	spanning-tree	打开生成树协议,默认为关闭
	no spanning-tree	关闭生成树协议
	spanning-tree mode{stp|rstp|mstp}	设置生成树协议类型,默认是 MSTP
	spanning-tree priority＜0-61440＞	设置 STP/RSTP 交换机的优先级。默认是 32 768
接口模式	spanning-tree port-priority＜0-240＞	设置 STP/RSTP 端口的优先级。默认是 128
	spanning-tree link-type {point-to-point|shared}	设置生成树的链路类型
	spanning-tree portfast	设置端口为边缘端口
全局模式	spanning-tree portfast default	设置交换机的所有端口为边缘端口
	spanning-tree mst configuration	进入 MSTP 配置模式
MSTP 模式	instance instance-id vlan vlan-range	设置 VLAN 与实例的映射关系
全局模式	spanning-tree mst instance-id priority ＜0-61440＞	设置交换机在 MSTP 实例中的优先级
接口模式	spanning-tree mst instance-id port-priority＜0-240＞	设置端口在 MSTP 实例中的优先级
特权模式	show spanning-tree [summary]	显示生成树协议的全局信息
	show spanning-tree interface interface-id	显示生成树协议的端口信息
	show spanning-tree mst instance instance-id	
	show spanning-tree mst configuration	显示 MSTP 配置信息
	show spanning-tree mst [instance-id]	显示 MSTP 实例信息

5.2　任务实施

在 STP/RSTP 中,所有 VLAN 共享一棵生成树,无法在 VLAN 间实现数据流量的负载均衡,链路被阻塞后将不承载任何流量。而当前的交换网络往往都工作在多 VLAN 环境下,为了保证网络的快速收敛,又能基于 VLAN 实现流量分担,一般都配置 MSTP 以消除交换环路并在链路上实现负载均衡。下面以图 5-17 所示的网络拓扑介绍 MSTP 的配置。

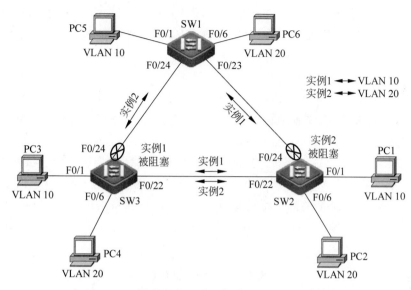

图 5-17 MSTP 的网络拓扑

图 5-17 中，每个交换机的优先级、MAC 地址及 VLAN 信息如表 5-5 所示。

表 5-5 交换机的优先级、MAC 地址及 VLAN 信息

交换机信息			VLAN 信息		
设备	优先级值	MAC 地址	VLAN ID	端口成员	Trunk 端口
SW1	32 768	00D0.9748.E3DE	VLAN 10	F0/1~5	F0/23,F0/24
			VLAN 20	F0/6~10	
SW2	32 768	00D0.58C3.872C	VLAN 10	F0/1~5	F0/22,F0/24
			VLAN 20	F0/6~10	
SW3	32 768	000A.F3C2.1A06	VLAN 10	F0/1~5	F0/22,F0/24
			VLAN 20	F0/6~10	

1. 基础配置

为了防止环路影响操作，MSTP 配置成功之前可先断开交换机之间互连的任一根线。

（1）修改每台交换机的主机名。

依次在全局模式下用 hostname 命令修改每台交换机的主机名。

```
switch(config)# hostname SW1    //修改第一台交换机的主机名,其他两台类似
```

（2）设置 PC 的 IP 地址。

此处假设图 5-17 中 6 台 PC 都处于 192.168.1.0/24 网络中，每台 PC 的 IP 地址中主机号与图中主机编号相同，如 PC1 的地址为 192.168.1.1/24。配置地址后，使用 ping 命令测试 6 台 PC 间的连通性，验证结果应是互通。

2. 配置 VLAN 及 Trunk

参照任务 4,按表 5-5 在每台交换机上配置 VLAN 及 Trunk。使用 ping 测试主机的互通性,VLAN 10 中的 PC1、PC3 和 PC5 互通,VLAN 20 中的 PC2、PC4 和 PC6 互通,其他不通。

3. 配置 MSTP

根据表 5-5 可知,三台交换机的优先级由高到低依次为 SW3→SW2→SW1,在不基于 VLAN 进行流量均衡时,默认情况下 SW3 被推选为根交换机,SW2 的 F0/22、SW1 的 F0/24 被推选为根端口,SW2 的 F0/24、SW3 的 F0/22 和 F0/24 被推选为指定端口,因此,SW1 的 F0/23 就为阻塞端口,VLAN 10 和 VLAN 20 的流量路径都为 SW1↔SW3↔SW2。而图 5-17 中要求每个 VLAN 的流量路径不同,VLAN 10 的流量路径为 SW1↔SW2↔SW3,VLAN 20 的流量路径为 SW1↔SW3↔SW2。根据不同 VLAN 的流量路径确定 MSTP 的配置信息,如表 5-6 所示。

表 5-6　MSTP 配置信息

实例	关联 VLAN	交换机的优先级由高到低的顺序	根交换机	阻塞端口
实例 1	VLAN 10	SW2→SW1→SW3	SW2	SW3 的 F0/24
实例 2	VLAN 20	SW3→SW1→SW2	SW3	SW2 的 F0/24

下面以 VLAN 10 为例分析为什么按表 5-6 所示的信息配置实例 1。首先分析根交换机的配置,如果 SW1 配置为根交换机,则 SW3 必为非根交换机,SW3 的 F0/24 端口为根端口,不可能为阻塞端口;如果 SW3 配置为根交换机,则 SW3 的 F0/24 端口为指定端口,也不可能成为阻塞端口,所以,只有 SW2 被配置为实例 1 的根交换机。在 SW1~SW3 的网段上,如果 SW3 的 F0/24 是阻塞端口,则 SW1 的 F0/24 应是指定端口。在 SW1~SW3 的网段推选指定端口时,要使得 SW1 的 F0/24 成为指定端口,那么交换机 SW1 的优先级必须高于 SW3。所以,对实例 1,交换机的优先级由高到低的顺序为 SW2→SW1→SW3。

(1) 配置 MSTP。

三台交换机上 MSTP 配置相同,此处只列出 SW1 上的配置命令,其他的仿此完成。

```
SW1(config)#spanning-tree                      //开启生成树协议
SW1(config)# spanning-tree mode mstp           //配置生成树协议为 MSTP
SW1(config)# spanning-tree mst configuration   //进入 MSTP 配置模式
SW1(config-mst)#instance 1 vlan 10             //将 VLAN 10 映射到实例 1
SW1(config-mst)#instance 1 vlan 20             //将 VLAN 20 映射到实例 2
```

在使用命令建立 VLAN 与实例之间的映射时,系统会提示"将 VLAN 映射到实例之前,必须创建 VLAN",所以,要确保交换机上存在相应的 VLAN。

实例号的取值范围为 0~64,不同的实例通过实例号来区分,默认情况下所有 VLAN 均与实例 0 映射,实例 0 不能被删除。一个实例可以包含一个或多个 VLAN,但是一个 VLAN 只能映射到一个实例中。此例中只考虑 VLAN 10 和 VLAN 20 的流量均衡,其他

VLAN 映射到默认的实例 0,实例 0 的流量沿默认生成树的路径传输。

（2）配置交换机的优先级实现负载均衡。

根据表 5-6 中交换机的优先级高低配置每个交换机在不同实例中的优先级值。交换机的优先级值默认为 32 768,值越小优先级越高,且优先级值只能设置为 0 或 4096 的倍数。

实例 1 中交换机的优先级由高到低的顺序为 SW2→SW1→SW3。

```
SW2(config)# spanning-tree mst 1 priority 0
            //配置 SW2 在实例 1 中的优先级,使其成为实例 1 的根交换机
SW1(config)# spanning-tree mst 1 priority 4096
            //配置 SW1 在实例 1 中的优先级,使其成为实例 1 的备份根交换机
```

实例 2 中交换机的优先级由高到低的顺序为 SW3→SW1→SW2。

```
SW3(config)# spanning-tree mst 2 priority 0
            //配置 SW3 在实例 2 中的优先级,使其成为实例 2 的根交换机
SW1(config)# spanning-tree mst 2 priority 4096
            //配置 SW1 在实例 2 中的优先级,使其成为实例 2 的备份根交换机
```

（3）验证生成树信息。

① 在特权模式下使用 show spanning-tree mst configuration 命令查看 MSTP 配置信息。如:

```
SW1# show spanning-tree mst configuration
Multi spanning tree protocol : Enabled
Name :
Revision : 0
Instance    Vlans  Mapped
---------------- ---- --- ---- -------------------------
0        : 1 - 9, 11 - 19, 21 - 4094
1        : 10
2        : 20
```

该命令显示 VLAN 与实例的映射关系。实例 0 是默认实例,没有具体指定实例的 VLAN 均属于实例 0。

② 在特权模式下使用 show spanning-tree mst 命令可以查看 MSTP 中每个实例的配置信息。下面查看每个交换机上实例 1 的相关信息。

```
SW2# show spanning-tree mst 1                //显示实例 1 的信息
###### MST 1 vlans mapped : 10               //VLAN 与实例 1 的映射关系
BridgeAddr : 00D0.58C3.872C                   //SW2 交换机的 MAC 地址
Priority : 0                                  //SW2 交换机在实例 1 中的优先级值
TimeSinceTopologyChange : 0d:0h:17m:42s
TopologyChanges : 10
DesignatedRoot : 1001. 00D0.58C3.872C         //根网桥的 MAC 地址(从第 5 位开始)
RootCost : 0                                  //根路径开销
RootPort : 0                                  //根端口号
```

从 SW2 的显示信息可以看出，实例 1 中的根网桥的 MAC 地址与 SW2 的 MAC 地址相同，这说明 SW2 就是实例 1 的根网桥。所以，SW2 的根路径开销为 0，根端口号为 0，0 表示根交换机上没有根端口。

```
SW1# show spanning-tree mst 1                        //显示实例 1 的信息
###### MST 1 vlans mapped : 10                        //VLAN 与实例 1 的映射关系
BridgeAddr : 00D0.9748.E3DE                           //SW1 交换机的 MAC 地址
Priority : 4096                                       //SW1 交换机在实例 1 中的优先级值
TimeSinceTopologyChange : 0d:0h:18m:24s
TopologyChanges : 12
DesignatedRoot : 1001. 00D0.58C3.872C                //根网桥的 MAC 地址(从第 5 位开始)
RootCost : 190000                                    //根路径开销
RootPort : FastEthernet 0/23                         //根端口号
```

从 SW1 的显示信息可以看出，实例 1 中的根网桥的 MAC 地址与 SW1 的 MAC 地址并不相同，这说明 SW1 不是实例 1 的根网桥。从上述信息中还可以看出，F0/23 端口为根端口，这说明 VLAN 10 的流量通过 SW1 的 F0/23 端口转发出去到达根交换机 SW2，再由 SW2 发送出去，这与规划的流量路径是一致的。

```
SW3# show spanning-tree mst 1                        //显示实例 1 的信息
###### MST 1 vlans mapped : 10                        //VLAN 与实例 1 的映射关系
BridgeAddr : 000A.F3C2.1A06                           //SW3 交换机的 MAC 地址
Priority : 32768                                      //SW3 交换机在实例 1 中的优先级值
TimeSinceTopologyChange : 0d:0h:19m:47s
TopologyChanges : 2
DesignatedRoot : XXXX. 00D0.58C3.872C                //根网桥的 MAC 地址(从第 5 位开始)
RootCost : 200000                                    //根路径开销
RootPort : FastEthernet 0/22                         //根端口号
```

从 SW3 的显示信息可以看出，实例 1 中的根网桥的 MAC 地址与 SW3 的 MAC 地址并不相同，这说明 SW3 不是实例 1 的根网桥。从上述信息中还可以看出，F0/22 端口为根端口，这说明 VLAN 10 的流量通过 SW3 的 F0/22 端口转发出去到达根交换机 SW2，再由 SW2 发送出去，这也与规划的流量路径是一致的。

③ 在特权模式下使用 show spanning-tree summary 命令可以查看生成树协议中每个实例的概要及端口信息。每个实例的概要中包含了前两个查看命令显示的相关信息，只是显示格式略有不同；端口信息包括了端口的角色、状态、开销、优先级、链路类型及是否是边缘端口等特性。由于显示内容比较多，此处不列出。

4. 设置边缘端口，加快网络收敛速度

在 3 台交换机上将连接主机的端口设置成边缘端口(Edge Port)，使得这些端口可以无时延地进入转发状态，避免生成树计算过程中的转发延迟导致用户访问网络中断，而且边缘端口上主机的接入或插拔也不会导致生成树协议重新计算，增加了网络的稳定性。根据表 5-5 将每个业务 VLAN 的成员端口设置为边缘端口。此处只列出 SW1 上的配置命令，其他交换机的配置命令相似。

```
SW1(config)♯interface range f0/1 - 10
SW1(config - if - range)♯spanning - tree portfast        //将端口设置为边缘端口
SW1(config - if - range)♯exit
```

在使用命令 spanning-tree portfast 将端口设置为边缘端口时,系统会提示:"边缘端口只能连接终端主机,若连接交换机等设备会形成环路。"

所有的配置完成后,再次使用 show spanning-tree summary 命令查看生成树协议的全局信息,包括生成树协议中每个实例的摘要及端口信息,此处重点关注端口信息中是否是边缘端口的变化。

```
SW1♯show spanning - tree summary
Spanning - tree enabled protocol mstp             //生成树协议类型为 MSTP
   //以下显示默认实例 0 的相关信息
MST 0 vlans map : 1 - 9,11 - 19,21 - 4094          //默认的实例 0 的相关信息
…
   //以下显示实例 1 的相关信息
MST 1 vlans map : 10                              //VLAN 10 与实例 1 映射
Region   Root    Priority    0                    //根桥优先级
                 Address     00D0.58C3.872C       //根桥 MAC 地址
                 this bridge is region root       //这个桥是根桥

Bridge    ID    Priority    4096                  //自身桥优先级
                Address     00D0.9748.E3DE        //自身桥 MAC 地址


Interface    Role    Sts    Cost    Prio    Type    OperEdge
------------------------------------------------------------------------
Fa0/1        Desg    FWD    190000  128     P2p     True
Fa0/6        Desg    FWD    190000  128     P2p     True
Fa0/23       Root    FWD    19      128     P2p     False
Fa0/24       Desg    FWD    19      128     P2p     False

//以下显示实例 2 的相关信息
MST 2 vlans map : 20
…
```

5.3　知识扩展

5.3.1　STP 拓扑变更机制

一个网络中所有交换机的端口都处于阻塞或者转发状态,那这个网络就达到收敛,处于稳定状态。转发状态的端口发送且接收数据和 BPDU,阻塞状态的端口仅接收 BPDU。

当网络拓扑变更时,交换机必须重新计算 STP,端口的状态也会发生改变,这样会中断用户通信,直至计算出一个重新收敛的 STP 拓扑。网络中的交换机是如何知道网络拓扑发生变化的? 发生变化的交换机开始逐级向上游交换机发送 TCN(Topology Change

Notification)BPDU 即拓扑变化通知 BPDU,直至根交换机,根交换机收到后再将拓扑变化通知广播到整个网络。

在正常的 STP 操作中,一个交换机从根端口持续接收根交换机发来的 BPDU,它从不向根交换机发送 BPDU。当某台交换机发现拓扑变化时,该交换机将生成 TCN BPDU(拓扑变化通知 BPDU),并每隔呼叫时间从其根端口向上游交换机发送,直至上游交换机发回确认拓扑变化通知(TCA) BPDU 为止;上游交换机接收到 TCN BPDU,知道这是一个 TCN BPDU,给下游交换机发送 TCA BPDU,同时从其自己的根端口向上游交换机发送 TCN BPDU。生成树中从发现网络拓扑变化的交换机到根交换机的路径上每个交换机重复这个动作,直到根交换机收到这个 TCN BPDU,最后根交换机再向全网内所有交换机广播拓扑变更的通知。

在如图 5-18 所示环境中,SW5 检测到某个处于转发状态的指定端口所在链路发生了拓扑变化,它将会启动一次收敛过程,图中的编号标识了各类消息发送的顺序。

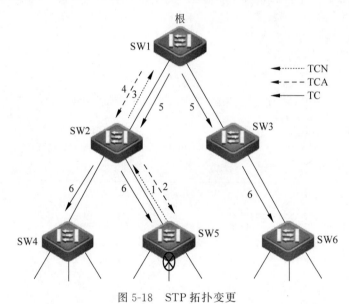

图 5-18　STP 拓扑变更

① SW5 检测到拓扑变化,从其根端口向它的上游交换机 SW2 发送 TCN。

② SW2 收到 SW5 过来的 TCN,SW2 使用 TCA 向 SW5 确认。

③ SW2 产生 TCN,从其根端口发给上游交换机 SW1,也就是根交换机。

④ SW1 收到 SW2 过来的 TCN,SW1 使用 TCA 向 SW2 确认。

至此完成了拓扑变化通知到根交换机的过程。一旦根交换机知道网络拓扑发生变化,它开始向外广播 TC(Topology Change,拓扑变化)比特位被设置的配置 BPDU。

⑤ SW1 向外广播 TC。

⑥ 下游交换机 SW2、SW3 收到 SW1 广播的 TC,转发该 BPDU 到各自的下游交换机。

最后,所有交换机都知道拓扑发生变化。所有的下游交换机得到拓扑改变的通知后,会把它们的 Address Table Aging(地址表老化)计时器从默认值(300s)降为 Forward Delay(默认为 15s),从而让不活动的 MAC 地址比正常情况下更快地从地址表更新。所有的交换机将重新决定根交换机、交换机的根端口以及每个物理网段的指定端口,这样生成树的拓扑结构也就重新决定了。

5.3.2 边缘端口

由前面的 STP 工作原理可知,启用 STP 功能的交换机,一个端口从 up 到 forwarding 大约需要 50s 的时间,而普通的非网管型交换机,端口从 up 到 forwarding 瞬间就可以完成。但非网管型交换机之间一旦有环路存在,端口不仅不能瞬间变为 forwarding,而且会由于广播风暴变为 down,整个网络都会瘫痪。显然,相对于端口能否从 up 瞬间到 forwarding 而言,交换机支持 STP 更重要。

RSTP/MSTP 引入的边缘端口可以很好地解决端口从 up 到 forwarding 的瞬间转变。边缘端口是指连接计算机、打印机等终端设备的交换机端口,这类端口通常不会产生环路,没必要经过监听、学习等中间状态,可以直接进入转发状态。边缘端口的状态变化(up/down)也不会导致生成树协议重新计算,增加了网络的稳定性。但交换机无法自动识别端口是否直接与终端相连,所以需要人工配置。可在接口模式或全局模式下配置,配置方法如下。

```
ruijie(config)♯interface f0/2
ruijie(config-if)♯spanning-tree portfast                //将一个端口设置为边缘端口
ruijie(config)♯ spanning-tree portfast default          //将所有端口设置为边缘端口
```

配置过程中,系统会提示边缘端口只能连接终端主机,若连接集线器、交换机、网桥等设备会形成环路。

5.4 实践训练

实训5 交换机生成树配置

1.实训目标

(1)了解生成树协议的作用。
(2)熟悉生成树协议的配置。

2.应用环境

交换机之间具有冗余链路本来是一件很好的事情,但是它有可能引起的问题比它能够解决的问题还要多。如果交换机之间有两条以上的链路,就必然形成了一个环路,交换机并不知道如何处理环路,只是周而复始地转发帧,形成一个"死循环",这个"死循环"会造成整个网络处于阻塞状态,导致网络瘫痪。配置生成树协议可以避免环路。

3.实训设备

(1)二层交换机2台。
(2)PC 2台。

（3）Console 线 2 根。

（4）直通网线 4～8 根。

4．实训拓扑

本实训生成树配置拓扑如图 5-19 所示。

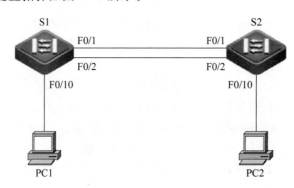

图 5-19　生成树配置拓扑

5．实训要求

按照拓扑图连接网络设备时，先将两台交换机都配置快速生成树协议后，再将两台交换机连接起来。如果先连线再配置会造成广播风暴，影响交换机的正常工作。

配置生成树，使得 PC1 无论何时均可以 ping 通 PC2。PC 网络属性信息如表 5-7 所示。

表 5-7　PC 网络属性信息

设　备	IP 地址	子网掩码
PC1	192.168.1.2	255.255.255.0
PC2	192.168.1.3	255.255.255.0

6．实训步骤

第 1 步：正确连接网线（注意交换机之间只连一根线），恢复出厂设置，重启交换机后，做初始配置。修改设备的系统名称（交换机 2 的配置与交换机 1 相似）。

```
Ruijie(config)#hostname S1
```

第 2 步：确认两台交换机的生成树协议关闭（两台交换机配置相同）。

```
S1(Config)#no spanning-tree        //关闭 spanning-tree 协议
```

验证配置：

```
S1#show spanning-tree
    Global MSTP is disabled
```

第 3 步：通过 PC1 ping PC2-t 命令观察现象。

① ping 通。

② 两台交换机之间添加一根连线，持续观察 PC 互相 ping 的现象。

③ ping 不通（3～5min 后）。

④ 所有连接网线的端口的绿灯频繁地闪烁，表明端口收发数据量很大，已经在交换机内部形成广播风暴。

⑤ 使用 show cpu usage 命令观察两台交换机 CPU 使用率（观察到的值与以下显示的不一定相同）。

```
S1#show cpu usage
  Last 5 second CPU IDLE: 96%
  Last 30 second CPU IDLE: 96%
  Last 5 minute CPU IDLE: 97%
  From running CPU IDLE: 97%
```

第 4 步：分别在两台交换机中启用生成树协议（两台交换机配置相同）。

```
S1(Config)#spanning-tree mode stp                    //打开 spanning-tree 协议
  STP is starting now, please wait……
  STP is enabled successfully.
S1(Config)#
```

分别在两台交换机上验证配置，并根据输出结果划出生成树形态。

```
S1#show spanning-tree
  …                              //使用设备不同,此处显示不相同,省略显示内容
S2#show spanning-tree
  …
```

第 5 步：理解生成树形成过程中的制约要素。

① 改变根交换机的连接端口实现生成树拓扑形态的改变。此处可将连接根交换机的两个端口线对调一下，再次使用 show spanning-tree 命令查看生成树，并根据输出结果画出生成树形态。比较两次生成树形态的不同，分析理解生成树的形成过程。

② 改变根交换机端口的优先级实现生成树拓扑形态的改变。默认情况下，交换机端口的优先级都是 128，值越小优先级越高。注意，在端口优先级的修改中，系统支持以 16 为基数进行增减。命令如下：

```
S1(config)#interface f0/2
S1(config-if)#spanning-tree mst 0 port-priority 112          //提升端口 2 的优先级
```

再次使用 show spanning-tree 命令查看生成树，并根据输出结果画出生成树形态。比较两次生成树形态的不同，分析理解生成树的形成过程。

③ 改变非交换机的优先级实现生成树拓扑形态的改变。默认情况下，交换机的优先级都是 32 768，值越小优先级越高。假设 S2 是非根交换机，则将交换机 2 的优先级值升高或

降低交换机1的优先级。在设备优先级的修改中,系统支持以4096为基数进行增减。命令如下:

```
S2(config)#spanning-tree mst 0 priority 4096        //改变交换机优先级
```

再次使用 show spanning-tree 命令查看生成树,并根据输出结果画出生成树形态。比较两次生成树形态的不同,分析理解生成树的形成过程。

7. 课后实训

参照任务实施完成交换机多生成树配置。

5.5 习题

一、选择题

1. 如果以太网交换机中某个运行 STP 的端口不接收或转发数据,接收并发送 BPDU,不进行地址学习,那么该端口应该处于(   )状态。

    A. 阻塞　　　　　　　B. 监听　　　　　　　C. 学习

    D. 转发　　　　　　　E. 等待　　　　　　　F. 禁用

2. 如果以太网交换机中某个运行 STP 的端口接收并转发数据,接收、处理并发送 BPDU,进行地址学习,那么该端口应该处于(   )状态。

    A. 阻塞　　　　　　　B. 监听　　　　　　　C. 学习

    D. 转发　　　　　　　E. 等待　　　　　　　F. 禁用

3. 关于 STP 说法正确的是(   )(选择一项或多项)。

    A. 网桥 ID 值由网桥的优先级和网桥的 MAC 地址组合而成。前面是优先级,后面是 MAC 地址

    B. 以太网交换机的默认优先级值是 32 768

    C. 优先级值越小优先级越低

    D. 优先级相同时,MAC 地址越小优先级越高

    E. 网桥 ID 值大的将被选为根网桥

4. 下列关于 STP、RSTP 和 MSTP 说法正确的是(   )(选择一项或多项)。

    A. MSTP 兼容 STP 和 RSTP

    B. STP 不能快速收敛,当网络拓扑结构发生变化时,原来阻塞的端口需要等待一段时间才能变为转发状态

    C. RSTP 是 STP 的优化版。端口进入转发状态的延迟在某些条件下大大缩短,从而缩短了网络最终达到拓扑稳定所需要的时间

    D. MSTP 可以弥补 STP 和 RSTP 的缺陷,它既能快速收敛,也能使不同 VLAN 的流量沿各自的路径转发,从而为冗余链路提供了更好的负载分担机制

5. MSTP 的特点有(   )(选择一项或多项)。

    A. MSTP 兼容 STP 和 RSTP

B. MSTP 把一个交换网络划分成多个域,每个域内形成多棵生成树,生成树间彼此独立

C. MSTP 将环路网络修剪成为一个无环的树形网络,避免报文在环路网络中的增生和无限循环,同时还可以提供数据转发的冗余路径,在数据转发过程中实现 VLAN 数据的负载均衡

D. 以上说法均不正确

二、简答题

1. 环路给网络带来哪些危害?

2. 生成树的作用是什么?

3. 简述 STP 的工作过程。

任务6
提升交换机之间的连接带宽

【任务描述】

园区网中某幢教学楼的服务器连接在一楼的汇聚交换机上,随着信息化教学的需求,每个楼层的多媒体教室越来越多,几乎遍及每个教室,教学楼网络拓扑示意如图 6-1 所示,内网的数据传输速率都是 100Mb/s。随着多媒体教室的扩建,有不少老师反映在使用同一层的资源时速度很快,但访问服务器时经常受阻。

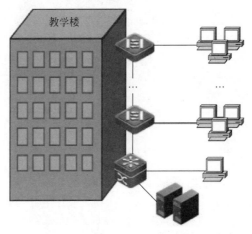

图 6-1　教学楼网络拓扑示意

网络管理员检查后发现在网络访问高峰期,跨楼层访问流量很大,而楼层交换机之间的连接带宽只有百兆,100Mb/s 的带宽已经无法满足教学中多媒体视频流的应用需求。为此,希望在不更换网络设备和布局的情况下,采用比较经济的手段提升交换机之间的连接带宽,使网络更好地为教学提供支撑服务。

【任务分析】

楼层交换机之间的带宽是所有用户共享的,如果楼层交换机之间互连链路的带宽并不比楼层内部高,就易形成网络带宽瓶颈问题。

解决这个问题的最根本方法就是提高交换机之间互连链路的带宽。网络工程中一般会考虑使用高于普通链路 10 倍左右的骨干链路来完成高速的数据转发。而提高链路带宽一般有两种方法。

第一种方法是将低速网络接口更换为高速接口。在当前的骨干网络建设中,一般都使用此方案,也就是使用光纤技术,提升骨干网络的传输效率。但这种用千兆端口替换原来的 100Mb/s 端口进行互连,需要更新端口模块,并且线缆也需要升级,无疑会增加组网的成本,而且还需考虑现有环境能否布置光纤。

第二种方法是在骨干链路采用多链路连接增加带宽。这种方案中,如果交换机之间连接多条链路同时传输数据,多条链路会产生二层环路,环路会引起广播风暴等问题。虽然使用生成树协议可以解决环路问题,但生成树协议会阻塞端口,导致多条链路中只有一条链路正常转发数据,结果备份链路仅仅是作为备份,无法起到增加带宽的目的。链路聚合(也称端口聚合)技术则很好地解决了这个问题。

6.1 知识储备

6.1.1 链路聚合技术概述

1. 链路聚合的概念

视频讲解

链路聚合又称端口聚合、端口捆绑,是指将交换机的多个特性相同的物理端口捆绑在一起形成一个高带宽的逻辑端口,这个逻辑端口被称为聚合端口(Aggregate Port,AP),也可以理解为将交换机之间的数条低带宽物理链路"组合"成逻辑上的一条高带宽链路,这个高带宽链路通常被称为一条链路聚合组(Link Aggregation Group,LAG),如图 6-2 所示。链路聚合符合 IEEE 802.3ad 标准,主要用于扩展链路带宽,同时实现多条链路之间的相互冗余和备份,以提高网络的可靠性。

图 6-2 链路聚合示意

将多个以太网端口捆绑在一起所形成的组合称为聚合组,而这些被捆绑在一起的以太网端口就称为该聚合组的成员端口。每个聚合组唯一对应着一个逻辑接口,称为聚合接口。聚合组与聚合接口的编号是一一对应的,譬如聚合组 1 对应于聚合接口 1。

链路聚合将多个端口聚合在一起形成一个逻辑端口,从而将多条物理链路变成一条逻辑链路,使得交换机之间不再有环路。这样,逻辑端口中的每个物理端口可以同时转发流量,实现交换机之间增加链路带宽的目的,如 4 条全双工快速以太网端口形成的 LAG 最大可以达到 $800(4 \times 200)$Mb/s,4 条千兆以太网端口形成的 LAG 最大可以达到 8Gb/s。在实际运用中,并非捆绑的链路越多越好。首先,应考虑捆绑的端口数目越多,其消耗掉的交换机端口或网卡数目就越多;其次,捆绑过多的链路容易给服务器带来难以承担的负荷,以至崩溃。所以,大多采用 4 条捆绑链路的方案,其提供的全双工 800Mb/s(如果是 4 条 100M

线路捆绑）的速率已接近千兆网的性能，而且相应的端口消耗和服务器端负担还足以承受。锐捷交换机的每个 AP 组中最多只能包含 8 个成员端口。

链路聚合技术可以在不改变现有网络设备以及原有布线的条件下，将交换机的多个低带宽交换端口捆绑成一条高带宽链路，通过几个端口进行链路负载平衡，可以避免链路出现拥塞，也可以防止单条链路转发速率过低而出现丢包的现象。打个比方来说，链路聚合就如同超市设置多个收银台以防止收银台过少而出现消费者排队等候时间过长的现象。

链路聚合可以聚合 Access 端口、Trunk 端口以及三层端口，但同一个 AP 组中的成员端口属性必须相同，如端口类型、端口速率、双工模式、介质类型、所属 VLAN 等必须保持一致。如果 Trunk 端口和 Access 端口不能聚合，光口和电口不能聚合等。

2. 链路聚合模式

链路聚合既可以通过人工静态聚合，也可以通过链路聚合协议（Link Aggregation Control Protocol，LACP）进行动态聚合。在静态聚合模式下，聚合组内的成员端口上不启用 LACP，其端口状态（加入或离开）完全依据手工指定的方式直接生效。在动态聚合模式下，聚合组内的各成员端口上均启用 LACP，其端口状态（加入或离开）通过该协议自动进行维护。处于静态聚合模式和动态聚合模式下的聚合组分别称为静态聚合组和动态聚合组。它们各自的特点如表 6-1 所示。

表 6-1　不同聚合模式的特点

聚合模式	是否开启 LACP	优　　点	缺　　点
静态	否	一旦配置好后，端口的选中/非选中状态就不会受网络环境的影响，比较稳定	不能根据对端的状态调整端口的选中/非选中状态，不够灵活
动态	是	能够根据对端和本端的信息调整端口的选中/非选中状态，比较灵活	端口的选中/非选中状态容易受网络环境的影响，不够稳定

如果是同一厂家的交换机组网，且网络组建后基本不变，不会经常进行扩展，则推荐采用静态聚合方式增加、删除聚合成员端口；如果是多厂家的设备间有链路聚合的需求，则推荐优先采用动态 LACP 方式聚合，当然具体还需要看不同厂家设备的配置与支持情况，实施前要查阅相关资料，如果不确定的话，可以静态与动态都尝试，以最终成功的为准。另外，由于动态聚合协议会消耗设备资源，建议尽量使用静态聚合。

3. 链路聚合应注意的地方

链路聚合在使用过程中，需要注意以下 4 点。

（1）聚合的成员属性必须一致，包括接口速率、双工模式、介质类型等，光口和电口不能绑定，千兆与万兆端口不能绑定。

（2）二层端口只能加入二层 AP，三层端口只能加入三层 AP，已经关联了成员端口的 AP 口不允许改变二层/三层属性。

（3）聚合后的成员端口不能再单独进行配置，只能在 AP 配置所需要的功能。

（4）两个互联设备的端口聚合模式必须一致，并且同一时候只能选择一种，是静态聚合或者是动态 LACP 聚合。

6.1.2　链路聚合的优点

1. 增加链路容量

链路聚合的一个显著优点是为用户提供了一种经济的提高链路带宽的方法。使用端口聚合技术，交换机会把一组物理端口联合起来形成一个逻辑端口，其容量等于各物理接口带宽之和，这样，用户不必升级现有设备就能获得更大带宽的数据链路。

2. 提高链路可用性

链路聚合中，参与聚合的以太网物理链路互相动态备份。当 AP 中一条或多条链路出现故障时，只要还有一条链路正常工作，故障链路上的流量就可以自动转移到其他正常工作的成员链路上，从而起到了冗余备份的作用，有效地提高了链路的可靠性，增加了网络的稳定性和可靠性。

3. 灵活性高

链路聚合技术可以在不改变现有网络设备以及原有布线的条件下，将交换机的多个低带宽端口捆绑成一条高带宽链路，其价格便宜，且性能接近千兆以太网。而且链路聚合可以捆绑任何相关的端口，也可以随时取消设置，这样提供了很高的灵活性。

4. 提供负载均衡以及系统容错能力

链路聚合支持流量平衡，可以按照一定算法将业务流量分配给不同的成员链路，实现链路级的负载分担功能。

由于链路聚合实时平衡各个交换机端口和服务器接口的流量，一旦某个端口出现故障，它会自动把故障端口从链路聚合组中撤销，进而重新分配各个链路聚合成员端口的流量，从而实现系统容错。

6.1.3　链路聚合与生成树的应用

一般企业网络在分层结构的网络模型中都会使用冗余链路来提高网络的稳定性、可靠性和高效的数据转发，有冗余链路的网络分层结构如图 6-3 所示。

为了保证用户正常使用网络，一般接入层交换机都用两条网线接入网络，如图 6-3 中的接入层和汇聚层交换机之间的互连，这样其中一条链路出现故障时可以使用另一条链路接入网络，但是这样导致接入层和汇聚层交换机之间会出现环路，而二层环路会导致出现广播风暴等问题，此时需要启用生成树协议解决这个问题。生成树的主要作用就是避免环路，提供链路冗余，很好地解决了由于单点故障导致网络无法访问的问题。生成树虽然很好地了解决环路问题，但结果是备份链路仅仅作为备份，不能用于增加带宽和提高传输速率。

链路聚合不仅可以增加网络带宽，聚合的物理链路还可以动态地相互备份，并能进行链路负载均衡。在图 6-3 中，一种情况是交换机之间，如果核心层与汇聚层的两台交换机用一根百兆网线互连，由于用户之间需要频繁交换数据，就易产生带宽瓶颈，速度

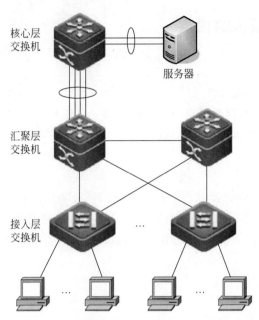

图 6-3　有冗余链路的网络分层结构

变慢，此时在不改变现有网络设备以及原有布线的条件下，通过链路聚合，可以提升它们之间链路的带宽，同时提供链路冗余备份的效果，避免出现链路单点故障，影响关键节点的大面积网络中断。另一种情况是，目前大部分服务器（如 IBM、HP），不论是机架式还是刀片式，都提供多网卡这样的端口接入，要求与接入交换机做捆绑聚合，以提升服务器的链路带宽与冗余性，特别是针对一些如金融、政府、运营商、医疗等行业数据中心服务器，它们的关键应用服务器访问量大，可靠性要求高，也需要考虑采用链路聚合技术。

6.1.4　配置链路聚合常用命令

锐捷二层交换机与三层交换机配置链路聚合命令相同，常用的配置命令如表 6-2 所示。

表 6-2　链路聚合常用的配置命令

命令模式	CLI 命 令	作 用
全局模式	interface aggregateport *port-group-number*	创建或进入 *port-group-number* 指定的聚合组
接口模式	port-group *port-group-number*	将端口静态加入聚合组
	port-group *port-group-number* mode{active ｜ passive}	将端口动态加入聚合组
	no port-group *port-group-number*	将端口从聚合组中退出
全局模式	aggregateport load-balance {dst-mac｜src-mac｜src-dst-mac｜dst-ip｜src-ip｜src-dst-ip}	配置一个聚合组的流量平衡算法
特权模式	show aggregateport [*port-group-number*] summary	显示聚合组配置
	show interface aggregateport [*port-group-number*]	
	show aggregateport load-balance	显示聚合组的流量平衡方式

6.2　任务实施

链路聚合主要应用在网络主干部分,即常用于汇聚交换机之间、核心交换机之间或汇聚交换机与核心交换机之间互连的链路,以提高网络主干链路的带宽。下面以图6-4所示的网络拓扑介绍链路聚合的配置。

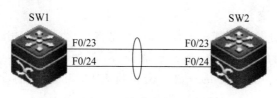

图 6-4　链路聚合拓扑

1. 二层端口聚合

本任务的实施是在核心交换机 SW1 与 SW2 之间运行二层链路聚合,即将端口 F0/23 和 F0/24 配置为聚合端口(AP1),以增加网络带宽,提高数据转发能力,实现链路的冗余备份,并将交换机之间的聚合端口设置成 Trunk,以便传输多个 VLAN 的数据。流量平衡算法使用源 MAC 关键字。

二层聚合配置要点为:将需要聚合的端口加入 AP、配置 AP 属性和配置流量平衡算法。

(1) 二层静态链路聚合。

人工配置静态 AP 时,链路两端的交换机均需要同时配置,此处仅列出交换机 SW1 上的配置,SW2 上的配置与 SW1 类似,不再单独列出。

```
SW1(config)#interface range f0/23-24
SW1(config-if-range)#port-group 1                        //将端口静态加入聚合组 AP1
SW1(config-if-range)#exit
SW1(config)#interface aggregateport 1                    //进入 AG1 配置模式
SW1(config-if-AggregatePort 1)#switchport mode trunk     //AP1 配置为 Trunk 端口
SW1(config-if-AggregatePort 1)#exit
SW1(config)#aggregateport load-balance src-mac           //更改流量平衡算法为源 MAC
SW1(config)#exit
```

配置 interface aggregateport 命令时,如果 AP 已经创建,则自动进入 AP 的接口配置模式;如果 AP 未创建,则先创建 AP,创建成功后进入 AP 的接口配置模式。同样,在使用 port-group 命令将端口加入聚合组 AP 时,如果这个聚合组 AP 不存在,则先创建 AP,创建成功后再把端口加入该聚合组 AP。

两台交换机上配置完成后,可在任一台交换机上的特权模式下使用 show aggregateport summary 或 show interface aggregateport 命令查看端口聚合信息。如:

```
SW1#show aggregateport summary                           //显示端口聚合的概要信息
```

Aggregateport	MaxPorts	SwitchPort	Mode	Ports
Ag1	8	Enabled	Trunk	Fa0/23,Fa0/24

从上述信息可以看出，AP 组的编号为 1(Ag1)，SwitchPort 列为 Enabled 表示端口聚合方式为二层聚合，该型号交换机最多允许 8 个端口聚合，目前 AP 组中有 2 个端口（Fa0/23 和 Fa0/24），AP 的类型是 Trunk，默认允许所有 VLAN 的流量通过。

（2）二层动态链路聚合。

二层动态链路聚合与上述静态聚合相似，只是将端口加入 AP 组时选用动态模式。动态模式有 active（主动协商）和 passive（被动协商）两种，聚合的两端选择必须是 active/passive 或 active/ active 组合中的一种。交换机 SW2 与 SW1 的配置类似，这里只列出 SW1 的配置。

```
SW1(config)♯ interface range f0/23 - 24
SW1(config - if - range)♯port - group 1 mode active
                        //将端口动态加入聚合组 AP1,且模式为 active
SW1(config - if - range)♯ exit
SW1(config)♯ interface aggregateport 1        //进入 AG1 端口配置模式
SW1(config - if - AggregatePort 1)♯ switchport mode trunk //AP1 配置为 Trunk 端口
SW1(config - if - AggregatePort 1)♯ exit
SW1(config)♯ aggregateport load - balance src - mac    //更改流量平衡算法为源 MAC
SW1(config)♯ exit
```

2. 三层端口聚合

本任务的实施是在核心交换机 SW1 与 SW2 之间运行三层动态链路聚合，即将端口 F0/23 和 F0/24 配置为聚合端口（AP1），以增加网络带宽，提高数据转发能力。流量平衡算法使用源 IP＋目的 IP 关键字。

三层端口聚合只能在三层交换机上实施。默认情况下，一个 AP 是一个二层 AP 聚合组，如果要配置一个三层 AP 聚合组，则需要使用 no switchport 命令将其设置为三层接口。

三层聚合配置要点为：创建 AP，将该 AP 更改为三层端口，配置 IP 地址；进入需要加入 AP 的物理端口的接口配置模式，将物理端口变为三层端口；将物理端口加入 AP 配置 AP 属性；配置流量平衡算法。注意，必须按照如上顺序来配置，否则会导致配置不成功。

交换机 SW1 配置：

```
SW1(config)♯ interface aggregateport 1        //创建并进入 AP 的接口配置模式
SW1(config - if - AggregatePort 1)♯ no switchport//配置 AP1 为三层 AP
SW1(config - if - AggregatePort 1)♯ ip address 1.1.1.1 255.255.255.252
                        //配置 AP1 的 IP 地址和子网掩码
SW1(config - if - AggregatePort 1)♯ exit
SW1(config)♯ interface range f0/23 - 24
SW1(config - if - range)♯ no switchport        //设置物理端口为三层端口
SW1(config - if - range)♯ port - group 1 mode active
                        //将端口动态加入聚合组 AP1,且模式为 active
```

```
SW1(config-if-range)#exit
SW1(config)#aggregateport load-balance src-dst-ip          //更改流量平衡算法
```

交换机 SW2 配置：

```
SW2>enable
SW2#configure terminal
SW2(config)#interface aggregateport 1
SW2(config-if-AggregatePort 1)#no switchport
SW2(config-if-AggregatePort 1)#ip address 1.1.1.2 255.255.255.252
                                    //配置 AP1 的 IP 地址和子网掩码
SW2(config-if-AggregatePort 1)#exit
SW2(config)#interface range gigabitEthernet 0/23-24
SW2(config-if-range)#no switchport
SW2(config-if-range)#medium-type fiber
SW2(config-if-range)#port-group 1 mode passive
                            //将端口动态加入聚合组 AP1,且模式为 passive
SW2(config-if-range)#end
SW2(config)#aggregateport load-balance src-dst-ip
```

在给两端 AP 配置 IP 地址时,两端 AP 属于同一个子网,网络号要相同。

配置完成后,也可以查看相关聚合端口信息,或者使用 ping 命令测试两台交换机之间的连通性,应该 ping 通。

如果想进行三层静态链路聚合,只需将两台交换机的端口动态加入聚合组的命令改为静态加入,其他配置都相同。如 SW2 交换机上修改如下:

```
SW2(config-if-range)#port-group 1               //将端口静态加入聚合组 AP1
```

6.3 知识扩展

6.3.1 链路聚合的标准

目前链路聚合技术的正式标准为 IEEE 802.3ad。该标准中定义了链路聚合技术的目标、聚合子层内各模块的功能和操作的原则,以及链路聚合控制的内容等。其中,聚合技术应实现的目标定义为必须能提高链路可用性、线性增加带宽、分担负载、实现自动配置、快速收敛、保证传输质量、对上层用户透明、向下兼容等。

基于 IEEE 802.3ad 链路聚合是将多个物理以太网端口聚合在一起形成一个逻辑上的聚合组,使用链路聚合服务的上层实体把同一聚合组内的多条物理链路视为一条逻辑链路。可以实现流量在聚合组中各个成员端口之间进行分担,以增加带宽,同时,同一聚合组的各个成员之间彼此动态备份,提高连接可靠性。

IEEE 802.3ad 这项标准适用于 10/100/1000 Mb/s 以太网。对于二层交换来说聚合接口就像一个高带宽的交换机端口,它可以把多个端口的带宽叠加起来使用,扩展了链路带宽。此外,通过聚合端口发送的帧还将在所有成员端口上进行流量平衡,如果聚合接口中的一条成员链路失效,聚合端口会自动将这个链路上的流量转移到其他有效的成员链路上,提高连接的可靠性。这就是 IEEE 802.3ad 所具有的自动链路冗余备份的功能。流量转移的速度很快,当交换机得知 MAC 地址已经被自动地从一个成员端口重新分配到同一链路中的另一个端口时,流量转移就被触发,数据将被发送到新端口位置,并且在几乎不中断服务的情况下,网络继续运行。

6.3.2　链路聚合的流量均衡

链路聚合提供自适应负载均衡。聚合链路会根据报文的 MAC 地址或 IP 地址进行流量平衡,即把流量平均地分配到 AP 端口内的成员链路中去,从而实现负载均衡,避免单条链路流量饱和。如果任何一条链路失效,其他链路将自动接管这个负载份额而不会中断网络。

流量平衡可以根据二层 MAC 地址或三层 IP 地址进行设置,实际应用中需根据不同的网络环境设置合适的流量分配方式,以便能把流量均匀地分配到各条链路上,充分利用网络的带宽。

在全局或接口模式下配置 AP 流量平衡算法的命令语法如下:

```
aggregateport load-balance{dst-mac|src-mac|src-dst-mac|dst-ip|src-ip|src-dst-ip}
```

下面对该命令中各参数做一简单描述。

（1）dst-mac,目的 MAC 地址流量平衡技术。根据输入报文的目的 MAC 地址,把流量平均分配到各条链路中。同一目的主机的报文,从同一条链路转发,不同目的主机的报文,从不同的链路转发。

（2）src-mac,源 MAC 地址流量平衡技术。根据输入报文的源 MAC 地址,把流量平均分配到各条链路中。不同的主机,转发的链路不同,同一台主机的报文,从同一条链路转发（交换机中学到的地址表不会发生变化）。

（3）src-dst-mac,源 MAC＋目的 MAC 地址流量平衡技术。根据输入报文的源 MAC 和目的 MAC 地址,把流量平均分配到各条链路中。具有不同的源 MAC＋目的 MAC 地址的报文可能被分配到同一个聚合组的成员链路中。这也是锐捷交换机默认支持的流量均衡方式。

（4）dst-ip|src-ip|src-dst-ip,是根据报文源 IP 或目的 IP 进行流量平衡分配的,其描述与上面三种相似,只是将二层地址改为三层地址。基于 IP 地址的流量平衡方式一般用于三层聚合,在此流量平衡模式下收到的如果是二层报文,则自动根据二层 MAC 地址来进行流量平衡。

对于 AP 创建默认为二层 AP 的设备,根据输入报文的源 MAC 地址和目的 MAC 地址进行流量分配;对于 AP 创建默认为三层 AP 的设备,根据输入报文的源 IP 地址和目的 IP 地址进行流量分配。

需要注意的是,不同型号的交换机支持的流量平衡算法类型也不尽相同,配置前需要查看该型号交换机的配置手册。

6.4 实践训练

实训 6 交换机链路聚合配置

1. 实训目标

（1）了解链路聚合技术的使用场合。

（2）熟练掌握链路聚合技术的静态配置。

（3）熟练掌握链路聚合技术的动态配置。

2. 应用环境

采用双核心或分层组网模式时,汇聚与核心交换机、核心交换机与核心交换机等互连的链路,是网络的主干链路,其带宽的大小直接影响访问网络的速度。链路聚合不仅可以提升交换机与交换机、服务器与交换机之间互连链路的带宽,还提供链路冗余备份的效果,同时还支持流量平衡,可以把流量均匀地分配给各成员链路,避免链路单点故障,影响关键节点的大面积网络中断,提供更高的连接可靠性。

3. 实训设备

（1）交换机 2 台。

（2）Console 线一两根。

（3）直通网线若干。

4. 实训拓扑

本实训链路聚合配置拓扑如图 6-5 所示。

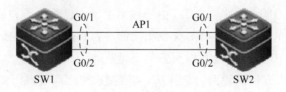

图 6-5 链路聚合配置拓扑

5. 实训步骤

第 1 步：正确连接网线,交换机全部恢复出厂设置,做初始配置,关闭生成树协议。注意,交换机之间只连接一根网线或不连线,以避免广播风暴出现。

第 2 步：使用静态方法配置两台交换机,实现交换机之间端口的静态链路聚合。两台交换机的配置相同,只给出 SW1 的配置命令。

① 创建聚合端口 AG1。

```
SW1(config)♯ interface range g0/1 - 2
SW1(config - if - range)♯ port - group 1          //将接口 1 和接口 2 静态设置为 AG1
SW1(config - if - range)♯ exit
```

② 将聚合端口 AG1 设置成 Trunk。

```
SW1(config)♯ interface aggregateport 1
SW1(config - if - AggregatePort 1)♯ switchport mode trunk     //将 AG1 端口配置为 Trunk
SW1(config - if - AggregatePort 1)♯ exit
```

③ 更改流量平衡算法。

```
SW1(config)♯ aggregateport load - balance src - mac
                //更改流量平衡算法为源 MAC 模式,默认为源 MAC + 目的 MAC 模式
```

【说明】 默认设备支持的流量均衡方式为 src-dst-mac,在不同的场景模型中,用户流量的特征不同,可能并不能使流量负载均衡到其成员链路上,需要人工调整负载均衡的方式;11.x 版本支持对某个 AP 指定负载均衡模式,当 AP 指定了均衡模式时,则按照 AP 指定的均衡模式生效,不受全局均衡模式的影响,当 AP 没有指定负载均衡模式时,则采用全局负载均衡模式。

④ 验证聚合端口。按图 6-5 正确连线后,使用 show 命令查看链路聚合汇总信息。

```
SW1♯ show aggregatePort summary
```

第 3 步:在两台交换机上删除静态配置的链路聚合。

```
SW1(Config)♯ no port - group 1          //删除链路聚合组 port - group 1
```

如果两台交换机之间存在两条链路,由于在第 1 步中已将生成树协议关闭,此时可看到两个交换机的端口指示灯会快速闪烁,交换机之间存在环路,形成广播风暴了。此时断开交换机之间的某条链路(拔掉一根线),即可恢复正常。

第 4 步:使用动态方法配置两台交换机,实现交换机之间端口的动态链路聚合。

① 创建聚合端口 AG1。

```
SW1(config)♯ interface range gigabitEthernet 0/1 - 2
SW1(config - if - range)♯ port - group 1 mode active
                        //将接口 1 和接口 2 动态设置为 AG1 端口,并且模式为 active
SW1(config - if - range)♯ exit
SW2(config)♯ interface range gigabitEthernet 0/1 - 2
SW2(config - if - range)♯ port - group 1 mode passive
                        //将接口 1 和接口 2 动态设置为 AG1 端口,并且模式为 passive
SW2(config - if - range)♯ exit
```

② 将聚合端口 AG1 设置成 Trunk。

```
SW1(config)# interface aggregateport 1              //进入 AG1 端口配置模式
SW1(config-if-AggregatePort 1)# switchport mode trunk  //将 AG1 端口配置为 Trunk 端口
SW1(config-if-AggregatePort 1)# exit
```

③ 验证聚合端口。

```
SW1# show aggregatePort summary
```

第 5 步：实训总结。

6.5 习题

一、选择题

1. 下列关于链路聚合的说法不正确的是(　　)。

　　A. 在一个聚合组里,每个端口必须工作在全双工工作模式下

　　B. 在一个聚合组里,各成员端口的属性必须和第一个端口的属性相同

　　C. 在一个聚合组里,各成员端口必须属于同一个 VLAN

　　D. 在一个聚合组里,各成员必须使用相同的传输介质

2. 采用以太网链路聚合技术将实现(　　)。

　　A. 多个物理链路组成一个逻辑链路　　　B. 多个逻辑链路组成一个逻辑链路

　　C. 多个逻辑链路组成一个物理链路　　　D. 多个物理链路组成一个物理链路

二、课后实训

拓扑如图 6-6 所示。按下列要求配置 VLAN、链路聚合,实现跨交换机相同 VLAN 的通信。

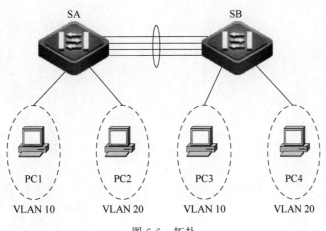

图 6-6　拓扑

(1) 按图 6-6 搭建网络。

（2）规划并实施 VLAN。

（3）规划并设置每台主机的 IP 地址。

（4）使用 4 条链路做链路聚合，通过插拔线缆观察结果。

（5）配置聚合链路作为交换机之间的 Trunk 链路。

（6）测试同一 VLAN 内的连通性。

监控交换网络端口流量

【任务描述】

某毛绒玩具公司经理到合作多年的一家公司洽谈业务,推销公司刚设计的几款毛绒玩具。交谈过程中对方领导拿出了几款毛绒玩具的设计图,请他组织员工代加工生产,而这些都是自己公司刚设计的,市面上还没有同款造型的玩具,这说明自己公司内部的保密文档被泄露了。为了确保公司内部数据的安全,要求公司网络部门监控办公网络,尤其设计部门员工和外界通信往来的数据,防范公司内部信息再次被泄露。

【任务分析】

根据上面的任务描述,网络管理员需要在网络使用过程中对网络流量进行监控,便于掌握员工和外界通信的数据内容,同时也便于进行网络故障排查和网络数据流量分析。

通常采取的策略是在网络中部署安全产品(如 IDP/IDS)或在某台服务器上安装网络分析软件(如 Wireshark)来捕获网络流量,再进行流量异常分析,如图 7-1 所示。在目前广泛采用的交换网络中,由于交换机是有条件地定向转发数据给某个需要的端口,对其他端口不会带来任何流量,就意味着无法从连接网管机的端口捕获所有端口的流量。

在交换机中配置端口镜像技术,可将需要监控端口的流量镜像(复制)到网管机,然后抓

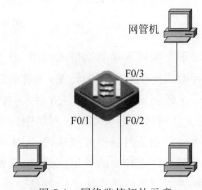

图 7-1　网络监控拓扑示意

取数据包进行分析,实现网络的安全防范功能,保护公司内部的数据安全,避免信息泄密隐患的发生。端口镜像技术既可以对某些可疑端口进行监控,同时又不影响被监控端口的数据交换。

7.1　知识储备

7.1.1　网络数据监控的意义

　　交换网络由传统的共享式演变为更快速的交换式之后,普通用户的联网升级了,可交换机的数据转发方式却给网络管理带来了一定的烦恼。交换机是有条件地转发数据给某个需要的端口,对其他端口不会带来任何流量,这对于整个网络性能是一件好事情,但对于网络管理来讲,就意味着无法从某一端口监听所有端口的流量。

　　对于集线器连接的共享式网络,由于集线器收到任何一个端口发来的数据都是采用"泛洪"的方式从各个端口转发出去,如图7-2所示。这种方式虽然造成网络带宽的浪费,但对网络管理设备收集和监控网络数据是很有效的。如在图7-2中,接在端口3的网管机不需要配置其他技术就可以收到任何节点的数据流,从而实现对所有端口的监控。

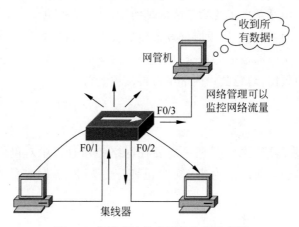

图 7-2　集线器连接的网络监控示意图

　　对于交换机连接的交换式网络,由于交换机是定向转发数据,交换机收到数据帧后,会根据目的地址决定数据的转发,一般只会将数据转发给目的地址所连接的端口,对其他端口不会带来任何流量,如图7-3所示,这种方式有助于提高网络的性能,但对网络管理设备来说,无法从网络的某一点捕获网络中的所有数据。在图7-3中,接在端口3的网管机只能收到与端口3相关的通信数据流,而无法收到连接在端口1和端口2设备之间的通信数据流,捕获不到端口1和2的数据流量,也就无法分析其他端口的数据流量了。

　　解决这个问题的办法之一就是设置交换机,将其他端口的流量在必要时"复制"给网络管理设备所在的端口,这样非网络管理端口的数据就被网络管理端口收到进而可以对其进行分析,从而实现网络管理设备对某一端口的监控。这个过程被称为端口镜像。

　　捕获到进出网络的所有数据包,供安装了监控软件的管理服务器抓取数据,如网吧需提供此功能把数据发往公安机关审查。而企业出于信息安全、保护公司机密的需要,也迫切需要网络中有一个端口能提供这种实时监控功能。在企业网中用端口镜像功能,可以很好地对企业内部的网络数据进行监控管理,在网络出现故障时,也可以很好地进行故障定位。

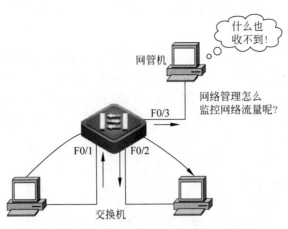

图 7-3　交换机连接的网络监控示意图

7.1.2　端口镜像技术概述

交换机端口分析器(Switched Port Analyzer,SPAN)是把交换机上某些想要被监控端口的数据流量复制或镜像一份,发送给连接在监控端口上的流量分析仪,以方便网络管理员进行实时分析,从而实现网络管理设备对某一端口的监控。实施 SPAN 技术的过程被称为端口镜像。

在交换机上利用端口镜像提供的功能,可将指定端口的报文复制到交换机上另一个连接有网络监测设备的端口,进行网络监控与流量分析,如可以把图 7-1 中端口 1 或端口 2 的数据流量完全镜像到端口 3 中进行分析,而且端口镜像不改变镜像报文的任何信息,也不影响原有报文的正常转发。

端口镜像功能是对网络流量监控的一个有效的安全手段,通过对监控流量的分析可以进行安全性的检查,同时也可以及时报告网络故障并进行故障定位。通常,在网络中有监控服务器,如数据库操作审计服务器、日志记录服务器、上网行为管理服务器、流量统计或者监控服务器,或者需要采用抓包分析软件(如 Wireshark)进行故障定位等应用时,都需要采用端口镜像功能。

目前,大多产品都支持端口镜像技术,但不同产品支持的程度不同,应用时需查看产品配置手册。

1. 端口镜像的几个术语

(1) 源端口。

源端口是被监控的端口,用户可以对通过该端口的报文进行监控和分析。一个镜像中源端口可以是一个,也可以是多个。

(2) 源 VLAN。

源 VLAN 是被监控的 VLAN,用户可以对通过该 VLAN 所有端口的报文进行监控和分析。不是所有交换机都支持源 VLAN。

(3) 源 CPU。

源 CPU 是被监控单板上的 CPU,用户可以对通过该 CPU 的报文进行监控和分析。不是所有交换机都支持源 CPU。

（4）目的端口。

目的端口也可称为监控端口,该端口将接收到的报文转发到数据监测设备,以便对报文进行监控和分析。一般情况下,实施的都是多对一(包含一对一)镜像,此时一个镜像中目的端口只有一个。有时在某些特殊应用场合下,实施一对多(包含多对多)镜像,可以将一个端口的流量,镜像到多个目标端口,但并非所有的交换机都支持一对多镜像。

（5）镜像的方向。

端口镜像的方向分为以下 3 种。

- 入方向(rx):仅对从源端口收到的报文进行镜像。
- 出方向(tx):仅对从源端口发出的报文进行镜像。
- 双向(both):对从源端口收到和发出的报文都进行镜像。

默认状态下,端口镜像包括对所有接收和发送的数据的镜像,但可以通过设备的配置更改成只对接收或发送的数据进行镜像。

2．端口镜像的要求

（1）端口镜像中的源端口和目的端口的速率必须匹配,否则可能会出现数据丢弃现象。目的端口的速率有时可以大于源端口速率,但绝对不可以小于源端口速率。

（2）二层交换机中使用端口镜像时,目的端口必须和源端口位于同一 VLAN 中。

（3）通常,在一台交换机中可以创建多个镜像会话,它们可以共享同一个目的端口,也可以各自采用各自的目的端口。应该注意避免从多个源端口发送过多的通信量到一个目的端口。每个镜像会话可以有多个镜像源端口,但只能有一个镜像目的端口。

7.1.3　配置端口镜像常用命令

常用配置命令如表 7-1 所示。

表 7-1　端口镜像常用配置命令

命令模式	CLI 命令	作　用
全局模式	monitor session *session-num* source interface *interface-id* ［both｜rx｜tx］	配置镜像源端口和数据流方向
	monitor session session-num destination interface interface-id ［switch］	配置镜像目的端口
	no monitor session *session-num*	删除镜像会话(包括镜像源端口和目的端口的配置)
	no monitor session *session-num* ［ source interface interface-id ｜ destination interface interface-id ］	删除本地镜像会话或会话镜像的源端口或目的端口
特权模式	show monitor	显示系统所有的镜像会话
	show monitor *session-num*	显示指定的镜像会话
接口模式	mac-loopback	打开接口 MAC 自环功能
	remote-span	配置 VLAN 为远程 VLAN

命令模式	CLI 命 令	作 用
全局模式	monitor session session-num source interface interface-idrx acl acl-name	配置基于流的镜像源端口,数据流方向只能是入方向
	monitor session session-num source vlan vlan-id [rx]	配置一个 VLAN 作为镜像的源(该 VLAN 不能是远程 VLAN)
	monitor session session-num remote-source	源设备中配置远程镜像会话 ID
	monitor session session-num remote-destination	目的设备中配置远程镜像会话 ID
	monitor session session-num destination remote vlan remote-vlan-id interface interface-id[switch]	配置远程镜像会话的远程 VLAN 及远程镜像源设备的输出端口或远程镜像目的设备的目的端口
	no monitor session session-num [destination remote vlan remote-vlan-id interface interface-id]	删除远程镜像会话或删除远程镜像会话的目的端口

7.2　任务实施

下面以图 7-1 所示的网络拓扑介绍多对一端口镜像的配置,实现将端口 1 和端口 2 的流量镜像给安装有网络分析软件的监控设备连接的端口 3。

1. 指定端口镜像会话的源端口

```
Ruijie(config)♯monitor session 1 source interface f0/1 ?
    both Monitor received and transmitted traffic
                                //镜像源端口入和出的流量
    rx     Monitor received traffic only     //镜像源端口接收的流量
    tx     Monitor transmitted traffic only   //镜像从源端口发出的流量
Ruijie(config)♯monitor session 1 source interface f0/1 rx
Ruijie(config)♯monitor session 1 source interface f0/2 both
```

同一个镜像会话中镜像序号要相同,此处为 1,交换机可以指定多个源端口及监控的数据流方向,默认为 both 方向,监控双方向的数据流。如果只需要镜像进入交换机方向的数据流,则将 both 关键字改为关键字 rx;如果只需要镜像从交换机出来方向的流量,则可将 both 关键字改为 tx。

2. 指定端口镜像会话的目的端口

```
Ruijie(config)♯monitor session 1 destination interface f0/3 switch
```

此命令后面的一个关键字 switch,表示目的端口也能够上网,如果不加此关键字,那么该端口将不能访问外网。锐捷交换机 11.x 版本强制要加此关键字。

可以根据每次执行命令后的提示了解镜像是否成功,也可以通过 show monitor 命令查看镜像结果。

7.3　知识扩展

7.3.1　端口镜像分类

端口镜像技术的分类标准很多,如可根据使用范围、监控对象等分类。

1. 根据使用范围的不同进行分类

根据使用范围的不同,端口镜像技术分为以下两种类型。

(1) 本地端口镜像:指将设备的一个或多个端口(源端口)的报文复制到本设备的一个监视端口(目的端口),用于报文的监视和分析。其中,源端口和目的端口必须在同一台交换机上。一般所说的 SPAN 指的就是本地的。

(2) 远程端口镜像:指将设备的一个或多个端口的报文复制并通过中间网络设备转发到指定目的交换机上的目的端口。它突破了源端口和目的端口必须在同一台设备上的限制,源端口和目的端口可以跨越多个网络设备。远程端口镜像还可分为跨二层的远程端口镜像和跨三层的远程端口镜像。源端口和目的端口必须在不同的交换机上,配置较复杂。

2. 根据监控对象的不同进行分类

根据监控对象的不同,端口镜像技术分为以下 3 种类型。

(1) 基于端口的镜像:以端口作为监控对象,将一个或多个端口的数据流复制到目的端口。

(2) 基于 VLAN 的镜像:以 VLAN 作为监控对象,其中的所有端口均为源端口。将一个或几个 VLAN 的数据流复制到目的端口,如果源为多个 VLAN,则目的端口必须同时属于这些 VLAN。

(3) 基于流的镜像:指通过 ACL 等规则将具有某特征的数据流复制到目的端口。

【说明】　正常情况下,所说的端口镜像就是指基于端口的本地端口镜像,除非特别声明。

7.3.2　一对多端口镜像配置

有时网络中有多台监控服务器(如数据库操作审计服务器、日志记录服务器、上网行为管理服务器、流量统计或者监控服务器等),或者是它们的任意组合接入到同一台交换机上,此时,需要对同一份数据(通常是上联口)进行采集。

当需要把一台交换机上的一个端口或者多个端口的流量,镜像(复制)到交换机上的某几个端口时,就可以考虑采用交换机的一对多(包含多对多)镜像功能。

一对多镜像配置较复杂,下面以图 7-4 所示的网络拓扑为例介绍一对多端口镜像的配置,实现将端口 1 和端口 2 的流量镜像给安装有网络分析软件的监控设备连接的端口 21 和 22。

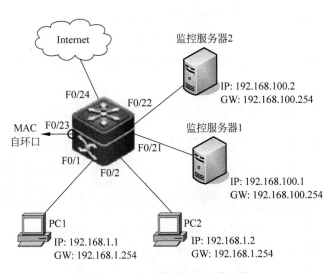

图 7-4　一对多镜像配置网络拓扑

1. 配置远程 VLAN

在交换机上创建 VLAN 并且配置远程 VLAN,这个 VLAN 需要是在交换机上没有使用的业务 VLAN。

```
Ruijie(config)♯vlan 100                         //创建 VLAN
Ruijie(config-vlan)♯remote-span                 //配置 VLAN 为远程 VLAN
Ruijie(config-vlan)♯exit
```

2. 配置 RSPAN 源设备

首先在交换机上创建 RSPAN Session 1,指定该设备为源设备,并配置端口 F0/1 及 F0/2 为源端口,镜像双向数据流。

```
Ruijie(config)♯monitor session 1 remote-source   //源设备中配置远程镜像会话 ID
Ruijie(config)♯monitor session 1 source interface f0/1 both
Ruijie(config)♯monitor session 1 source interface f0/2 both
```

指定自环口 F0/23 为镜像的目的端口。

```
Ruijie(config)♯monitor session 1 destination remote vlan 100 interface f0/23
                        //将流量引入到 f0/23,最后面不要携带 switch 命令
Ruijie(config)♯interface f0/23
Ruijie(config-if)♯switchport access vlan 100
Ruijie(config-if)♯mac-loopback                   //打开接口 MAC 自环功能
Ruijie♯ clear mac-address-table dynamic interface f0/23
                        //清空自环口的 MAC 地址表
```

【说明】　需要在交换机上将一个未使用的端口配置成为一个 MAC 自环口,配置为

MAC 自环口后,该端口不插网线或光线,接口会自动变为 up 状态,并且接口状态灯亮为绿色。MAC 自环口不能做其他配置,也不要打开此接口的交换功能,即在定义自环口 F0/23 为镜像的目的端口时,不要携带 switch 选项,否则可能会导致监控服务器无法接收到监控数据流。

3. 将连接监控服务器的端口 F0/21 及 F0/22 加入远程 VLAN

配置交换机的端口 F0/21 和 F0/22 属于远程 VLAN 100。

```
Ruijie(config)♯interface range f0/21-22
Ruijie(config-if-range)♯switchport access vlan 100
```

【说明】 如果交换机上开启了生成树协议且有其他 Trunk 端口,由于 RSPAN 的镜像目的端口有 MAC 回环功能,会导致流量在远程 VLAN 中打环,因此需要在所有 Trunk 端口上做 VLAN 修剪,修剪远程 VLAN,本例中修剪 VLAN 100。

7.4　实践训练

实训 7　交换机端口镜像配置

1. 实训目标

(1) 了解端口镜像技术的使用场合。
(2) 熟练掌握端口镜像技术的配置方法。

2. 应用环境

端口镜像技术可以将某一端口的数据流量完全镜像到网管设备所在端口,从而实现网管设备对某一端口的监视。端口镜像完全不影响所镜像端口的工作。

3. 实训设备

(1) 二层交换机 1 台。
(2) PC 5 台。
(3) Console 线 1 根。
(4) 直通网线若干。

4. 实训拓扑

本实训端口镜像配置拓扑如图 7-5 所示。

5. 实训步骤

第 1 步:正确连接网线,交换机全部恢复出厂设置。
第 2 步:配置端口镜像中的源端口(指定要被监控的端口)。

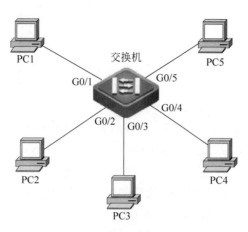

图 7-5　端口镜像配置拓扑

```
Ruijie(config)♯monitor session 1 source interface g0/1 rx
                    //指定镜像会话 1 的源数据是第 1 个千兆端口收到的数据
Ruijie(config)♯monitor session 2 source interface g0/4,g0/5
                    //指定镜像会话 2 的源数据是第 4、5 个千兆端口收发全部的数据
```

第 3 步：配置端口镜像中的目的端口(指定监控端口)。

```
Ruijie(config)♯monitor session 1 destination interface g0/2 switch
            //指定镜像会话 1 的目的端口,并保证这个端口可以和其他端口正常通信
Ruijie(config)♯monitor session 2 destination interface g0/3
            //指定镜像会话 2 的目的端口,并指定该端口只能用于接收镜像的数据
```

第 4 步：验证配置。

```
Ruijie♯show monitor
  sess-num: 1
  span-type: LOCAL_SPAN
  src-intf:
  GigabitEthernet 0/1              frame-type RX Only
  dest-intf:
  GigabitEthernet 0/2
  mtp_switch on
  sess-num: 2
  span-type: LOCAL_SPAN
  src-intf:
  GigabitEthernet 0/5              frame-type Both
  src-intf:
  GigabitEthernet 0/4              frame-type Both
  dest-intf:
  GigabitEthernet 0/3
  ----------------------------------------------------
```

7.5　习题

一、选择题

1. 下列关于端口镜像的描述正确的是(　　)。

   A. 镜像端口(源端口)和接收端口(目的端口)必须在同一个 VLAN 里

   B. 接收端口(目的端口)的速率可以小于镜像端口(源端口)的速率

   C. 通常在一台交换机上只能创建一个镜像会话

   D. 每个镜像会话可以有多个镜像源端口和多个镜像目的端口

2. 下列对于端口镜像的理解错误的是(　　)。

   A. 端口镜像技术不会对镜像端口的数据交换产生影响

   B. 在使用端口镜像时,不能创建多对一的镜像,以避免造成数据丢失

   C. DCS 交换机默认状态下端口会镜像所有的接收和发送数据

   D. 镜像目的端口不能是端口聚合组成员

二、简答题

1. 简述什么是端口镜像,为什么需要使用端口镜像技术。

2. 配置端口镜像需要注意哪些事项?

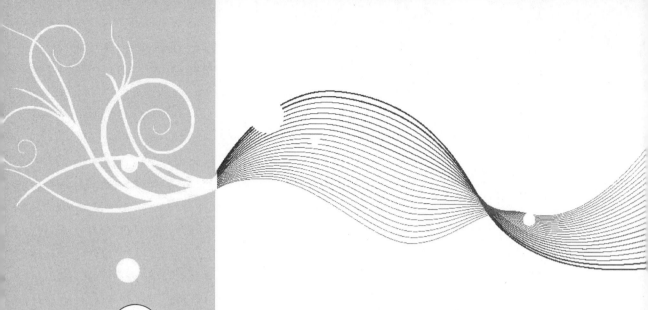

项目 ③ 园区网互通

　　路由器属于三层设备，是一种连接不同类型网络或不同网段的网络层设备，是互联网络的核心设备，其主要功能是确定数据包传递的最佳路径以及将数据包从源传送到目的地。网络互通的主要任务是解决路由问题。

　　本项目中将园区网互通的实施分为以下 6 个任务。

任务 **8**

管理路由器

【任务描述】

每个单位组建的本地网络一般不是孤立使用的,都希望能和其他网络互联起来,满足更大范围内的网络通信需求,而不同区域的局域网之间的互联需要路由器来完成,如图 8-1 所示。

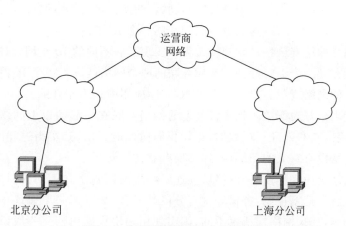

图 8-1　使用路由器完成企业网互联

路由器是网络互联的重要设备,网络维护人员和网络工程师都必须了解路由器的基础知识,掌握管理和维护路由器的基本操作等。路由器的基本配置是路由器配置的关键所在,只有通过此步骤的相关配置才能实现后面任务的高级配置。

【任务分析】

管理路由器的基本操作一般包括路由器的配置模式切换、配置命令语法的使用及使用技巧、路由器命名、口令配置、接口配置、配置文件的保存与加载、系统升级等。这些是本项目后续任务实施的基础。

8.1 知识储备

8.1.1 网络互联

视频讲解

把自己的网络同其他的网络互联起来,从网络中获取更多的信息和向网络发布自己的信息,是网络互联的最主要的动力。网络互联有多种方式,其中使用最多的是交换机互连和路由器互连。

交换机工作在 OSI 模型的第二层,即数据链路层,提供基于硬件地址的定向转发,交换机还具有自动地址学习能力,并把学习到的地址保存在 MAC 地址表中,但是交换机不能隔离广播。如果通过交换机将多个局域网互联形成更大规模的网络,在一个有几百台、几千台甚至几万台计算机连在一起的网络中,因为交换机或计算机不可能保存互联网络上其他所有设备的 MAC 地址,网络里充斥着大量的广播包,广播、冲突给网络带来如下一些问题。

第一个问题是广播风暴。交换机不能阻挡网络中的广播消息,当网络的规模较大时,有可能引起广播风暴,导致整个网络被广播信息充满,直至完全瘫痪。

第二个问题是无法完成不同 IP 网段的互联。交换机是数据链路层的设备,没有路由功能,不管互连的设备有多少台,这些设备只能在同一个 IP 子网中。

第三个问题是网络安全性低。交换机无法实现互联不同的 IP 子网,解决的办法就是把互联的网络配置在同一个 IP 子网中,这样互联的两个网络就成为一个 IP 网络,双方都向对方完全开放自己的网络资源。出于安全考虑,实际应用中是不允许的。

路由器的产生很好地解决了把多种类型的网络互联在一起的以上问题,它不考虑二层地址的问题,直接接收和处理三层数据,正如我们向外地寄信,其实街道和门牌号对于中转站的所有邮局都是没有意义的,只对投递邮局有意义。

路由器是网络层的互连设备,网络层互连要解决的问题是在不同的网络之间存储转发分组,包括路由选择、拥塞控制、差错处理与分段技术等,如果网络层协议相同,则互连主要解决路由选择问题,如果网络层协议不同,则需使用多协议路由器。一般说来,异种网络互联或多个子网互联都应使用路由器来完成。

路由技术和交换技术的比较如表 8-1 所示。

表 8-1　路由技术和交换技术的比较

对 比 项 目	交 换 技 术	路 由 技 术
被传输的数据单元	帧	数据包
被连接的网络	具有相同或相似物理特性的局域网	具有不同特性的网络
网络层的互连设备	网桥或交换机	路由器

8.1.2 路由器功能

作为不同网络之间互相连接的枢纽,路由器构成了基于 TCP/IP 的网际互联网 Internet 的主体脉络,也可以说,路由器构成了 Internet 的骨架。它的处理速度是网络通信的主要瓶颈之一,它的可靠性则直接影响着网络互联的质量。

路由器工作在 OSI 模型中的第三层,即网络层。路由器利用网络层定义的"逻辑"上的网络地址(即 IP 地址)来区别不同的网络,实现网络的互联和隔离,保持各个网络的独立性。使用路由器连接两个局域网,还可使原局域网的广播域不扩大,因为广播域不能跨域路由器。路由器不转发广播消息,而把广播消息限制在各自的网络内部。发送到其他网络的数据首先被送到路由器,再由路由器转发出去,从而使得原局域网的交换性能保持不变,而局域网间的主机又可相互通信。

1. 寻址和转发

路由器,顾名思义,就是进行路由的设备。而路由是指信息从信息源发出后,由相互连接的网络节点通过选择路径,把信息从源传递到目的地的行为。路由器通过路由决定数据的转发,转发策略称为路由选择,这也是路由器名称的由来。

路由包含两个基本动作,即寻址和转发。寻址就是寻找到达目的网络的最佳路径,由路由选择算法来实现,寻址的结果是形成稳定的路由表,这是一个比较复杂的过程,有关路由技术(寻址)可参看任务 9,此处不再叙述。

转发即沿寻址好的最佳路径传送数据。路由器首先在路由表中查找,判断是否知道如何将分组发送到下一个站点(路由器或主机)。如果路由器不知道如何发送分组,通常将那个分组丢弃;否则就根据路由表的相应表项将分组发送到下一个站点,如果目的网络直接与路由器相连,路由器就把分组直接发送给目的站点。

图 8-2 是用路由器互连多网络示意。图中,工作站 A 和工作站 B 在同一个子网,而工作站 C 处于另一个子网。

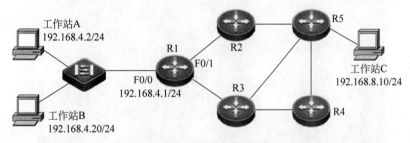

图 8-2　路由器互连多网络示意

结合图 8-3 所示的互联网络的数据转发流程可以分析图 8-2 中工作站之间的数据转发过程。

当 IP 子网中的一台主机发送 IP 分组给同一 IP 子网的另一台主机(如工作站 A 和工作站 B 之间的通信)时,它将直接查询目的主机的 MAC 地址,数据封装成功后把帧发送到网络上,对方就能收到。而要送给不同 IP 子网上的主机(如工作站 A 和工作站 C 之间的通信)时,主机是把 IP 分组先送给默认网关,经默认网关或下一跳路由器转发,直到到达目的主机。这可通过主机的路由表进行查看。图 8-4 是主机 A 上使用 route print 命令显示的当前主机路由,其中有下画线的第一行是该主机的默认路由,所有非本网络的通信都是按此路由条目转发,即非本网络的数据都是先交给路由器 R1;有下画线的第二行是该主机的本地路由,去往 192.168.4.0 的数据包将直接从网卡发出,不再发往路由器 R1。

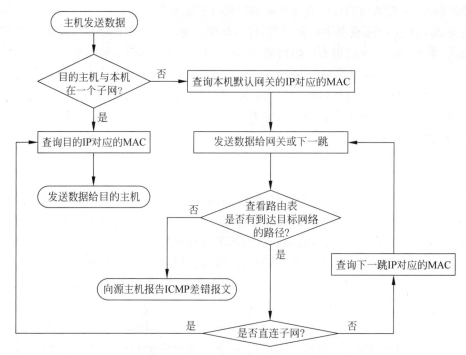

图 8-3　互联网络的数据转发流程

```
C:\WINDOWS\system32\cmd.exe                                    _ □ ×

C:\>route print

Interface List
0x1 ........................ MS TCP Loopback interface
0x2 ...00 30 18 aa 06 e4 ...... NVIDIA nForce 10/100/1000 Mbps Networking Con
ller
==========================================================================
Active Routes:
Network Destination        Netmask          Gateway       Interface  Metric
          0.0.0.0          0.0.0.0      192.168.4.1    192.168.4.2     20
        127.0.0.0        255.0.0.0        127.0.0.1      127.0.0.1      1
      192.168.4.0    255.255.255.0      192.168.4.2    192.168.4.2     20
      192.168.4.2  255.255.255.255        127.0.0.1      127.0.0.1     20
    192.168.4.255  255.255.255.255      192.168.4.2    192.168.4.2     20
        224.0.0.0        240.0.0.0      192.168.4.2    192.168.4.2     20
  255.255.255.255  255.255.255.255      192.168.4.2    192.168.4.2      1
Default Gateway:       192.168.4.1
==========================================================================
Persistent Routes:
  None

C:\>
```

图 8-4　主机 A 的路由表

　　路由器 R1 收到工作站 A 发来的数据包后如何转发呢？

　　路由器从某个端口收到 IP 分组后，根据 IP 分组目的 IP 地址的网络号部分选择合适的端口，把 IP 分组发送出去。同主机一样，路由器也要判断端口所连接的是否是目的子网，如果是，就直接把分组通过端口发送到网络上；否则，也要选择下一个路由器（即下一跳或默认网关）来传送分组。

在图 8-2 中,路由器 R1 从接口 F0/0 收到工作站 A 发来的数据包后,先从包头中取出地址 192.168.8.10 并计算出目的网络号是 192.168.8.0/24,然后查找其路由表知道发往目的网络 192.168.8.0 的最佳路径是由其 F0/1 接口转发出去(即 R1→R2),R1 重新封装数据包发往路由器 R2;路由器 R2 收到数据包后重复路由器 R1 的工作,确定最佳路径是 R2→R5,并将数据包转发给路由器 R5;路由器 R5 同样重复路由器 R1 的工作,但发现目的网络 192.168.8.0 是该路由器的直连网络,于是重新封装数据,并将该数据直接交给工作站 C。至此,工作站 C 收到工作站 A 的数据包,一次通信过程结束。这样,通过路由器一级一级地把知道如何传送的 IP 分组正确转发出去,直至 IP 分组被送到目的地,送不到目的地的 IP 分组则被网络丢弃。

2．协议转换

相距较远的两个局域网互联时,往往需要借助电信网络来实施,而电信部门的网络使用的通信协议与局域网有很大的区别,它们对应的帧格式不同。此时如果使用交换机来相互连接,几乎是不可能的,交换机没有协议转换的功能。路由器作为一种 OSI 参考模型第三层的网络设备,其基本功能之一就是异构网络的互联(即协议转换)。路由器的端口能根据其连接的网络类型配置不同的协议,其过程被称为端口封装,配置了这种封装后,从此端口转发出去的数据都将被封装成对应的协议数据单元,从而实现异构网络的互联。图 8-5 为局域网和广域网的互联示意。

图 8-5　局域网和广域网的互联示意

由于每一种协议都有自己的规则,要在一个路由器中完成多种协议的算法,势必会降低路由器的性能,因此,支持多协议的路由器性能相对较低。用户购买路由器时需要根据自己的实际情况选择需要的路由器或接口模块。

在局域网内部两个虚拟局域网之间安置的路由器,实际上并没有执行协议转换的操作,它的最大作用在于隔离了广播,并成为两个虚拟局域网的网关,即这两个虚拟局域网之间的桥梁。在现代园区网中,这种功能的路由器已经基本上被三层交换机所取代,它能够更快速地转发数据。

8.1.3　路由器的基本配置

1．认识路由器物理接口

视频讲解

RG 系列路由器的接口按照其存在的形式可分为两种类型:物理接口和逻辑接口。物理接口即实际存在的,是路由器与其他网络设备的连接接口;逻辑接口即没有实际的物理形式,是通过软件实现的具有接口功能的逻辑上的接口,如子接口等。

(1)路由器配置接口。

路由器的配置接口其实有两个,分别是 Console 端口和 AUX 接口。Console 通常是用来进行路由器的基本配置时通过专用线与计算机连用的,而 AUX 接口常用于路由器的远程配置连接。

- Console 端口。同交换机一样,Console 端口使用配置专用连线直接连接计算机的串口,利用终端仿真程序进行路由器本地管理。路由器的 Console 端口大多为 RJ-45类型。
- AUX 接口。AUX 接口为辅助接口,主要用于远程配置或拨号连接。该接口为异步接口,通常与 Console 端口集成在一起。

（2）局域网接口。

因局域网类型是多种多样的,所以,路由器的局域网接口类型也可能是多样的。

- RJ-45 接口。RJ-45 接口是常见的双绞线以太网接口。根据接口的通信速率不同RJ-45 接口又可分为 10Base-T 网 RJ-45 接口和 100Base-TX 网 RJ-45 接口两类。RJ-45 接口大多数为 10/100Mb/s 带宽自适应的。
- AUI 接口,即粗缆口。AUI 接口是用来与粗同轴电缆连接的接口,它是一种 D 型 15针接口,这在令牌环网或总线型网络中是一种比较常见的接口。路由器可通过粗同轴电缆收发器实现与 10Base-5 网络的连接,但更多的是借助于外接的收发转发器,实现与 10Base-T 以太网络的连接,也可借助于其他类型的收发转发器实现与细同轴电缆(10Base-2)或光缆(10Base-F)网的连接。
- SC 接口。SC 接口即光纤接口,用于连接光纤。光纤接口通常不直接用光纤连接至工作站,而是通过光纤连接到快速以太网或千兆以太网等具有光纤接口的交换机。这种接口一般在中高档路由器中才具有,都以 100b FX 标注。

（3）广域网接口。

路由器不仅能实现局域网之间的连接,更重要的应用还在于局域网与广域网、广域网与广域网之间的互联。

- 串行(Serial)接口。串行接口常用于广域网接入,如帧中继、DDN 专线等,也可通过 V.35 线缆进行路由器之间的连接。
- BRI 接口。BRI 接口是 ISDN 的基本速率接口,ISDN BRI 接口用于 ISDN 线路通过路由器实现与 Internet 或其他远程网络的连接,可实现 128kb/s 的通信速率,ISDNBRI 接口是采用 RJ-45 标准,与 ISDN NT1 的连接使用 RJ-45-to-RJ-45 直通线。

几个典型的物理接口示意如图 8-6 所示。

2. 路由器的管理方式

用户购买回路由设备后,需要对路由器进行相关的配置,路由器才能起到相应的作用,这与普通的交换机不同。

路由器一般也提供了多种管理配置方式,如下。

- 通过 Console 端口对路由器进行本地配置管理。
- 通过 Telnet 对路由器进行远程管理。
- 通过 Web 对路由器进行远程管理。
- 通过 SNMP 管理工作站对路由器进行远程管理。

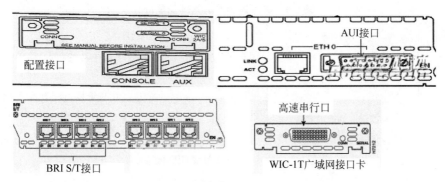

图 8-6　路由器典型的物理接口示意

新出厂的路由器没有内置基本参数,第一次使用时必须通过 Console 端口对路由器进行基本配置,这种方式是用计算机的串口和路由器的 Console 端口连接,在计算机上启用"超级终端",设置相应参数即可(路由器不需要 IP 地址,不占用网络带宽,也称为带外管理)。

使用后面 3 种方式配置路由器时,均要通过网络传输,因此也称为带内管理。这 3 种方式都要求路由器必须配置了 IP 地址,同时还需配置了路由器的远程登录密码。

路由器的几种管理方式连接示意如图 8-7 所示。

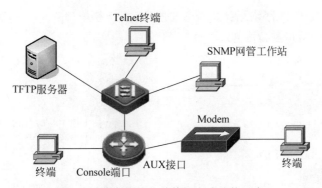

图 8-7　路由器的几种管理方式连接示意

对路由器的管理操作方式基本和交换机一样,此处不再详述。

3. 使用命令行界面配置路由器

配置路由器的命令行界面与配置交换机的界面一致,有关命令行界面的配置语法、快捷键、帮助等内容可参见任务 3,这里不再详述。

8.1.4　管理路由器的基本命令

路由器的基础配置命令大多数和交换机的基础配置相同,此处就不重复介绍了,下面主要列出路由器特有的基础配置命令,如表 8-2 所示。

表 8-2　路由器特有的基础配置命令

命令模式	CLI 命令	作　用
特权模式	reload	用户可以通过本命令，在不关闭电源的情况下，重新启动路由器
接口模式	encapsulation dot1q < *vlan-identifier* >	使用 encapsulation dot1q 以太网子接口配置命令设置该子接口的 VLAN ID。使用这个命令的 no 形式恢复默认封装。参数：vlan-identifier 为整型，VLAN ID。必须配置相应的 VLAN ID 该子接口才能有效，同一个主接口的多个子接口不能配置相同的 VLAN ID
	clock rate < *rate* >	指定串行接口的速率。两个同步串口相连时，线路上的波特率由 DCE 决定，因此当同步串口工作在 DCE 方式下，需要配置波特率，如果作为 DTE 设备使用，则不需配置波特率
	ip address < *ip_address* > < *mask* >	配置路由器网络接口的 IP 地址，本命令的 no 操作为删除一个接口的 IP

8.2　任务实施

某企业分部与总部的网络拓扑如图 8-8 所示，本任务是对图 8-8 中所有三层设备（路由器和三层交换机）的接口进行配置。

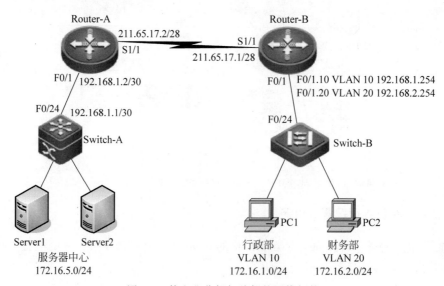

图 8-8　某企业分部与总部的网络拓扑

1. 路由器的带外和带内管理

参照交换机的管理方式，熟悉路由器的带外和带内管理。

2．路由器 Shell 命令语法

参照交换机的 CLI,熟悉路由器 Shell 命令的语法基础。

3．路由器基础配置

1) 路由器的命名

多数厂家路由器的系统默认名字是 Router。在配置一个多路由器环境的网络中,路由器的统一默认名字会给管理与配置网络中的路由器带来极大的方便。在全局配置模式下使用 hostname 命令可以按需求给路由器命名。

```
Router#configte terminal                          //进入全局配置模式
Router(config)#hostname Router - A                //配置左边路由器的名字,大小写有区别
```

2) 配置接口

路由器的接口类型比较多,其中以太网接口的基本配置主要包括 IP 地址、速率、双工模式等;串口的基本配置主要包括 IP 地址、封装协议、速率等。建议配置接口前使用 show running-config 命令查看物理端口与逻辑配置名之间的对应关系。

(1) 以太网接口基本配置。

```
Router - A(config)#interface f0/1
Router - A(config-if)#ip address 192.168.1.2 255.255.255.252    //配置 IP 地址
Router - A(config-if)#no shutdown                               //开启接口
```

(2) 以太网接口的逻辑子接口基本配置。

路由器单个物理接口上可支持多个逻辑接口,每个子接口可以共用物理接口的物理配置参数,如 speed、duplex 等,但又有各自的链路层和网络层配置参数。

逻辑子接口主要应用在利用路由器实现不同 VLAN 之间通信的场合。此时路由器的物理接口和交换机的 Trunk 接口互连,也就是路由器的一个物理接口连接多个 VLAN,在路由器上就必须启动子接口,并在子接口上封装 IEEE 802.1q 协议,使其能和二层设备的 Trunk 接口连接,还需指明子接口承载哪个 VLAN 的流量。

```
Router - B(config)#interface f0/1                 //进入物理接口
Router - B(config-if)#no shutdown                 //激活物理接口
Router - B(config-if)#exit
Router - B(config)#interface f0/1.10              //创建一个子接口 10
Router - B(config-subif)#encapsulation dot1q 10
                     //子接口封装 IEEE 802.1q 协议,并承载 VLAN 10 的流量
Router - B(config-subif)#ip address 192.168.1.254 255.255.255.0
                                                  //配置子接口 IP 地址
Router - B(config-subif)#exit
Router - B(config)#interface f0/1.20              //创建一个子接口 20
Router - B(config-subif)#encapsulation dot1q 20
                     //子接口封装 IEEE 802.1q 协议,并承载 VLAN 20 的流量
Router - B(configte subif)#ip address 192.168.2.254 255.255.255.0
                                                  //配置子接口 IP 地址
Router - B(config-subif)#exit
```

如果物理接口已经配置了 IP 地址，则使用子接口之前一定要先删除该地址。如：

```
Router - B(config) ♯ interface f0/1
Router - B(config - if) ♯ no ip address                //删除接口地址
```

（3）串口基本配置。

```
Router - B(config) ♯ interface serial 1/1
Router - B(config - if) ♯ clock rate 64000             //接口物理层速率(时钟)
Router - B(config - if) ♯ encapsulation ppp            //接口封装 PPP(此处可选)
Router - B(config - if) ♯ ip address 211.65.17.1 255.255.255.240   //配置 IP 地址
Router - B(config - if) ♯ no shutdown
Router - B(config - if) ♯ exit
Router - A(config) ♯ interface serial 1/1
Router - A(config - if) ♯ encapsulation ppp            //接口封装 PPP(此处可选)
Router - A(config - if) ♯ ip address 211.65.17.2 255.255.255.240   //配置 IP 地址
Router - A(config - if) ♯ no shutdown
Router - A(config - if) ♯ exit
```

【说明】　只有 DCE 串口需设置时钟，DTE 串口不需要。如果配置封装协议，则链路两端的串口必须封装相同的协议。

（4）回路接口的基本配置。

```
Router - A(config) ♯ interface loopback 0
Router - A(config - if) ♯ ip address 1.1.1.1 255.255.255.255        //配置 IP 地址
```

（5）接口的关闭和启动。

```
Router - A(config - if) ♯ shutdown                     //关闭接口
Router - A(config - if) ♯ no shutdown                  //开启接口
```

4. 三层交换机接口地址配置

三层交换机默认启动为二层交换功能，其三层路由功能需要配置后才能发挥作用。可以通过以下两种方法开启三层功能。

方法 1：在接口模式下，使用 no switchport 命令开启三层交换功能，再配置 IP 地址。

```
Switch - A(config) ♯ interface f0/24
Switch - A(config - if) ♯ no switchport               //开启该接口的三层交换功能
Switch - A(config - if) ♯ ip address 192.168.1.1 255.255.255.252   //配置地址
Switch - A(config - if) ♯ no shutdown
Switch - A(config - if) ♯ exit
```

方法 2：给 VLAN 的 SVI 配置 IP 地址，开启其三层交换功能。

```
Switch - A(config) ♯ vlan 100
Switch - A(config - vlan) ♯ exit
Switch - A(config) ♯ interface f0/24
```

```
Switch-A(config-if)♯switchport mode access
Switch-A(config-if)♯switchport access vlan 100
Switch-A(config-if)♯exit
Switch-A(config)♯interface vlan 100
Switch-A(config-if)♯ip address 192.168.1.1 255.255.255.252
Switch-A(config-if)♯no shutdown
Switch-A(config-if)♯exit
```

8.3　知识扩展

8.3.1　路由器的启动过程和操作模式

路由器和交换机一样，都安装有 IOS 操作系统，其启动过程、操作模式都和交换机相似，如图 8-9 所示。

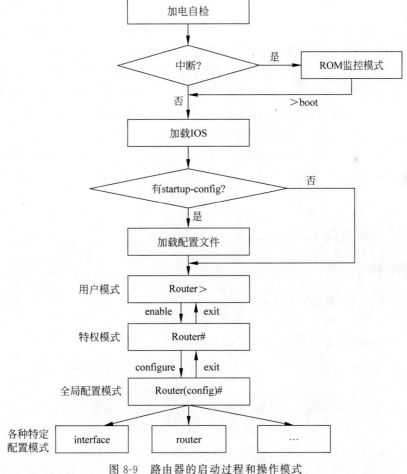

图 8-9　路由器的启动过程和操作模式

【说明】　监控模式主要用于 IOS 升级及恢复口令，不能用于正常配置。进入方式为在路由器加电 60s 内，在超级终端连接状态下，按 Ctrl＋Break 组合键。

8.3.2　路由器的存储组件

路由器存储组件也和交换机很相似，如图 8-10 所示。

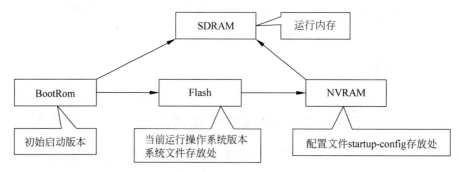

图 8-10　路由器的存储组件

　　路由器也有 4 种存储介质，分别具有不同的作用。BootRom 是存放路由器的基本启动版本软件，也就是硬件版本（或者称为启动代码）所存放的位置，此软件是路由器运行的第一个软件，负责让路由器进入正常工作状态；SDRAM 是运行内存，主要用来存放当前运行文件，如系统文件和当前运行的配置文件，掉电后文件会丢失，即每次重新启动路由器，SDRAM 中的内容都会丢失；Flash 中存放当前运行的操作系统版本，以维持路由器的正常工作，只要 Flash 容量足够，可保存多个 IOS 镜像，路由器的升级就是将 Flash 中的内容升级；NVRAM 中存放配置好的配置文件，即 startup-config，掉电时不会丢失。

8.4　实践训练

实训 8　配置路由器实现 VLAN 间通信

1. 实训目标

（1）熟悉路由器的基本配置。
（2）掌握路由器子接口的配置。
（3）掌握单臂路由实现不同 VLAN 间的通信。

2. 应用环境

　　某企业有两个主要部门：技术部和销售部，分处于不同的办公室，为了安全和便于管理，对这两个部门的主机进行了 VLAN 的划分，技术部和销售部分处于不同的 VLAN。现由于业务的需求需要销售部和技术部的主机能够相互访问，获得相应的资源，两个部门的交换机通过一台路由器进行了连接。这种利用路由器实现不同 VLAN 间通信的方式称为单臂路由技术，通过创建子接口承担所有 VLAN 的网关，从而实现在不同 VLAN 间转发数据。

实际使用中由于设备和软件版本不同,功能和配置方法将有可能存在差异,可关注相应版本的使用说明。

3.实训设备

(1) RG 二层交换机 1 台。

(2) RG 路由器 1 台。

(3) 直通双绞线 3 根。

4.实训拓扑

本实训单臂路由配置拓扑示意如图 8-11 所示。

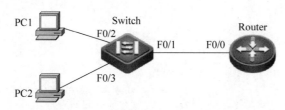

图 8-11　单臂路由配置拓扑示意

5.实训要求

VLAN 及 Trunk 配置信息如表 8-3 所示。

表 8-3　VLAN 及 Trunk 配置信息

设备	VLAN	VLAN 接口成员	Trunk 接口
Switch	VLAN 2	F0/2	F0/1
	VLAN 3	F0/3	

路由器接口和 PC 的 IP 地址如表 8-4 所示。

表 8-4　路由器接口和 PC 的 IP 地址

设备	接口	关联 VLAN	IP 地址	子网掩码	默认网关
Router	F0/0.1	VLAN 2	192.168.1.1	255.255.255.0	
	F0/0.2	VLAN 3	192.168.2.1	255.255.255.0	
PC1	NIC		192.168.1.10	255.255.255.0	192.168.1.1
PC2	NIC		192.168.2.10	255.255.255.0	192.168.2.1

配置完成后使得 VLAN 2 的用户 PC1 与 VLAN 3 的用户 PC2 可以相互连通。

6.实训步骤

第 1 步:按表 8-3 配置交换机的 VLAN 及其成员端口,设置 F0/1 端口的 Trunk 属性。

```
Switch(config)♯vlan 2
Switch(config-vlan)♯exit
Switch(config)♯vlan 3
```

```
Switch(config-vlan)#exit
Switch(config)#interface fastethernet 0/2
Switch(config-if)#switchport access vlan 2
Switch(config-if)#exit
Switch(config)# interface fastethernet 0/3
Switch(config-if)#switchport access vlan 3
Switch(config-if)#exit
Switch(config)# interface fastethernet 0/1
Switch(config-if)#switchport mode trunk
```

第 2 步：按表 8-4 配置子接口。

```
Router(config)# interface fastethernet 0/0            //进入物理接口
Router(config-if)#no shutdown                         //开启该接口
Router(config-if)#exit
Router(config)# interface f0/0.1                      //创建子接口 1
Router(config-subif)#encapsulation dot1q 2
                    //封装协议设置为 dot1q,允许 VLAN 2 数据通过
Router(config-subif)#ip address 192.168.1.1 255.255.255.0
                    //该子接口配置 IP 地址为 192.168.1.1
Router(config-subif)#exit
Router(config)# interface f0/0.2                      //创建子接口 2
Router(config-subif)#encapsulation dot1q 3
                    //封装协议设置为 dot1q,允许 VLAN 3 数据通过
Router(config-subif)#ip address 192.168.2.1 255.255.255.0
                    //该子接口配置 IP 地址为 192.168.2.1
Router(config-subif)#end
```

第 3 步：连接 PC,按表 8-4 配置每台主机的网络属性,测试连通性,测试结果应是互通。

8.5 习题

一、选择题

1. 下列( )设备是网络与网络连接的桥梁,是互联网中最重要的设备。

    A. 中继器　　　　　　B. 集线器　　　　　　C. 路由器　　　　　　D. 服务器

2. 路由器技术的核心内容是( )。

    A. 路由算法和协议　　　　　　　　B. 提高路由器性能方法

    C. 网络地址复用方法　　　　　　　D. 网络安全技术

3. 在第一次配置一台新路由器时,只能通过( )方式进行。

    A. 通过 Console 端口连接进行配置　　　B. 通过 Telnet 连接进行配置

    C. 通过 Web 连接进行配置　　　　　　　D. 通过 SNMP 连接进行配置

4. 在掉电状态下( )类型的存储器不保留其内容。

    A. NVRAM　　　　　B. ROM　　　　　C. SDRAM　　　　　D. Flash

5. 下面( )网络设备可以屏蔽过量的广播流量。

A. 交换机 B. 路由器 C. 集线器 D. 防火墙

6. 路由器最主要的功能是路径选择和进行( )。

    A. 封装和解封装数据包 B. 丢弃数据包

    C. 转发数据包 D. 过滤数据包

7. 要进入以太端口配置模式,下面的路由器命令中( )是正确的。

    A. R1(config)♯interface e0 B. R1>interface e0

    C. R1>line e0 D. R1(config)♯line s0

8. 下面( )提示符表示路由器 IOS 处于全局配置模式。

    A. Router> B. Router♯

    C. Router(config)♯ D. Router(config-if)♯

二、简答题

1. 简述路由器的工作原理。

2. 路由器有哪些重要部件?各有什么作用?

三、课后实训

网络基础配置拓扑如图 8-12 所示,按下列实训要求完成配置,使得所有接口都是 up 状态。

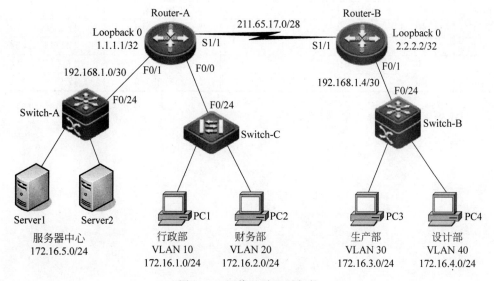

图 8-12　网络基础配置拓扑

(1) 按照图 8-12 所示的拓扑图搭建网络。

(2) 按照表 8-5 完成 VLAN 及 Trunk 配置。

表 8-5　VLAN 及 Trunk 配置信息

设　　备	VLAN	VLAN 接口成员	Trunk 接口
Switch-C	VLAN 10	F0/1～12	F0/24
	VLAN 20	F0/13～18	
Switch-B	VLAN 30	F0/1～15	无
	VLAN 40	F0/16～20	

（3）按照表 8-6 完成路由器和 PC 的基本配置。

表 8-6　设备基本配置信息表

设　备	接　　口	IP　地　址	子　网　掩　码	默　认　网　关
Router-A	Loopback 0	1.1.1.1	255.255.255.255	
	F0/1	192.168.1.1	255.255.255.252	
	F0/0.10	172.16.1.254	255.255.255.0	
	F0/0.20	172.16.2.254	255.255.255.0	
	S1/1	211.65.17.1	255.255.255.240	
Router-B	Loopback 0	2.2.2.2	255.255.255.255	
	S1/1(DCE)	211.65.17.14	255.255.255.240	
	F0/1	192.168.1.5	255.255.255.252	
Switch-A	VLAN 1	172.16.5.254	255.255.255.240	
	F0/24	192.168.1.2	255.255.255.252	
Switch-B	VLAN 30	172.16.3.254	255.255.255.240	
	VLAN 40	172.16.4.254	255.255.255.240	
	F0/24	192.168.1.6	255.255.255.252	
PC1	NIC	172.16.1.1	255.255.255.0	172.16.1.254
PC2	NIC	172.16.2.1	255.255.255.0	172.16.2.254
PC3	NIC	172.16.3.1	255.255.255.0	172.16.3.254
PC4	NIC	172.16.4.1	255.255.255.0	172.16.4.254
Server1	NIC	172.16.5.1	255.255.255.0	172.16.5.254
Server2	NIC	172.16.5.2	255.255.255.0	172.16.5.254

（4）检查所有接口都是 up 状态接口。

任务 9

配置静态路由实现园区网互通

【任务描述】

由任务 8 分析可知,可以通过路由器从物理上把位于不同地理区域的多个局域网络连接在一起。如何使跨域多台路由设备的不同网络能够互相访问呢? 路由在这个过程中起着至关重要的作用。在路由器的接口基本配置完成之后,作为网络中重要的寻址设备,需要设置路由,路由器会根据其保存的路由表来指导数据包转发。

【任务分析】

网络管理员需要为路由器配置寻址的根据,即路由表。典型的路由选择方式有两种:静态路由和动态路由。企业内网络规模较小且不经常变动,一般静态路由是比较合适的选择。

静态路由的配置主要使用 ip route 命令,通过相应参数的设置实现静态路由、默认路由、静态浮动路由的配置,从而实现企业内网的互联互通。

配置静态路由时,一定要综合分析网络结构,了解网络组成。如果路由配置不完整,可能会导致数据包无法发送出去,或数据包发送出去了,但找不到返回的路径,这都无法实现网络的互联互通。

9.1 知识储备

9.1.1 IP 路由概述

路由器,顾名思义,就是进行路由的设备。而路由是指信息从信息源发出后,由相互连接的网络节点通过选择路径,把信息从源传递到目的地的行为。路由器不关注网络中的主机,而只关注互联起来的网络以及通往各个网络的最佳路径。

路由包含两个基本动作,即确定最佳路径(寻址)和数据转发。数据转发相对来说比较简单,沿寻址好的最佳路径传送数据包;而寻址就是寻找到达目的地的最佳路径,由路由选择算法和路由协议来实现,这是一个比较复杂的过程。

1. 路由算法

路由技术主要是指路由选择算法。路由选择算法就是路由选择的方法或策略。

按照路由选择算法能否随网络的拓扑结构或者通信量自适应地进行调整变化来分类，路由选择算法可以分为静态路由选择算法和动态路由选择算法。

静态路由选择算法就是非自适应路由选择算法，这是一种不利用网络状态信息，仅仅按照某种固定规律进行决策的简单路由选择算法。静态路由选择算法的特点是简单和开销小，但是不能适应网络状态的变化。静态路由是依靠手工输入的信息来配置路由表的。

动态路由选择算法就是自适应路由选择算法，是依靠当前网络的状态信息进行决策，从而使路由选择结果在一定程度上适应网络拓扑结构和通信量的变化。动态路由选择算法的特点是能较好地适应网络状态的变化，但是实现起来较为复杂，开销也比较大。

2. 路由协议

路由协议(Routing Protocol)是实现路由算法的协议。路由协议有动态、静态和直连之分，如图 9-1 所示。一般情况下，路由协议多指动态路由协议。

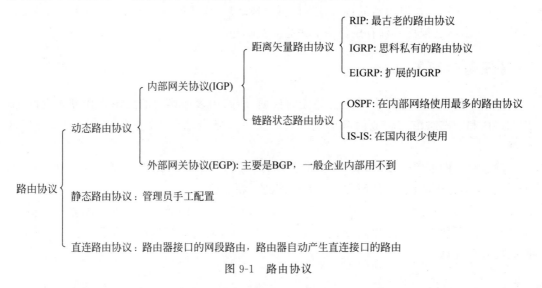

图 9-1　路由协议

动态路由协议根据所处的 AS(Autonomous System，自治系统)不同，又分为 IGP (Interior Gateway Protocol，内部网关协议)和 EGP(Exterior Gateway Protocol，外部网关协议)。这里的自治系统是指一个具有统一管理机构、统一路由策略的网络。IGP 是指在同一个 AS 内运行的路由协议，IGP 又分为距离矢量路由协议和链路状态路由协议。EGP 是指运行在不同 AS 之间的路由协议。

3. 路由表

在 OSI 参考模型中，位于网络层的设备(路由器/三层交换机)提供了将不同网络互联机制，实现将报文从一个网络转发到另一个网络，从而实现不同网络之间的通信。所以，路由器的主要工作就是为经过路由器的每个数据包寻找一条最佳传输路径，并将该数据有效地传送到目的站点。路由器(或三层交换机)转发数据包的依据是路由表(Routing Table)。每个路由器内部都保存一张路由表,表中的路由条目(也称路由)指明了把数据包送达到某个目标网段或目的主机应通过路由器的哪一个接口发送出去,表中包含的路由信息决定了数据转发的策略。打个比方,路由表就像我们平时使用的地图一样,标识着各种路线。

(1)路由表结构。

一个路由表中一般有多条路由,这些路由信息可以是由系统管理员设置的,也可以是路由器自己学习来的。每条路由信息都表示到达某一网络的最佳路径,通常包括目的网络、距离、出端口、下一跳地址等信息。路由表示意如图 9-2 所示。

```
Router#show ip route
Codes: C - connected, S - static, I - IGRP, R - RIP, M - mobile, B - BGP
       D - EIGRP, EX - EIGRP external, O - OSPF, IA - OSPF inter area
       N1 - OSPF NSSA external type 1, N2 - OSPF NSSA external type 2
       E1 - OSPF external type 1, E2 - OSPF external type 2, E - EGP
       i - IS-IS, L1 - IS-IS level-1, L2 - IS-IS level-2, ia - IS-IS inter area
       * - candidate default, U - per-user static route, o - ODR
       P - periodic downloaded static route

Gateway of last resort is not set

C    192.168.1.0/24 is directly connected, FastEthernet0/0
S    192.168.2.0/24 [1/0] via 192.168.3.2
C    192.168.3.0/24 is directly connected, Serial0/0/0
Router#
```

图 9-2　路由表示意

图 9-2 中,"Codes:"表示每条路由表项前面缩写字母的含义,如图 9-2 中,"C"路由项表示该路由项是由直连网络的 IP 地址自动写入路由表的;"S"路由项表示该路由项是由管理员静态手动添加构成的;"R"路由项表示该路由项是由 RIP 动态学到的;"O"路由项表示该路由项是由 OSPF 动态学到的。

路由表中每一路由项一般都包含以下信息。

① 目的地址/子网掩码:目的地址和子网掩码结合起来用来标识 IP 数据报文的目的网络。路由器将数据包的目的 IP 地址和子网掩码进行逻辑"与"后得到该数据包的目的网络号,如果该网络号和表中某条路由项的目的地址相同,则匹配该条路由。

② 下一跳地址/接口(Next Hop/Interface):路由器根据此信息决定数据包如何转发。

- 出站接口:为了把数据包送达到目的地址,应将数据包从本路由器的哪一个接口转发出去。该字段还说明了路由选择更新是从哪个接口学习的。
- 下一跳 IP 地址:数据在被发送到目的地址的路径中,更接近目的网络的下一个路由器的接口 IP 地址。下一跳 IP 地址应该与出站接口位于同一个子网中。

③ 路由优先级(管理距离/度量值):针对同一目的地址,可能存在多条不同路由。这些路由可能是不同的动态路由协议发现的,也可能是手工配置的静态路由。路由器以管理距离和度量值来衡量路由的优先级,优先级高(数值小)的将成为当前的最优路由。路由器会选择管理距离和度量值最小的路由作为当前的最佳路径放入路由表,以此路由用于 IP 数据包转发。如图 9-2 中 S 的静态路由参数中的"[1/0]",其中"/"前的参数表示管理距离,而"/"后的参数表示度量值。有关两参数的解释将在动态路由协议部分阐述,可参见任务10。

(2)路由来源。

根据路由器学习路由信息、生成并维护路由表的方式不同,路由的来源主要有以下 3 种。

① 直连路由。直连路由是由数据链路层协议发现的,是指去往路由器接口地址所在网

段的路由，也就是路由器通过接口感知到的直连网段。该路由信息不需要网络管理员配置，也不需要路由器通过某种算法进行计算获得，只要接口配置了 IP 地址且此接口的物理层和数据链层均为 up（即激活状态），直连路由就会在路由表中自动产生，并以字母 C（Connected）标识。它的特点是开销小，配置简单，不需要人工维护。

② 手工配置的静态路由。由网络管理员使用命令配置的路由。只要命令不消失，该路由将一直存在，以字母 S(Static)标识。通过配置静态路由可以建立一个互通的网络，但当网络拓扑发生变化后，静态路由不会自动更新，需要管理员去维护。静态路由不占用网络带宽，设备开销小，配置简单，适合于规模不大、拓扑结构简单且相对稳定的网络。

③ 动态路由协议发现的路由。路由器之间运行某种动态路由协议（如 RIP、OSPF 等），根据互相传递的信息而自动发现的路由称为动态路由，并根据运行的路由协议以不同字母标识。动态路由随网络拓扑的变化而自动变化。当网络发生变化时，可以自动学习路由，无须人工维护，动态路由适用于复杂的大中型网络。但动态路由会产生网络流量和设备开销，配置相对复杂。

【说明】　如果网络中只有一个路由器，不需要配置路由，这是因为路由器的每个端口都具备自动学习各自所属网络的功能，其学习的结果被直接写入路由表中。只有当网络中有多个路由器时，由于路由器之间屏蔽了各自独立连接的网络，因此路由器无法通过直连的端口获取所有网络的位置信息，这时才需为路由器添加必要的远端网络位置的信息。

4. 路由选择

路由器使用并维护路由表。当路由器从某个接口收到一个数据包时，路由器查看数据包中的目的网络地址，如果发现数据包的目的地址不在接口所在的子网中，路由器查看自己的路由表，并由此决定是转发还是丢弃数据包。如果找到数据包的目的网络所对应的接口，就从相应的接口去转发，否则丢弃。路由器转发数据流程如图 9-3 所示。

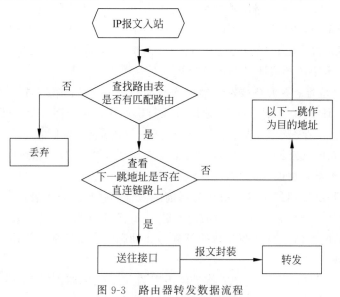

图 9-3　路由器转发数据流程

9.1.2 静态路由

视频讲解

静态路由是由网络管理员手工配置的固定路由信息,由管理员负责创建与维护,除非网络管理员干预,否则静态路由不会发生变化。

与所有路由选择方式一样,静态路由选择也是优缺点并存的。静态路由配置比较简单,只需明确指定数据包要到达某一目的地必须要经过的路径(即下一跳或出站接口)即可。所以,静态路由具有简单、高效、可靠的优点。静态路由还有稳定、安全保密性好的特点。动态路由因为需要路由器之间频繁地交换各自的路由信息,而窃密者又可通过对路由信息的分析了解网络的拓扑结构和网络地址等信息,因此,存在一定的不安全性,而静态路由信息在默认情况下是私有的,不存在这样的问题,故出于安全方面的考虑也可以采用静态路由。还有由于静态路由不需要动态路由协议参与,这将会减少路由器 CPU 的开销,不增加路由器间的带宽占用,能为重要的应用保证带宽。同时静态路由还便于实现负载分担和路由备份。

一旦网络的拓扑发生变化,网络管理员必须修改网络中所受影响的所有静态路由,因此,手工配置的代价是需要耗费网络管理员的大量精力。由于静态路由不能对网络拓扑的改变自动做出反应,一般用于互连的路由器比较少而且网络拓扑不经常变化的网络中。在这样的环境中,网络管理者能够清楚地了解网络的拓扑结构,便于设置正确的路由信息。而大型或复杂的网络环境不适宜采用静态路由。一方面,网络管理员难以全面了解整个网络的拓扑结构;另一方面,当网络的拓扑结构和链路状态发生变化时,因静态路由不会自动更新,网络管理员需要大范围调整静态路由配置信息,这一工作的难度和繁杂程度非常高。所以,静态路由具有配置工作量大且易出错、适应网络拓扑变化的能力较差等缺点。

静态路由主要应用于两种情况。

- 对于稳定的网络,为减少路由选择和路由数据流的过载,可使用静态路由。
- 为实现路由备份,可以使用静态路由(将备份线路配置为静态路由,且路由优先级低于主线路)。

静态路由与动态路由可以同时存在,路由器根据路由协议优先级的不同,选用优先级最高的路由。在多数路由器中,静态路由优先级高于动态路由,当动态路由与静态路由发生冲突时,以静态路由为准。同时,在动态路由中也可以通过重新引入静态路由的方式(Redistribute),将静态路由加入动态路由中,并根据需要改变引入静态路由的优先级。

9.1.3 静态路由配置

管理员在配置静态路由前,一定要了解网络的拓扑和应用需求,分析互联的网络个数及静态路由在每个路由器上的部署等问题,否则,路由信息配置不完整,导致网络无法互通,而用于检错排错的时间可能会比分析时间多很多。

全局配置模式下使用 ip route 命令配置静态路由,使用该命令的 no 选项删除静态路由表信息。其语法如下。

```
ip route network mask {address|interface} [distance] [permanent]
no ip route network mask {address|interface} [distance] [permanent]
```

其语法中各参数解释如下。

- network：目的网络地址。
- mask：子网掩码。
- address：下一跳 IP 地址，即用于接收分组并将分组转发到远程网络的下一个路由器的地址。
- interface：指定静态路由的出接口，对于接口类型为非 P2P 接口的，必须指定下一跳地址。配置时，interface 与 address 二选一，至于选择哪个，后面有具体的解释。
- distance：管理距离。指定管理距离的静态路由叫作"浮动静态路由"。浮动静态路由被广泛应用在链路备份的场合，即备份路由。默认情况下，静态路由的管理距离为 1（若使用出接口替代下一跳地址，则管理距离是 0）。通过在这个命令的尾部添加一个管理权重来修改这个默认值。对于这个内容，在后面的知识扩展中有解释。
- permanent：表示永久，是一个关键性参数。一般情况下，如果路由器的接口被关闭或和下一跳路由器失去连接，将导致添加的静态路由从路由表中消失，而使用 permanent 参数后，则不管发生了什么意外情况，该静态路由都不会从路由表中消失。

配置完成后，可在特权模式下用 show ip route 命令查看所配置的路由信息。如果配置有错，则需先删除错误的路由，再添加正确的路由。删除静态路由的方法是在错误静态路由配置命令前加 no。

在配置静态路由时，可指定出接口，也可指定下一跳地址，实现时是指定出接口还是指定下一跳地址要视具体情况而定。下面以图 9-4 说明使用出接口或下一跳地址的区别。

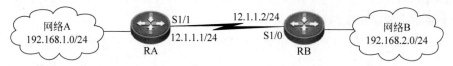

图 9-4　使用出接口或下一跳地址的区别

假设需要在路由器 RA 上添加去往 192.168.2.0/24 的静态路由。使用下一跳地址或出接口添加该路由的命令如下。

```
RA(config)# ip route 192.168.2.0 255.255.255.0 12.1.1.2      //指定下一跳地址
RA(config)# ip route 192.168.2.0 255.255.255.0 s1/1          //指定出接口
```

在图 9-4 的示例中，这两条命令都能成功在 RA 上添加一条去往 192.168.2.0/24 网段的路由，结果是相同的，但当用 show ip route 命令查看时发现它们还是有区别的。上面一条命令引用的是下一跳地址，显示的路由信息为"S 192.168.2.0/24 [1/0] via 12.1.1.2"，该路由的管理距离是 1；下面一条命令引用的是本地路由器 RA 的出接口，显示的路由信息为"S 192.168.2.0/24 is directly connected, Serial1/1"，该路由是一条直连路由，其管理距离是 0。

实际上，并不是所有的静态路由配置都可以使用出接口或下一跳地址，这与路由器之间互连的链路类型有关。出接口仅能用在点对点的串行链路上，且接口封装的协议是 PPP 或 HDLC，在这种点对点的链路上，一台设备发送数据，另一台设备就能收到，指定发送接口即隐含指定了下一跳地址,这时认为与该接口相连的对端接口地址就是路由的下一跳地址。而对封装帧中继协议的串行链路(默认是 NBMA,非广播多路访问,即多路访问链路(多条 PVC,永久虚电路))或以太网广播多路访问的链路,是不能使用出接口配置静态路由的,只能使用下一跳地址或出接口＋下一跳地址的形式。因为在这种多路访问类型的链路中,如果下一跳为本地出接口,会导致出现多个下一跳,路由器将不知道把数据包发往哪一个 IP 地址,自然也就无法完成 ARP 的解析过程,在不知道下一跳设备 MAC 地址的情况下,也就无法完成链路层的数据封装。

所以,配置静态路由的下一跳有两种表现形式(下一跳 IP 地址和本地出接口),两种情况推荐配置如下。

① 在以太网链路,配置静态路由时,配置为下一跳地址或出接口＋下一跳地址的形式。

② 在 PPP、HDLC 广域网链路,推荐静态路由配置为本地出接口。

静态路由的特殊应用:对于不同的静态路由,可以为它们配置不同的优先级,即管理距离,从而更加灵活地应用路由管理策略。例如,配置到达相同目的地的多条路由,如果指定相同优先级,则可实现负载分担;如果指定不同优先级,则可实现路由备份。

9.1.4　默认路由

默认路由(也称缺省路由)指的是路由表中未直接列出目标网络的路由选择项,它用于在不明确的情况下指示数据包下一跳的方向。当路由器在查找路由表,没有找到与目标网络相匹配的路由表项时,如果路由器配置了默认路由,所有未明确指明目标网络的数据包都按默认路由进行转发;如果没有配置默认路由,则丢弃该数据包,并向源地址返回一个 ICMP 数据包指出此目的地址或网络不可达。

默认路由是一种特殊的静态路由。在使用 ip route 命令配置静态路由时,如果将目的地址与子网掩码配置为全零(0.0.0.0 和 0.0.0.0),则表示配置的是默认路由。在路由表中,默认路由是以到网络 0.0.0.0/0 的路由形式出现。所有的网络都会和这条路由记录匹配,由于路由器在查询路由表时采用的是最长掩码匹配原则,也就是子网掩码位数长的路由记录先转发。而默认路由的掩码为 0,所以最后考虑。这样就保证了路由器将在路由表中查询不到数据包的相关路由信息时最后采用默认路由转发。默认路由简化了网络路由的设置。一般为了不使路由表过于庞大,影响转发速率,可以设置一条默认路由,一旦查找路由表失败后,就选择默认路由转发数据包,Internet 中大约 99％的路由器都配置了默认路由。

默认路由通常应用在只有唯一出口的网络中,比如内网的 Internet 出口,在连接公司内部局域网和外网的路由器上部署为默认路由,实现公司内网和 Internet 之间互通。

默认路由的配置也是使用静态路由配置命令 ip route,命令格式如下:

```
ip route 0.0.0.0 0.0.0.0 next - hop - address
```

注意,不能将这一配置方式应用到所有路由器上,它只适用于存根路由器。所谓存根路由器(Stub Router)表示这个路由器只有一条通往所有其他网络的路径。所以,默认路由一般用在只有一条出口路径的网络路由器中。

9.1.5　静态路由配置命令

锐捷 RGOS 命令行提供的静态路由常用配置命令如表 9-1 所示。

表 9-1　静态路由常用配置命令

命令模式	CLI 命令	作　　用
全局模式	ip route network mask〔address|interface〕〔distance〕	配置静态路由
	no ip route network mask〔address|interface〕〔distance〕	删除静态路由
特权模式	show ip route	显示路由表

9.2　任务实施

图 9-5 所示是某企业网络拓扑。为了保证上网的稳定性，该企业申请了两条外网链路，分别是电信和联通。现要求配置静态路由保证网络互联互通。

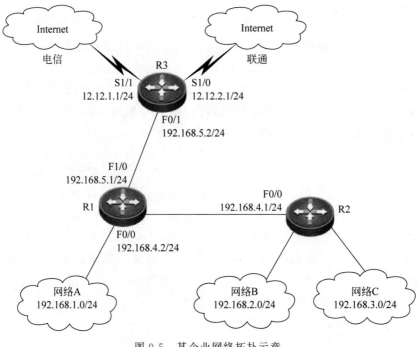

图 9-5　某企业网络拓扑示意

1. 基础配置

参看任务 8 完成每个路由器各接口 IP 的配置，并利用 show ip route 命令查看是否正确获得相应的直连路由，每个路由器应有 3 条直连路由。

2. 配置静态路由

由拓扑图分析可知，对路由器 R1 来说，访问内网 192.168.2.0/24 和 192.168.3.0/24

所经之路是 R1-R2；对路由器 R3 来说，访问所有内网的所经之路是 R3-R1。

```
R1(config)# ip route 192.168.2.0 255.255.255.0 192.168.4.1
R1(config)# ip route 192.168.3.0 255.255.255.0 192.168.4.1
R3(config)# ip route 192.168.1.0 255.255.255.0 192.168.5.1
R3(config)# ip route 192.168.2.0 255.255.255.0 192.168.5.1
R3(config)# ip route 192.168.3.0 255.255.255.0 192.168.5.1
R3(config)# ip route 192.168.4.0 255.255.255.0 192.168.5.1
```

3. 配置默认路由

由拓扑图分析可知，对路由器 R2 来说，不管是访问内网还是外网，所经之路都是 R2-R1，同理，对路由器 R1 来说，访问任何外网所经之路都是 R1-R3，所以，对这些只有一个出口的路由，一般使用默认路由，而不需要添加每条静态路由，尤其是外网，有成千上网个不同的网络，无法一一添加。

```
R2(config)# ip route 0.0.0.0 0.0.0.0 192.168.4.2
R1(config)# ip route 0.0.0.0 0.0.0.0 192.168.5.2
```

4. 配置浮动静态路由

浮动静态路由实现路由的备份，以保证网络的高可靠性，体现在内网访问外网的出口处，一般企业都会申请两条出口链路，如图 9-5 中的电信和联通两条链路。

```
R3(config)# ip route 0.0.0.0 0.0.0.0 s1/1 2
R3(config)# ip route 0.0.0.0 0.0.0.0 s1/0 10
```

当电信链路正常时，查看到路由信息如图 9-6 所示，可见没有第二条路由信息。

```
     12.0.0.0/24 is subnetted, 2 subnets
C       12.12.1.0 is directly connected, Serial1/1
C       12.12.2.0 is directly connected, Serial1/0
S    192.168.1.0/24 [1/0] via 192.168.5.1
S    192.168.2.0/24 [1/0] via 192.168.5.1
S    192.168.3.0/24 [1/0] via 192.168.5.1
S    192.168.4.0/24 [1/0] via 192.168.5.1
C    192.168.5.0/24 is directly connected, FastEthernet0/1
S*   0.0.0.0/0 is directly connected, Serial1/1
R3#
```

图 9-6　电信链路正常时的路由表

当电信链路异常或宕掉时，查看到路由信息如图 9-7 所示。

```
     12.0.0.0/24 is subnetted, 1 subnets
C       12.12.2.0 is directly connected, Serial1/0
S    192.168.1.0/24 [1/0] via 192.168.5.1
S    192.168.2.0/24 [1/0] via 192.168.5.1
S    192.168.3.0/24 [1/0] via 192.168.5.1
S    192.168.4.0/24 [1/0] via 192.168.5.1
C    192.168.5.0/24 is directly connected, FastEthernet0/1
S*   0.0.0.0/0 is directly connected, Serial1/0
R3#
```

图 9-7　电信链路异常或宕掉时的路由表

5. 修改路由

路由器 IOS 没有提供修改静态路由的命令,如果添加的路由有错,只能先用 no 命令删除错误的路由,再用 ip route 命令添加正确的路由。假设不小心在 R1 中添加到目的网络 192.168.2.0/24 的静态路由时,将下一跳地址误输为 192.168.4.2 了,其修改过程如下:

```
R1(config)＃ no ip route 192.168.2.0 255.255.255.0 192.168.4.2
R1(config)＃ ip route 192.168.2.0 255.255.255.0 192.168.4.1
```

6. 查看路由

在特权模式下,用 show ip route 命令查看路由表中路由信息。

9.3　知识扩展

9.3.1　路由负载分担

到达一个目的地有多条相同度量值的路由项叫作多路径等值路由,也称为等价路由,此时,认为每条路由都是最优路径,都会被加入路由表中,从而实现负载均衡。

如图 9-8 所示,假设网络管理员按以下命令手工配置了两条到达目的网络 60.1.1.0/24 的等值路由,度量值都为 2。

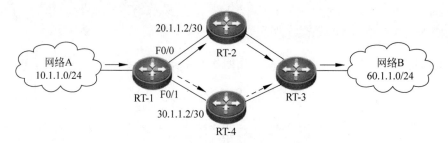

图 9-8　多路径路由网络拓扑示意

```
RT－1(config)＃ip route 60.1.1.0 255.255.255.0 20.1.1.2 2        //等值路由
RT－1(config)＃ip route 60.1.1.0 255.255.255.0 30.1.1.2 2
```

配置完成后,使用 show ip route 命令路由器 RT-1 的路由表,发现两条路由都被放入路由表了,表示这两条路由都是有效的。

```
RT－1＃ show ip route
…(省略显示)
   S          60.1.1.0 [2/0] via 20.1.1.2
                      [2/0] via 30.1.1.2
RT－1＃
```

当路由器对数据报文进行转发时,如果发现到达目的地有多条路由,会将数据按照一定的策略在多条路由上一次发送,以便在路由协议层面上实现 IP 流量的负载分担。负载分担方式有基于流、基于包以及基于带宽的非平衡负载分担三种。

9.3.2　路由备份

对于现在的网络而言,运行的业务越来越多,这就要求网络具有高可靠性。可靠性的保障除了物理的多链路、双机热备(如 VRRP)之外,在路由方面也需要备份。即在物理多链路的情况下,配置到达同一目的地的多条路由,其中,优先级最高的路由将作为主路由,其余路由作为备份路由。实践中是用浮动静态路由来实现路由备份,使用 ip route 命令配置静态路由是通过修改路由的度量值实现的,即配置到达相同目的地址的多条静态路由,但每条路由的度量值不同,度量值最小的路由为主路由。这样,能保证网络中主路由失效的情况下,备份路由发挥作用,使网络的互通不受影响。

图 9-8 中,网络 A 与网络 B 通过 4 个路由器互连,为了做到可靠性的保障,RT-1 与 RT-3 之间是双链路。其中 RT-1 路由器的 F0/0 接口连接的是主链路,F0/1 接口连接的是备份链路,并在此基础之上部署路由备份,配置命令如下。

```
RT-1(config)#ip route 60.1.1.0 255.255.255.0 20.1.1.2 2        //主路由
RT-1(config)#ip route 60.1.1.0 255.255.255.0 30.1.1.2 10       //备份路由
```

正常情况下,路由进程只会把到达同一目的地的多条路径中优先级高的路由信息加入路由表中,所以,当查看路由信息时,发现路由器 RT-1 上的路由表中只有一条目的地是 60.1.1.0/24、下一跳是 20.1.1.2 的路由项,路由器 RT-1 采用主路由转发数据。当 F0/0 接口连接的线路出现故障时,主路由失效,状态变为非激活状态,此时备份路由变为激活状态,此备份路由加入路由表中,路由器 RT-1 选用此备份路由转发数据。这样,也就实现了从主路由到备份路由的切换。当主链路恢复正常时,路由器也恢复相应的路由,并重新选择路由,主路由又变为激活状态,路由器 RT-1 又选用主路由转发数据。

主链路(RT-1 与 RT-3 互连链路)有效情况下,路由器 RT-1 路由表信息如下。

```
RT-1#show ip route
…(省略显示)
S      60.1.1.0 [2/0] via 20.1.1.2          //主路由放入路由表
RT-1#
```

主链路(RT-1 与 RT-3 互连链路)出现故障时,路由器 RT-1 路由表信息如下。

```
RT-1#show ip route
…(省略显示)
S      60.1.1.0 [10/0] via 30.1.1.2         //次优备份路由放入路由表
RT-1#
```

9.4　实践训练

实训 9　配置静态路由

1. 实训目标

（1）掌握静态路由的配置方法和技巧。
（2）掌握通过静态路由方式实现网络的连通性。
（3）熟悉广域网线缆的链接方式。

2. 应用环境

学校有新旧两个校区，每个校区是一个独立的局域网，为了使新旧校区能够正常相互通信，共享资源。每个校区出口利用一台路由器进行连接，两台路由器间学校申请了一条2MB 的 DDN 专线进行相连，要求做适当配置实现两个校区的正常相互访问。

3. 实训设备

（1）RG-RSR 20 系列路由器 2 台。
（2）直通双绞线若干。
（3）交叉双绞线若干。

4. 实训拓扑

本实训静态路由配置拓扑如图 9-9 所示。

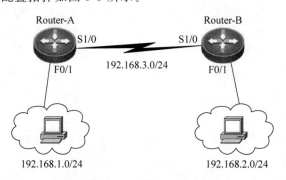

图 9-9　静态路由配置拓扑示意

5. 实训要求

配置静态路由，使得网络互通。路由器各接口地址如表 9-2 所示。

表 9-2　路由器各接口地址

Router-A		Router-B	
S1/0	192.168.3.1	S1/0(DCE)	192.168.3.2
F0/0	192.168.1.254	F0/0	192.168.2.254

6. 实训步骤

第1步：配置路由器各接口的 IP 地址。

参照前面实训，按照表 9-2 配置所有接口的 IP 地址，保证所有接口全部是 up 状态，测试连通性。此处给出路由器 Router-B 的配置命令。

```
Ruijie>enable
Ruijie#configure terminal
Ruijie(config)#hostname Router-B
Router-B(config)#interface fastethernet 0/1
Router-B(config-if-FastEthernet 0/1)#ip address 192.168.2.254 255.255.255.0
Router-B(config-if-FastEthernet 0/1)#no shutdown
Router-B(config-if-FastEthernet 0/1)#exit
Router-B(config)#interface Serial 0/0
Router-B(config-if-Serial 1/0)#clock rate 64000
Router-B(config-if-Serial 1/0)#ip address 192.168.3.2 255.255.255.0
Router-B(config-if-Serial 1/0)#no shutdown
Router-B(config-if-Serial 1/0)#exit
```

第2步：查看每个路由器的路由表并记录。

```
Router-A#show ip route
Router-B#show ip route
```

第3步：配置路由器 Router-A 静态路由。

由第2步查看的结果可知，路由器 Router-A 中缺少网络 192.168.2.0/24 的路由。

```
Router-A(config)#ip route 192.168.2.0 255.255.255.0 192.168.3.2
                 //目的地址是 192.168.2.0/24 的数据包,转发给 192.168.3.2
```

第4步：配置路由器 Router-B 静态路由。

```
Router-B(config)#ip route 192.168.1.0 255.255.255.0 192.168.3.1
                 //目的地址是 192.168.1.0/24 的数据包,转发给 192.168.3.1
```

第5步：在路由器上配置验证。

```
Router-A#show ip route
Codes:C - connected, S - static, R - RIP, B - BGP
    …(省略)
Gateway of last resort is no set
S   192.168.2.0/24 [1/0] via 192.168.3.2, Serial 1/0        //静态路由
C   192.168.3.0/24 is directly connected, Serial 1/0
C   192.168.3.1/32 is local host                            //可选
C   192.168.1.0/24 is directly connected, FastEthernet 0/1
C   192.168.1.254/32 is local host                          //可选
```

第 6 步：配置验证正确后保存配置。

```
Router - A♯write                      // 确认配置正确,保存配置
```

7. 课后实训

参照任务实施完成默认路由、浮动路由配置。

9.5 习题

一、选择题

1. 路由表中的路由有多种来源,下面叙述中(　　)不是路由的来源。

　　A. 接口上报的直接路由

　　B. 手工配置的静态路由

　　C. 动态路由协议发现的路由

　　D. 以太网接口通过 ARP 协议获得的该网段中的主机路由

2. 当路由器接收的 IP 报文中的目标网络不在路由表中时(没有默认路由),采取的策略是(　　)。

　　A. 丢掉该报文

　　B. 将该报文以广播的形式发送到所有直连端口

　　C. 直接向支持广播的直连端口转发该报文

　　D. 向源路由器发出请求,减小其报文大小

3. 使用(　　)掩码来设置默认路由。

　　A. 0.0.0.0　　　　　　　　　　　　B. 255.255.255.255

　　C. 依赖于网络号的类别　　　　　　　D. 都不对

4. 路由表项中不包含以下(　　)。

　　A. 目标网络　　　　　　　　　　　　B. 下一跳地址

　　C. 出站接口　　　　　　　　　　　　D. 源地址

5. 如图 9-10 所示,在路由器 R1 中添加到 192.168.30.1 的静态路由正确的命令是(　　)。

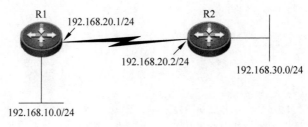

图 9-10　静态路由配置网络示意

　　A. R1(config)ip route 192.168.30.0 255.255.255.0 192.168.20.2

  B. R1(config)ip route 192.168.30.0 255.255.255.0 192.168.20.0

  C. R1(config-s1/0)♯ip route 192.168.30.1 255.255.255.0 192.168.20.2

  D. R1(config-s1/0)♯ip route 192.168.30.0 255.255.255.0 192.168.20.2

6. 如果一个内部网络对外的出口只有一个,那么最好配置( )。

  A. 默认路由   B. 主机路由

  C. 动态路由   D. 静态浮动路由

7. 互联网中进行路由选择时,通常情况下,路由器只根据所收到的数据包头的( )选择合适路径。

  A. 源 IP 地址   B. 目的 IP 地址

  C. 源 MAC 地址   D. 目的 MAC 地址

8. 以下有关静态路由的叙述中错误的是( )。

  A. 静态路由不能动态反映网络拓扑结构

  B. 静态路由不仅会占用路由器的 CPU 和 RAM,而且也会大量占用线路的带宽

  C. 如果出于安全的考虑想隐藏网络的某些部分,可以使用静态路由

  D. 在一个小而简单的网络中,常使用静态路由,因为配置静态路由会更为简捷

9. 以下( )表项要由网络管理员手动配置。

  A. 静态路由   B. 直接路由

  C. 动态路由   D. 以上说法都不正确

二、填空题

1. 若路由器有一个需要其路由的分组,但在其路由表中找不到目的网络号,则路由器会将此分组_____。

2. _____路由是在路由器中设置固定的路由表,_____路由是网络中的路由器之间相互通信,传递路由信息,利用接收的路由信息更新路由表的过程(选填动态或静态)。

3. 查看路由表用_____命令。

4. 根据目的地与该路由器是否直接相连,可将路由分为_____路由和_____路由。

5. 路由协议的最终目的是生成_____。

三、简答题

1. 简述默认路由的含义及什么情况下使用默认路由。

2. 简述静态路由的优缺点。

四、课后实训

拓扑图同任务 8 的图 8-12,按下列实训要求完成配置,使得网络互通。

(1) 按任务 8 要求完成 VLAN 及 Trunk、接口 IP 地址、主机 IP 地址及子网掩码等基础配置,保证所有接口全部是 up 状态。

(2) 在三层交换机 Switch-A 及 Switch-B、路由器 Router-A 及 Router-B 上配置静态路由。

(3) 测试各部门的连通性。

任务 10
配置RIP路由实现园区网互通

【任务描述】

随着 Internet 技术在全球范围内的飞速发展，IP 网络作为一种最有前景的网络技术，受到了人们的普遍关注。而作为 IP 网络生存、运作、组织的核心，IP 路由技术提供了一种解决 IP 网络动态可变性、实时性、QoS 等关键技术的可能。在众多路由技术中，RIP 和 OSPF 已成为目前 Internet 广域网和 Intranet 企业网采用最多、应用最广泛的路由技术之一。

动态路由协议是大型规模网络中路由器配置的重中之重，是路由器的核心配置。

【任务分析】

配置动态路由协议主要实现两个基本功能：维护路由选择表和以路由更新的形式将信息及时发布给其他路由器，以便所有路由器了解全网结构，动态学习到全网的最佳路径。本任务主要完成 RIP 的相关配置，最终使路由器具备相应的动态路由能力，实现网络互联互通。

10.1　知识储备

视频讲解

10.1.1　动态路由协议概述

路由选择算法有静态路由选择算法和动态路由选择算法之分，动态路由协议就是实现动态路由算法的协议，用于路由器动态寻找网络最佳路径，此路由称为动态路由。路由器使用动态路由协议在互联的网络上动态发现所有网络，并用来构建和维护动态路由表。

动态路由是网络中的路由器之间相互通信，利用收到的信息更新路由表的过程。它能适时地适应网络结构的变化。如果路由更新信息表明发生了网络变化，路由选择软件就会重新计算路由，并发出新的路由更新信息。这些信息通过各个网络，引起各路由器重新启动其路由算法，并更新各自的路由表以动态地反映网络拓扑变化，以保证所有路由器拥有一致的路由表。动态路由适用于网络规模大、网络拓扑复杂的网络，典型的动态路由协议包括

RIP、OSPF,但各种动态路由协议会不同程度地占用网络带宽和 CPU 资源。

动态路由机制的运作依赖路由器的两个基本功能:对路由表的维护和路由器之间适时的路由信息交换。路由器之间的路由信息交换是基于路由协议实现的,路由协议为路由器定义了一组在相邻路由器间交换路由选择信息的规则。图 10-1 为路由信息交换示意。

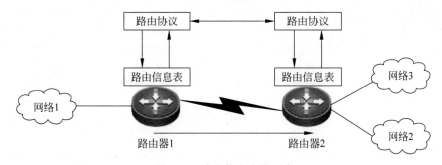

图 10-1　路由信息交换示意

图 10-1 中,每个路由器检查自己每个接口的 IP 地址和掩码,能够推导出与自身所连接的网络,并将这些连同标记(此处标记指明了网络是直连网络)一起保存到各自的路由信息表中,然后向直连路由器发送这些路由信息报文(即路由更新报文);每个路由器将收到的路由更新报文加入自己的路由信息表中。这样,路由器 1 就知道网络 2 和网络 3 的信息,同样路由器 2 也知道网络 1 的信息了,每个路由器知道了全网的信息。

上述过程看似很简单,其实很复杂,尤其是复杂的网络环境。如:路由器将收到的更新保存到路由选择表之后,它应该用这些信息做什么呢?如果其中一个网络失效,如何通过其他路由器转发数据?如果到达同一目的网络出现了两条或两条以上路径,如何确定最优路径?什么机制可以确保所有路由器顺利接收到所有的路由信息,而且这种机制怎样可以阻止更新报文在互联网中无休止地循环下去?

这些问题造成了协议的复杂性,每种路由协议都必须解决这些问题。管理距离、度量值和收敛等概念很好地解决了这些问题。

1. 管理距离与度量值

通过图 10-1,可以直观地看到路由信息交换的过程。交换路由信息的最终目的在于通过路由表找到一条数据交换的“最佳”路径。在大型的网络中,动态路由和静态路由选择通常会被同时使用。如果路由器接收了多个对同一远程网络的路由更新信息,路由器依据何种原则选择哪条路由信息作为最佳路由而加入路由表中呢?此时管理距离和度量值是选择的依据。

1) 管理距离

管理距离(Administrative Distance,AD)用来衡量路由器已接收到的、来自相邻路由器的路由选择信息的可信度。管理距离可以是一个 0~255 的整数,数值越高,可信度级别越低,其中 0 表示最可信赖,255 表示不会有通信量通过这个路由。在复杂网络中,动态路由(RIP、OSPF 等)和静态路由选择可能会被同时使用,这样由不同的路由协议可能发现到同一目的网络的多条路由,路由器依据路由信息中的管理距离确定最佳路径,优先级高(即管理距离小)的为最优路径,加入路由表中。对不同来源的路由,管理距离在设备中一般有固定的设置值，如表 10-1 所示。

表 10-1 设备中不同路由协议的管理距离默认设置值

路由来源	默认的管理距离
直连的路由	0
以出接口为出口的静态路由	0
以下一跳为出口的静态路由	1
外部 BGP	20
OSPF	110
IS-IS	115
RIP(v1 和 v2)	120
EGP	140
内部 BGP	200

2）度量值

度量值常被叫作路由花费，是每一种路由算法用以确定到达目的网络的最佳路径的计量标准，其值说明 IP 报文需要花费多大的代价才能到达目的，度量值最小的为最优路径，将其加入路由表中。每一种路由算法都有其衡量"最佳"的一套原则，如 RIP 使用"跳数"（即经过的路由器的个数）来计算度量值，而 OSPF 使用"链路带宽"（即带宽、时延、可靠性等参数）来计算度量值。由于不同路由协议的度量计算标准不同，因此不同路由协议间度量值没有可比性。

3）路由选路原则

路由表中显示的路由均是最优路由，即管理距离和度量值都最小的路由。管理距离指明了发现路由方式的优先级，度量值则指明了路径的优先级。

当一台路由器接收到多条到同一目的网络的路由更新内容时，路由器应如何选择最佳的路由添加到路由表中？路由器首先比较路由的管理距离 AD，如果 AD 不同，说明是由不同路由协议学到的，AD 值越小，可信度越高，根据管理距离最小优先原则，AD 值最小的路由被优先加入路由表中；如果路由具有相同的 AD 值，说明是由相同路由协议学到的，此时比较度量值，根据度量值最小优先原则，度量值较低的路由被优先加入路由表中；如果路由具有相同的 AD 及相同的度量值，则都被加入路由表中。

2. 路由收敛

由前面的分析可知，动态路由协议的运行包含一系列过程，这些过程用于路由器向其他路由器通告本地的直连网络，接收并处理来自其他路由器的路由更新信息，定义决策最优路径的度量等。

同一网络中的每个路由器对整个网络拓扑结构有一致的认识，这样一种状态称为路由收敛。如果网络满足上述条件，即所有路由器都处于收敛状态，就称网络已经收敛。快速收敛是网络所期望的。当网络路由信息从一个稳定状态因拓扑结构的变化而导致不稳定时，经过自学习到达又一个稳定状态所需的时间称为收敛时间。收敛时间成为衡量路由选择协议好坏的一个重要指标，在拓扑发生变化之后，一个网络的收敛速度越快，说明路由选择协议越好。

10.1.2　RIP 概述

RIP(Routing Information Protocol,路由信息协议)是使用最广泛的一种内部网关协议(IGP),是互联网的标准协议。它是由施乐(Xerox)公司在20世纪70年代开发的,TCP/IP版本的 RIP 是施乐协议的改进版。

视频讲解

RIP 是基于距离矢量算法(Distance Vector Algorithm)的,RIP 的度量值 metric 是基于跳数(Hop Count)的,即用跳数来衡量到达目的网络的路由距离。在 RIP 中,路由器到与它直接相连网络的跳数为0,通过一个路由器可达的网络的跳数为1,以此类推,每经过一台路由器,路径的跳数加1,跳数越多,路径就越长,RIP 算法会优先选择跳数少的路径。这意味着 RIP 使用到达目的网络的路由跳数和下一跳信息来描述路径。为限制收敛时间和解决无限循环产生的问题,RIP 规定 metric 取0~15的整数,大于或等于16的跳数被定义为无穷大,即目的网络或主机不可达。可见,RIP 允许一条路径最多只能包含16个路由器,RIP 只适用于小型互联网。

RIP 通过定时广播 UDP(使用端口520)报文来交换路由信息。默认情况下,同一自治系统中运行 RIP 的路由器每隔30s向与它相连的网络广播自己的路由表,收到广播信息的每个路由器为收到的路由项增加一个跳数,检查自己的路由表中是否存在收到的路由条目,并进行路由更新,动态地维护路由表。每个路由器都如此工作,最终,网络上所有的路由器都会得知所有网络的路由信息。

RIP 使用一些时钟以保证它所维持的路由的有效性与及时性。正常情况下,每30s路由器就可以收到一次路由信息确认,如果经过180s,即6个更新周期,一个路由项都没有得到确认,路由器就认为它已失效了。如果经过240s,即8个更新周期,路由项仍没有得到确认,它就被从路由表中删除。上面的30s、180s 和240s的计时都是由计时器控制的,它们分别是更新计时器(Update Timer)、无效计时器(Invalid Timer)和刷新计时器(Flush Timer)。

10.1.3　RIP 工作原理

在一个稳定工作的 RIP 网络中,所有启用了 RIP 的路由器接口将周期性地发送自己的全部路由更新。这个周期性发送路由更新的时间由更新计时器所控制,时间设定为30s。

1. RIP 拓扑变化处理

拓扑发生变化时,RIP 路由的处理经历6个过程,如图10-2所示。

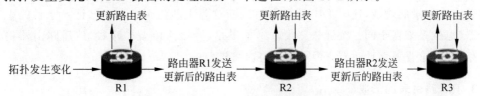

图 10-2　拓扑变化的 RIP 路由处理过程

（1）路由器 R1 的拓扑发生变化。

（2）路由器 R1 更新自己的路由表。

（3）路由器 R1 发送更新后的整个路由表给相邻路由器 R2。

（4）路由器 R2 更新自己的路由表。

（5）路由器 R2 发送更新后的整个路由表给相邻路由器 R3。

（6）路由器 R3 更新自己的路由表。

由此可知，每台路由器得知网络拓扑发生变化时，都是先更新本地的路由表，再发送更新后的路由表。

2. RIP 更新路由表

当 RIP 路由器收到其他路由器发出的 RIP 路由更新报文时，它将开始处理附加在更新报文中的路由信息，其处理流程如图 10-3 所示。

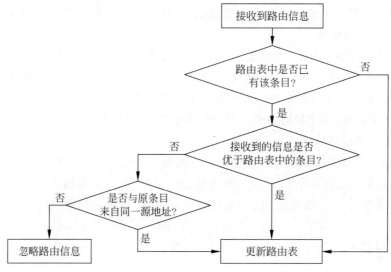

图 10-3　RIP 路由更新处理流程

由图 10-3 可知，RIP 更新路由表可能遇到的情况有 3 种。

（1）如果路由更新中的路由条目是新的，路由器则将新的路由连同通告路由器的地址（作为路由的下一跳地址）一起加入自己的路由表中。

（2）如果目的网络的 RIP 路由已经在路由表中，那么只有在新的路由拥有更小的跳数时才能替换原来存在的路由条目。

（3）如果目的网络的 RIP 路由已经在路由表中，但是路由更新通告的跳数大于或等于路由表中已记录的跳数，这时 RIP 路由器将判断这条更新是否来自于已记录条目的下一跳路由器（也就是来自于同一个通告路由器），如果是，则该路由就被接收，然后路由器更新自己的路由表，重置更新计时器；否则这条路由将被忽略。

3. RIP 路由表的形成

下面以图 10-4 来分析运行 RIP 的路由器间是如何相互学习形成各自的路由表的。

图 10-4 运行 RIP 的网络示意

（1）假设 t0 时刻，路由器 R1、R2、R3 依次刚刚启用 RIP，此时，从 R1 到 R3 的 3 台路由器初始的路由表中只有自己的直连路由信息，如图 10-5 所示。

R1				R2				R3			
路由类型	网络号	下一跳	跳数	路由类型	网络号	下一跳	跳数	路由类型	网络号	下一跳	跳数
C	10.1.0.0		0	C	10.2.0.0		0	C	10.3.0.0		0
C	10.2.0.0		0	C	10.3.0.0		0	C	10.4.0.0		0

图 10-5 RIP 运行前

（2）在第一次更新时刻到来时，这 3 台路由器都会先后以广播的方式向各自的所有链路宣告自己直连的网络，发出的路由更新报文中，每条路由的跳数都是在路由表中记录的基础上增加 1。

假设 R1 首先发送路由更新，R1 把自己直连的网络 10.1.0.0 和 10.2.0.0 以 1 跳的度量值告诉 R2。R2 收到 R1 的路由更新报文后，R2 把自己的路由表和 R1 传过来的路由表进行对比，若 R2 发现自己的路由表中没有 10.1.0.0，则 R2 接收 R1 的更新报文中到达 10.1.0.0 网络的路由；若 R2 发现自己的路由表中已有 10.2.0.0，并且是直连路由，直连路由的管理距离是 0，学到的 10.2.0.0 的 RIP 路由管理距离是 120，直连路由更好，R2 忽略 R1 传过来的 10.2.0.0。这样，R2 将 10.1.0.0 的路由及接收这条路由的源作为下一跳和跳数 1 加入自己的路由表中。类似地，R2 和 R3 也会分别在各自的更新时刻到来时宣告自己的直连网络。

第一个更新周期后各路由器的路由信息如图 10-6 所示。

R1				R2				R3			
路由类型	网络号	下一跳	跳数	路由类型	网络号	下一跳	跳数	路由类型	网络号	下一跳	跳数
C	10.1.0.0		0	C	10.2.0.0		0	C	10.3.0.0		0
C	10.2.0.0		0	C	10.3.0.0		0	C	10.4.0.0		0
R	10.3.0.0	10.2.0.2	1	R	10.1.0.0	10.2.0.1	1	R	10.2.0.0	10.3.0.1	1
				R	10.4.0.0	10.3.0.2	1				

图 10-6 运行 RIP 后第一次调整后的路由信息

（3）在下一次更新时刻到来时，这 3 台路由器又都会以广播的方式向各自的所有链路宣告自己的路由表。同第一次路由更新分析一样，第二个更新周期后各路由器的路由信息如图 10-7 所示。

至此，这个 RIP 网络经过 2 个更新周期后，所有路由器都已经学到了到达全部网络的路由，即这个 RIP 网络已经收敛完毕。在拓扑没有改变的情况下，路由器 R1、R2、R3 以后

R1			
路由类型	网络号	下一跳	跳数
C	10.1.0.0		0
C	10.2.0.0		0
R	10.3.0.0	10.2.0.2	1
R	10.4.0.0	10.2.0.2	2

R2			
路由类型	网络号	下一跳	跳数
C	10.2.0.0		0
C	10.3.0.0		0
R	10.1.0.0	10.2.0.1	1
R	10.4.0.0	10.3.0.2	1

R3			
路由类型	网络号	下一跳	跳数
C	10.3.0.0		0
C	10.4.0.0		0
R	10.2.0.0	10.3.0.1	1
R	10.1.0.0	10.3.0.1	2

图 10-7　最终的路由表

每次更新发送的路由信息都将是完全相同的。

10.1.4　RIP 存在的问题

RIP 虽然简单易行，并且久经考验，但是也存在着一些很重要的缺陷，主要有以下几点：过于简单，以跳数为依据计算度量值，经常得出非最优路径；度量值以 16 为限，不适合大的网络；安全性差，接收来自任何设备的路由更新；不支持无类 IP 地址和变长子网掩码（Variable Length Subnet Mask，VLSM）；收敛缓慢，时间经常大于 5min；消耗带宽很大。

RIP 主要的问题在于收敛时间。在 RIP 路由器认识到路径发生不可达的变更时，它将首先设置此路由项为等待，直到 6 次更新总共 180s 没有收到关于这个路由项的更新之后，才会将路由项标识为不可达，才能确定路由的失效。这意味着 RIP 至少需要经过了 3min 的延迟才能启动备份路由，这个时间对于多数应用程序来说都会出现超时错误。

RIP 的第二个基本问题是它在选择路径时忽略了网络延时、可靠性、线路连接速度等因素对传输质量和速度的影响，而仅以跳数为依据计算度量值。在图 10-8 所示的一个实际网络中，快速以太网（100Mb/s）连接的链路可能仅仅因为比 10Mb/s 链路多出一跳，致使 RIP 认为具有较慢 10Mb/s 链路为一条更优的路由，而实际并非如此。

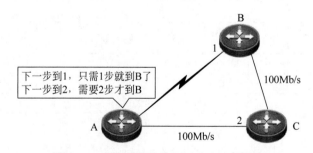

图 10-8　不考虑带宽的 RIP 路由选择示意

RIP 的第三个问题是原始版本不能应用 VLSM（可变长子网掩码），主要原因是 RIP 路由器不能在发送的信息中包含目的网络的掩码信息。因此，使用 RIP v1 的路由器网络环境不能识别分布在路由器不同接口的子网。在图 10-9 所示的网络中，使用标准 A 类 10.0.0.0 部署各个子网，路由表中就会出现 10.0.0.0 对应着路由器的不同接口。当数据到来需要转发时,路由器会根据路由表选择出口,对所有去往这些子网的数据,路由器都会根据路由表的指示认为从哪一个出口都可以到达,于是出现了错误的转发过程。而 RIP v2 通过将子网掩码与每一路由信息一起广播实现了这个功能。

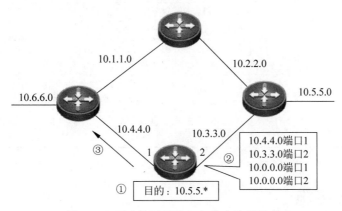

图 10-9 不支持子网的 RIP 路由选择示意

10.1.5 RIP 类型

对于 RIP 报文有两种版本的格式: RIP v1 与 RIP v2。两种报文稍有不同。

RIP v1 的特性包括以跳数(Hop Count)作为路径选择的度量值 metric,所允许的最大跳数为 15,默认以广播方式每隔 30s 进行一次路由更新,最大支持在 6 条等价路径上的负载均衡,默认为 4 条,RIP v1 是有类路由协议,不支持可变长子网掩码。

RIP v2 的改进在于它是一个无类路由协议,支持变长子网掩码,路由的更新采用组播而不是广播,组播地址为 224.0.0.9,支持手动的路由汇聚,支持 MD5 或明文认证,确保路由信息的正确。

RIP 采用广播或组播进行通信,其中 RIP v1 只支持广播,而 RIP v2 除支持广播外还支持组播。RIP v1 和 RIP v2 对比如表 10-2 所示。

表 10-2 RIP v1 和 RIP v2 对比

功　　能	RIP v1	RIP v2
路由更新过程中的子网信息	不携带	携带
认证	不提供	提供
变长子网掩码	不支持	支持
更新方式	广播	组播(224.0.0.0)
IP 类别	有类路由协议	无类路由协议
支持路由标记	否	是

10.1.6 RIP 路由配置命令

锐捷 RGOS 命令行提供的 RIP 常用配置命令如表 10-3 所示。

表 10-3　RIP 常用配置命令

命令模式	CLI 命令	作用
全局模式	router rip	启用 RIP 路由进程；本命令的 no 操作关闭 RIP 路由进程
路由配置模式	network *network*	使用 network 命令为 RIP 指定连接的网络号
	version 2	配置发送和接收 RIP v2 的分组
	auto-summary	使用 auto-summary 命令激活自动路由汇总功能，no auto-summary 命令则关闭自动路由汇总功能
接口模式	ip rip passive	使用 ip rip passive 路由器配置命令在接口上取消发送路由更新，使用 no ip rip passive 命令使路由更新重新激活
特权模式	show ip rip	显示 RIP 主要信息，根据该命令输出信息，可以查看当前 RIP 配置的一些状态

10.2　任务实施

图 10-10 所示是某企业网络拓扑图，现要求配置 RIP 路由保证网络互联互通。

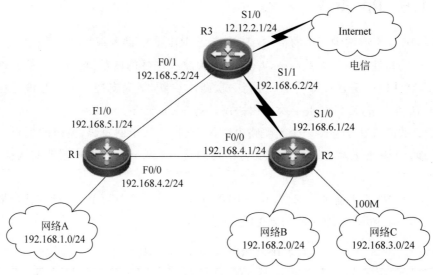

图 10-10　某企业网络拓扑示意图

1. 基础配置

参看任务 8 完成每个路由器各接口的配置，并利用 show ip route 命令查看是否正确获得相应的直连路由。

2. 配置 RIP 路由

```
R1(config)#router rip
R1(config-router)#network 192.168.1.0
R1(config-router)#network 192.168.4.0
```

```
R1(config-router)#network 192.168.5.0

R2(config)#router rip
R2(config-router)#network 192.168.4.0
R2(config-router)#network 192.168.2.0
R2(config-router)#network 192.168.3.0
R2(config-router)#network 192.168.6.0

R3(config)#router rip
R3(config-router)#network 192.168.5.0
R3(config-router)#network 192.168.6.0
R3(config-router)#network 12.0.0.0
```

3. 验证

验证配置好的路由信息，以 R1 为例：

```
R1#show ip route
Codes: C - connected, S - static, I - IGRP, R - RIP, M - mobile, B - BGP
      …（省略提示信息）
Gateway of last resort is not set
R    12.0.0.0/8 [120/1] via 192.168.5.2, 00:00:24, FastEthernet1/0
R    192.168.2.0/24 [120/1] via 192.168.4.1, 00:00:11, FastEthernet0/0
R    192.168.3.0/24 [120/1] via 192.168.4.1, 00:00:11, FastEthernet0/0
C    192.168.4.0/24 is directly connected, FastEthernet0/0
C    192.168.5.0/24 is directly connected, FastEthernet1/0
C    192.168.1.0/24 is directly connected, FastEthernet0/1
R    192.168.6.0/24 [120/1] via 192.168.4.1, 00:00:11, FastEthernet0/0
                    [120/1] via 192.168.5.2, 00:00:24, FastEthernet1/0
R1#
```

从上面的输出可以看到，路由器 R1 上拥有全网所有的路由（7 条），路由条目最前面的字母表示路由的代码，"C"表示直连路由，"R"表示通过 RIP 学到的路由。

以"R 192.168.2.0/24 [120/1] via 192.168.4.1,00:00:11,FastEthernet0/0"为例分析其每项含义。"R"表示通过 RIP 学来的路由；"192.168.2.0/24"是学到的远程网络；"[120/1]"中 120 是 RIP 的管理距离 AD，1 表示的是 RIP 的度量值（跳数），从路由器 R1 到达 192.168.2.0/24 需要一跳，即经过一台路由器可以到达；"via 192.168.4.1"，R1 去往 192.168.2.0/24 的下一跳路由器直连接口的 IP 地址是 192.168.4.1；"00:00:11"是收到最后一次路由更新的时间；"FastEthernet0/0"是本路由器的去往 192.168.2.0/24 路由的出接口。

10.3　知识扩展

10.3.1　路由环路

由前面 RIP 路由表的形成过程分析可知，图 10-4 所示的网络经历两个路由更新周期后,所有路由器都具有一致的路由表(见图 10-7),说明路由收敛了。路由收敛后,RIP 还会在所有激活的接口上定期广播路由更新,以此跟踪互联网络中的任何改变。

若图 10-4 中 10.4.0.0 网络突然发生故障,直连路由器 R3 最先收到故障信息,R3 把网络 10.4.0.0 从路由表中删除,并等待其路由更新周期到来后发送路由更新给相邻路由器(R2),此时 R1、R2 不知道 10.4.0.0 网络出问题了,它们的路由表中仍然有该网路可达的路由信息。假若路由器 R2 的更新周期先到达,R3 收到 R2 发出的更新后,发现路由更新中有路由项 10.4.0.0,而自己的路由表中没有,R3 接收 R2 的更新报文中到达 10.4.0.0 网络的路由,并将跳数改为 2。这样,R3 的路由表中就记录了一条错误的路由,此时 R2 认为通过 R3 可以去往网络 10.4.0.0,R3 认为通过 R2 可以去往网络 10.4.0.0,就形成了路由循环。更新后的路由循环信息如图 10-11 所示。

路由类型	网络号	下一跳	跳数		路由类型	网络号	下一跳	跳数		路由类型	网络号	下一跳	跳数
R1					R2					R3			
C	10.1.0.0		0		C	10.2.0.0		0		C	10.3.0.0		0
C	10.2.0.0		0		C	10.3.0.0		0		C	10.2.0.0	10.3.0.1	1
R	10.3.0.0	10.2.0.2	1		R	10.1.0.0	10.2.0.1	1		R	10.1.0.0	10.3.0.1	2
R	10.4.0.0	10.2.0.2	2		R	10.4.0.0	10.3.0.2	1		R	10.4.0.0	10.3.0.1	2

图 10-11　更新后的路由循环信息

当某个网络发生故障时,由于每台路由器不能同时或近乎同时地更新路由选择表,关于该网络的无效路由更新将循环传播,这样就形成了路由环路。路由环路对网络具有极大的副作用,它延缓网络的收敛,影响网络的稳定性。

10.3.2　路由环路的解决方法

如果网络上有路由循环,信息就会循环传递,永远不能到达目的地。为了避免路由环路问题,RIP 算法采用了水平分割、路由毒化、抑制定时、触发更新等机制。

1. 水平分割

水平分割是保证不产生路由环路的最基本措施,其原理是保证路由器从某个接口接收到的更新信息不允许再从这个接口发回去。

2. 路由毒化

路由毒化是指当一条路径信息在路由表中失效时,路由器并不立即将它从路由表中删除,而是把路由表中发生故障的路由项的度量值变为无穷大,以使邻居能够及时得知网络发生故障。在 RIP 中最大跳数为 15,16 意味着无穷大,表示网络不可达。

3. 抑制定时

当路由器发现一条路由信息无效之后,将该路由信息的度量值记为无穷大(16),然后该路由器在一段时间内进入抑制状态,即在一定时间内只接收来自同一邻居且度量值小于无穷大的路由更新,不接收关于同一目的地的其他路由更新。

4. 触发更新

当路由表发生变化时,路由器立即广播更新报文给相邻的所有路由器,而不是等待 30s 的定时更新周期。这样,网络拓扑的变化会最快地在网络上传播开,减少了路由循环产生的可能性,加快了路由更新与网络收敛的速度。

10.4　实践训练

实训 10　RIP v2 的配置

1. 实训目的

(1)掌握动态路由 RIP v2 的配置方法。
(2)理解 RIP v2 的工作过程。

2. 应用环境

RIP v1 的主要局限性在于它是一种有类路由协议,有类路由协议在路由更新中不包含子网掩码,因此在不连续子网或者使用可变长子网掩码的网络中会出现问题。

RIP v2 不是一个全新的协议,而是对 RIP v1 的增强和扩充,包括路由更新中包括下一跳地址、使用主播地址发送更新、支持可变长子网掩码等。RIP v2 是无类路由协议,因此对当今路由环境的适应性更强。

3. 实训设备

(1)RG 路由器 3 台。
(2)直通双绞线若干。
(3)交叉双绞线若干。

4. 实训拓扑

本实训 RIP v2 配置示意如图 10-12 所示。

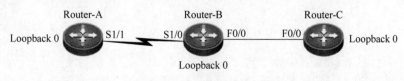

图 10-12　RIP v2 配置示意

5. 实训要求

配置 RIP v2,使得网络互联互通。路由器各接口地址如表 10-4 所示。

表 10-4 路由器各接口地址

Router-A		Router-B		Router-C	
S1/1(DCE)	192.168.1.1/24	S1/0(DTE)	192.168.1.2/24		
		F0/0	192.168.2.1/24	F0/0	192.168.2.2/24
Loopback 0	172.16.10.1/24	Loopback 0	172.16.11.1/24	Loopback 0	172.16.12.1/24

6. 实训步骤

第1步：配置路由器各接口的IP地址。

参照任务8，按照表10-4配置所有接口的IP地址，保证所有接口全部是up状态，测试连通性，查看路由表并记录。

第2步：在路由器上配置RIP。

```
RouterA(config)♯router rip                              //启动RIP
RouterA(config)♯version 2                               //RIP v2
RouterA(config)♯no auto-summary                         //关闭自动汇总
RouterA(config-router)♯network 172.16.10.0              //宣告网段
RouterA(config-router)♯network 192.168.1.0


RouterB(config)♯router rip
RouterB(config)♯version 2
RouterB(config)♯no auto-summary
RouterB(config-router)♯network 172.16.11.0
RouterB(config-router)♯network 192.168.1.0
RouterB(config-router)♯network 192.168.2.0


RouterC(config)♯router rip
RouterC(config)♯version 2
RouterC(config)♯no auto-summary
RouterC(config-router)♯network 172.16.12.0
RouterC(config-router)♯network 192.168.2.0
```

第3步：查看路由器的路由表，此处只给出路由器A的路由表信息。

```
RouterA♯show ip route
Codes: C - connected, S - static, I - IGRP, R - RIP, M - mobile, B - BGP
…(省略)
Gateway of last resort is not set

     172.16.0.0/24 is subnetted, 3 subnets
R       172.16.12.0 [120/2] via 192.168.1.2, 00:00:13, FastEthernet0/0
C       172.16.10.0 is directly connected, Loopback0
R       172.16.11.0 [120/1] via 192.168.1.2, 00:00:13, FastEthernet0/0
C    192.168.1.0/24 is directly connected, FastEthernet0/0
R    192.168.2.0/24 [120/1] via 192.168.1.2, 00:00:13, FastEthernet0/0
```

到此，所有路由器都学习到了所有网段的路由。考虑一下，如果采用RIP v1，这里还能获得所有路由吗？会出现什么情况？

第4步：在路由器 A 上 PING 路由器 C。

```
RouterA # ping 192.168.2.2
    Type escape sequence to abort.
    Sending 5, 100 - byte ICMP Echos to 192.168.2.2, timeout is 2 seconds:
    !!!!!
    Success rate is 5 percent (0/5)                          //通过
```

测试，结果网络互联互通。

10.5　习题

一、选择题

1. 直连路由、静态路由、RIP 和 OSPF 按照默认路由优先级从高到低的排序正确的是（　　）。

  A. 直连路由、静态路由、OSPF、RIP B. 直连路由、OSPF、静态路由、RIP

  C. 直连路由、OSPF、RIP、静态路由 D. 直连路由、RIP、静态路由、OSPF

2. 关于矢量距离算法以下说法（　　）是错误的。

  A. 矢量距离算法不会产生路由环路问题

  B. 矢量距离算法是靠传递路由信息来实现的

  C. 路由信息的矢量表示法是（目标网络，metric）

  D. 使用矢量距离算法的协议只从自己的邻居获得信息

3. RIP 依据（　　）判断最优路由。

  A. 带宽   B. 跳数

  C. 路径开销   D. 延迟时间

4. RIP 路由器不会把从某台邻居路由器那里学来的路由信息再发回给它，这种行为被称为（　　）。

  A. 水平分割   B. 触发更新   C. 毒性逆转   D. 抑制

5. 路由器中时刻维持着一张路由表，这张路由表可以是静态配置的，也可以是（　　）产生的。

  A. 生成树协议   B. 链路控制协议

  C. 动态路由协议   D. 被承载网络层协议

6. 快速收敛适合于使用动态路由协议的网络的原因是（　　）。

  A. 在网络收敛之前，路由器不允许转发数据包

  B. 在网络收敛之前，主机无法访问其网关

  C. 在网络收敛之前，路由器可能会做出不正确的转发决定

  D. 在网络收敛之前，路由器不允许更改配置

7. 在路由器上，启用路由功能的命令是（　　）。

  A. ip router   B. enable route

C. start ip route   D. ip routing

二、填空题

1. 路由协议分为距离向量协议和链路状态协议，RIP 是＿＿＿＿＿＿＿＿协议。

2. 在 RIP 中 metric 等于＿＿＿＿＿为网络不可达。

三、简答题

1. 简述管理距离和度量值的含义及作用。

2. 简述 RIP 有哪些缺陷及防止路由环路的技术。

3. RIP 中，更新计时器、无效计时器和刷新计时器的作用分别是什么？

四、课后实训

拓扑图同任务 8 中的图 8-12，按下列实训要求完成配置，使得网络互通。

（1）按任务 8 要求完成 VLAN 及 Trunk、接口 IP 地址、主机 IP 地址及子网掩码等基础配置，保证所有接口全部是 up 状态。

（2）在三层交换机 Switch-A 及 Switch-B、路由器 Router-A 及 Router-B 上配置 RIP v2 路由。

（3）测试各部门网络的连通性。

任务 11 配置OSPF路由实现园区网互通

【任务描述】

开放最短路径优先（Open Shortest Path First，OSPF）协议是一个内部网关协议，用于单一自治系统内决策路由。与 RIP 相比，OSPF 协议是链路状态路由协议。所谓链路是路由器用来连接网络的接口，链路状态用来描述路由器接口及其相邻路由器的关系。

本任务主要完成 OSPF 动态路由协议的相关配置，最终使路由器具备相应的路由能力，实现网络的互联互通。

【任务分析】

OSPF 协议是一种由 IETF 开发的链路状态路由协议，它的使用不受任何厂商限制，所有人都可以使用，所以称为开放的，而最短路径优先（SPF）只是 OSPF 的核心思想，其使用的算法是 Dijkstra 算法。链路状态路由协议在路由更新中会比距离矢量路由协议包含更多的信息，需要更好的 CPU，具有更快的收敛速度。路由器需要将网络的所有细节以"泛洪"的方式通告给其他路由器，所以相比于距离矢量路由协议，运行链路状态路由协议的路由器需要占用更多的资源。

11.1 知识储备

11.1.1 链路状态路由协议概述

距离矢量路由协议有时也称为传闻路由，即相信其他路由器通告的路由都是真实的，而且其没有全局认识，仅仅根据邻居路由器发过来的信息进行路径选择，并不了解整个网络的拓扑结构。链路状态路由协议则不同，其收集整个网络的拓扑信息，并基于这个拓扑信息决定到每一个网络的最短路径。由此，距离矢量路由协议就像是根据公路上的路标开车，可能要走弯路，而链路状态路由协议就像是看着地图，自己判断，并选择一条最佳的路径。

运行链路状态路由协议的路由器形成路由表的过程如下。

（1）每台路由器学习自己的链路，也就是与其直连的网络。

（2）每台路由器和直接相连的路由器间相互发送 Hello 报文，建立邻接关系。

（3）每台路由器构建链路状态通告（Link State Advertisement，LSA），其中包含与该路由器直连的每条链路的状态。

（4）每台路由器"泛洪"LSA 给所有的邻居，每个邻居路由器将收到的 LSA 存储到链路状态数据库（Link State DataBase，LSDB）中，再将收到的 LSA"泛洪"给自己的邻居，直到同一区域内的所有路由器都收到。

（5）每台路由器基于本地的链路状态数据库执行 SPF 算法，即以本路由器为树根，生成一颗 SPF 树，再基于 SPF 树，计算到每一个目的网络的最短路径，加入路由表中。

链路状态路由协议路由表的生成过程如图 11-1 所示。

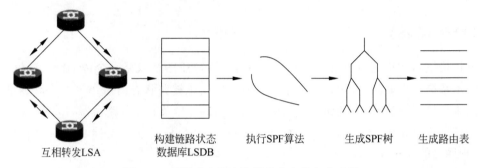

互相转发LSA　　　构建链路状态　　执行SPF算法　　生成SPF树　　生成路由表
　　　　　　　　数据库LSDB

图 11-1　链路状态路由协议路由表的生成过程

视频讲解

11.1.2　OSPF 协议概述

区别于 RIP，OSPF 协议是一种基于链路状态的内部网关路由协议，OSPF 邻居路由器之间交换的是链路状态信息，而不是路由信息，OSPF 通过链路状态通告（LSA）获取到网络中的所有链路状态信息，然后每台路由器利用 SPF 算法独立计算路由。OSPF 协议是目前应用最广泛的路由协议之一。运行了 OSPF 协议的路由器维持以下 3 张表。

- 邻居表（Neighbor Table），存储了邻居路由器的信息。如果一个 OSPF 路由器和它的邻居路由器失去联系，在几秒内，它会将所有到达该邻居的路由均标记为无效，并重新计算到达目标网络的最佳路径。
- 拓扑表（Topology Table），一般也称作 LSDB。OSPF 路由器将收到的有关其他路由器和网络状况的 LSA 存储在 LSDB 中。
- 路由表（Routing Table），包含了到达目标网络的最佳路径的信息。

OSPF 协议是基于链路状态的路由协议，具有以下一些显著特性。

- 无环路由协议。执行的是 SPF 算法，不会产生路由环路。
- 区域化设计。易扩展，路由器的负担不会随着网络规模的增大而急剧增加，可以适应大中型及较复杂的网络环境。
- 快速收敛。使用触发式更新，路由可以快速收敛。
- 无类路由协议。支持 VLSM 和 CIDR。
- 安全认证。可基于接口和基于区域的简单口令或 MD5 验证。

11.1.3 OSPF 基本概念

1. 链路（Link）

当一个接口被加入到 OSPF 进程中时，它就被认为是 OSPF 的一个链路。

2. 链路状态（Link State）

链路状态是有关各条链路的状态信息，包括接口的 IP 地址/子网掩码、网络类型、链路花费及链路上的所有相邻路由器等，用来描述路由器接口及其与邻居路由器的关系。全部链路状态信息便构成链路状态数据库。

3. 路由器 ID（Router ID）

Router ID 用于在 AS 内唯一标识一台 OSPF 路由器，其长度为 32 位二进制数，格式和 IP 地址相同。Router ID 可以手工指定，也可以在已配置的接口地址中自动选择。一般先选择环回接口中最高的 IP 地址作为 Router ID，如果没有配置环回接口，再选择物理接口中最高的 IP 地址作为 Router ID。

4. 邻居（Neighbor）

OSPF 邻居是位于同一物理链路上的路由器，通过 Hello 协议形成邻居关系。

5. 区域

区域是共享链路状态信息的一组路由器的集合，在同一区域内的所有路由器的链路状态数据库完全相同。

6. OSPF 网络类型

根据路由器所连接的物理网络不同，OSPF 将网络划分为 4 种类型：广播多路访问型、非广播多路访问型、点到点型、点到多点型。

7. 指派路由器（DR）和备份指派路由器（BDR）

在多路访问网络上可能存在多个路由器，为了避免路由器之间建立完全相邻关系而引起的大量开销，OSPF 会在网络中选举一个 DR 和一个 BDR，DR 是网络中的核心，BDR 是 DR 的备份，在 DR 失效时，BDR 承担起 DR 的职责。非 DR/BDR 的路由器只与 DR 和 BDR 建立邻接关系，它们之间不能建立邻接关系，只能形成邻居关系。所有路由器都只将链路状态信息发送给 DR，再由 DR 发布给其他路由器。

8. 花费（Cost）

每条链路都有一个花费。花费是根据链路的带宽计算而来的，并可以人为地修改。

11.1.4 通配符掩码

通配符掩码（或称反掩码）多用于 ACL、OSPF 等配置中，用于匹配 IP 地址范围，它与

视频讲解

IP 地址是成对出现的，与子网掩码工作原理不同。它不像子网掩码告诉路由器 IP 地址的哪些位属于网络号，通配符掩码告诉路由器为了判断出匹配，它需要检查 IP 地址中的哪些位。

通配符掩码由类似于子网掩码的点分十进制方法表示，也是一个 32 位的数字字符串，被用点号分成 4 个 8 位组，每组包含 8 比特位。通配符掩码中，若掩码位设成 0，则表示 IP 地址中相对应的位必须精确匹配；若掩码位设成 1，则表示 IP 地址中相对应的位不需要完全匹配，即表示忽略位。也就是说，通配符掩码中，0 表示要检查的位，1 表示不需要检查的位。

下面分析一些地址掩码对是如何工作的。

例 11-1：192.168.1.0 0.0.0.255

通配符掩码是 0.0.0.255，前面是 24 个 0，最后是 8 个 1。由于通配符掩码中 0 表示必须精确匹配，1 表示忽略位，192.168.1.0 与 0.0.0.255 结合在一起，表示要精确匹配前面的 24 位，最后的 8 位是 0 或 1 都没关系，实现的是匹配从 192.168.1.0 到 192.168.1.255 的所有 IP 地址。

例 11-2：192.168.16.0 0.0.7.255

此例中，通配符掩码的"精确匹配"位和"不检查"位不是 8 的倍数。其实，并不是所有的通配符掩码的"精确匹配"位和"不检查"位都刚好是 8 的倍数。把地址和通配符掩码中的后两个十进制数进行二进制分解，如下。

地址中 16.0：0001 0000 0000 0000

掩码中 7.255：0000 0111 1111 1111

可以看出，通配符掩码中前面是 21 个 0，最后是 11 个 1。需精确匹配的是前面的 21 位，最后的 11 位是 0 或 1 都没关系，实现的是匹配从 192.168.16.0 到 192.168.23.255 的所有 IP 地址。

通配符掩码中，可以用 255.255.255.255 表示所有 IP 地址，因为全为 1 说明 32 位中所有位都不需检查，此时可用 any 替代。而 0.0.0.0 的通配符则表示所有 32 位都必须要进行匹配，它只表示一个 IP 地址，可以用 host 表示。比如，要在后面介绍的 ACL 中实现匹配 IP 地址 192.168.1.5，则可以写成 192.168.1.5 0.0.0.0，该语句也等同于 host 192.168.1.5。

如果没有掩码的话，不得不对每个匹配的 IP 地址加入一个单独的访问列表语句，这将造成很多额外的输入和路由器大量额外的处理过程。所以，通配符掩码相当有用，在了解 OSPF 配置命令前有必要先了解通配符掩码的作用和写法。

11.1.5　OSPF 路由配置命令

锐捷 RGOS 命令行提供的 OSPF 常用的配置命令如表 11-1 所示。

表 11-1　OSPF 常用的配置命令

命令模式	CLI 命令	作　用
全局模式	router ospf process-id	启用 OSPF 路由进程；必须先启动 OSPF，才能配置 OSPF 的各种全局性参数

命令模式	CLI 命令	作　用
路由配置模式	network network-number wildcard-mask area area-number	使用 network 命令为 OSPF 协议指定连接的网络号。一旦将某一网络的范围加入到区域中,该区域中所有落在这一范围内的 IP 地址的内部路由都不再被独立地广播到别的区域,而只是广播整个网络范围路由的摘要信息
	router-id ip-address	router-id 设定运行 OSPF 路由器的 ID,命令的 no 操作删除 ID 标识
接口模式	ip ospf cost number	指定接口运行 OSPF 协议所需的花费,no ip ospf cost 命令恢复默认值
特权模式	show ip ospf process-id	显示 OSPF 主要信息,根据该命令输出信息,可以帮助用户进行 OSPF 故障诊断。如果带有 process-id 将只显示对应的 OSPF 进程的全局配置信息
	show ip ospf neighbor	显示 OSPF 邻接点信息
	show ip ospf database	显示 OSPF 连接状态数据库信息
	debug ip ospf adj	监视 OSPF 的邻接建立过程,根据该命令的输出信息,可以查看 OSPF 的邻接建立的过程

11.2 任务实施

图 11-2 是某企业网络拓扑示意,现要求配置 OSPF 路由保证网络互联互通。

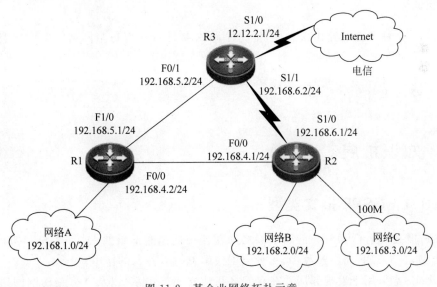

图 11-2 某企业网络拓扑示意

1. 基础配置

参照任务 8 完成每个路由器各接口的配置,并利用 show ip route 命令查看是否正确获得相应的直连路由。

2. 配置 OSPF 路由

删除之前的 RIP 路由。

```
R1(config)#no router rip                      //删除 RIP 路由
```

配置 OSPF 路由。

```
R1(config)#router ospf 1
R1(config-router)#network 192.168.1.0 0.0.0.255 area 0        //宣告网段
R1(config-router)#network 192.168.4.0 0.0.0.255 area 0
R1(config-router)#network 192.168.5.0 0.0.0.255 area 0

R2(config)#router ospf 1
R2(config-router)#network 192.168.4.0 0.0.0.255 area 0
R2(config-router)#network 192.168.2.0 0.0.0.255 area 0
R2(config-router)#network 192.168.3.0 0.0.0.255 area 0
R2(config-router)#network 192.168.6.0 0.0.0.255 area 0

R3(config)#router ospf 1
R3(config-router)#network 192.168.5.0 0.0.0.255 area 0
R3(config-router)#network 192.168.6.0 0.0.0.255 area 0
R3(config-router)#network 12.12.2.0 0.0.0.255 area 0
```

3. 验证

使用 show 命令查看路由信息，验证每个路由器是否获得每个网络的路由信息。也可以使用 ping 命令测试连通性。

```
R1#show ip route
```

11.3 知识扩展

11.3.1 OSPF 报文类型

OSPF 报文是运行 OSPF 的路由器之间互相传播消息的重要工具。OSPF 协议共有 5 种报文类型，在 OSPF 路由过程中，每种数据包都发挥着各自的作用。

（1）hello 包：用于发现邻居并在它们之间建立邻接关系，以及在多路访问网络中选举 DR/BDR。

（2）数据库描述（DD）包：描述本地 LSDB 中每一条 LSA 的摘要信息，用于在两台路由器之间进行数据库的同步。

（3）链路状态请求（LSR）包：两台路由器之间互相交换 DD 报文后，路由器检测 LSDB

中是否有不一致或过时的 LSA。若有则需要发送 LSR 报文向对方请求需要的 LSA,以达到 LSA 完全同步。

(4) 链路状态更新(LSU)包:LSU 报文用于向对端路由器发送它所需要的 LSA。

(5) 链路状态确认(LSAck)包:用于对接收到的 LSU 报文进行确认。

11.3.2 OSPF 分区域管理

当运行 OSPF 协议的网络规模变大时,LSDB 会非常庞大,占用大量存储空间,同时也会加大运行 SPF 算法的复杂度,造成 CPU 负担增大;网络拓扑结构发生变化的概率也增大,每一次变化都会导致网络中所有的路由器重新进行路由计算,网络中会有大量的报文在传递,降低了网络的带宽利用率。以上原因导致 OSPF 实际上已不能在大规模网络中正常工作。

为了减少路由协议通信量,减小网络变化波及的范围,提高收敛速度,OSPF 将一个自治系统分为若干个区域(Area)。区域是从逻辑上将路由器划分为不同组,每个组用区域号标识,如图 11-3 所示。每个区域的路由器只需要保存该区域的网络拓扑,减小了 LSDB,降低了 SPF 算法的计算量和 LAS 的开销。

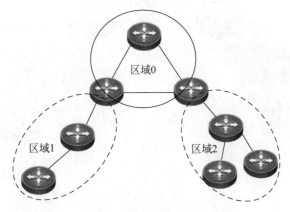

图 11-3 多区域 OSPF

OSPF 划分区域时,必须存在一个骨干区域(即区域 0),所有其他区域都通过直接或虚链路连接到骨干区域,非骨干区域之间不能直接交换信息,必须通过骨干区域来中转。

11.4 实践训练

实训 11 多区域 OSPF 路由配置

1. 实训目标

(1) 掌握动态路由的配置方法。

(2) 理解 OSPF 协议的工作过程。

(3) 掌握多区域 OSPF 的配置。

2. 应用环境

当 OSPF 路由域规模较大时，一般采用分层结构，即将 OSPF 路由域分割成几个区域，区域之间通过一个骨干区域互联，每个非骨干区域都需要直接与骨干区域连接。

企业的网络规模比较大，如果是超过 10 台路由器，为了实现整个网络可以互相通信，共享资料，那么可以在整个网络里面的所有路由器上启用 OSPF 协议。

3. 实训设备

（1）RG-RSR 20 系列路由器 4 台。

（2）直通双绞线若干。

（3）交叉双绞线若干。

4. 实训拓扑

本实训多区域 OSPF 路由配置拓扑如图 11-4 所示。

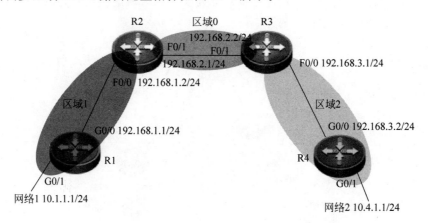

图 11-4　多区域 OSPF 路由配置拓扑

5. 实训要求

配置多区域 OSPF 路由使得网络互联互通。路由器各接口地址如表 11-2 所示。

表 11-2　路由器各接口地址

	R1		R2		R3		R4	
G0/0	192.168.1.1	F0/0	192.168.1.2	F0/0	192.168.3.1	G0/0	192.168.3.2
G0/1	10.1.1.1	F0/1	192.168.2.1	F0/1	192.168.2.2	G0/1	10.4.1.1
Loopback 0	1.1.1.1	Loopback 0	2.2.2.2	Loopback 0	3.3.3.3	Loopback 0	4.4.4.4

6. 实训步骤

第 1 步：配置路由器各接口的 IP 地址。

参照任务 8，按照表 11-2 配置所有接口、PC 的 IP 地址，保证所有接口全部是 up 状态，测试连通性。

第 2 步：配置 OSPF 路由。

```
R1(config)♯router ospf 1                                    //启用 OSPF 协议,进程号为 1
R1(config-router)♯network 192.168.1.1 0.0.0.0 area 1
                    //把 192.168.1.1 所属的接口通告进 OSPF 进程,区域号为 1
R1(config-router)♯network 10.1.1.1 0.0.0.0 area 1
R1(config-router)♯exit

R2(config)♯router ospf 1
R2(config-router)♯network 192.168.1.2 0.0.0.0 area 1
R2(config-router)♯network 192.168.2.1 0.0.0.0 area 0 //区域 0 为骨干区域
R2(config-router)♯exit

R3(config)♯router ospf 1
R3(config-router)♯network 192.168.2.2 0.0.0.0 area 0
R3(config-router)♯network 192.168.3.1 0.0.0.0 area 2
R3(config-router)♯exit

R4(config)♯router ospf 1
R4(config-router)♯network 192.168.3.2 0.0.0.0 area 2
R4(config-router)♯network 10.4.1.1 0.0.0.0 area 2
R4(config-router)♯exit
```

配置 OSPF 路由时注意以下几点。

（1）OSPF 的进程号，只是代表本路由器上的一个 OSPF 进程，全网路由器的 OSPF 进程号可以不一致；OSPF 在建立邻居时会检测对方 hello 包的区域标识，同一条链路上，两端的 OSPF 区域号必须一致。

（2）区域号为 0 的区域通常被称为骨干区域，如果自治系统被划分成一个以上的区域，则必须有一个区域是骨干区域，并且保证所有非骨干区域必须与骨干区域保持连通。

第 3 步：配置验证。

```
R1♯show ip route
Codes: C - connected, S - static, I - IGRP, R - RIP, M - mobile, B - BGP
…(省略)
Gateway of last resort is not set
10.0.0.0/24 is subnetted, 2 subnets
C        10.1.1.0 is directly connected, FastEthernet0/0
O IA     10.4.1.0 [110/4] via 192.168.1.2, 00:00:10, FastEthernet0/1
C192.168.1.0/24 is directly connected, FastEthernet0/1
O IA 192.168.2.0/24 [110/2] via 192.168.1.2, 00:00:10, FastEthernet0/1
O IA 192.168.3.0/24 [110/3] via 192.168.1.2, 00:00:10, FastEthernet0/1
```

查看全网路由器的路由，若每台路由器都能学习到整网的路由，则 OSPF 配置正确。

此时，10.4.1.0 等路由前面从大写"O "变成了大写的"O IA "了，说明这些路由是从区域内路由变成了区域间路由，也就是说这三条路由是从其他区域学到的。

11.5 习题

一、选择题

1. 常见的路由协议有（　　）（多选题）。
    A. IPX　　　　　　　B. OSPF　　　　　　C. RIP　　　　　　D. IP

2. 开放最短路径优先（OSPF）协议采用（　　）算法计算最佳路由。
    A. Dynamic-Search　　　　　　　　B. Bellman-Ford
    C. Dijkstra　　　　　　　　　　　D. Spanning-Tree

3. 下面叙述中（　　）不是 OSPF 协议的特点。
    A. 最多可支持近百台路由器
    B. 如果网络的拓扑结构发生变化，OSPF 立即发送更新报文
    C. 算法本身保证了不会生成自环路由
    D. 区域划分减少了路由更新时占用的网络带宽

4. OSPF 的报文中，（　　）报文可用于选举 DR、BDR。
    A. hello　　　　　　　B. LSAck　　　　　　C. LSR　　　　　　D. LSU

5. 路由表中存在下列代码行：

```
O 10.16.1.0/27 [110/129] via 192.168.1.5, 00:00:05, Serial0/0/1
```

该输出中的数字 129 表示（　　）。
    A. 该链路的开销值为 129
    B. 该串行接口的时钟频率设置为 129 000 Hz
    C. 下一跳路由器距离该路由器 129 跳
    D. 该路由在路由表中已更新 129 次

二、填空题

1. 路由协议分为距离向量协议和链路状态协议，OSPF 是＿＿＿＿＿＿＿协议。
2. 运行了 OSPF 协议的路由器维持了三张表，即＿＿＿＿＿、＿＿＿＿＿和路由表。

三、简答题

1. 简述 OSPF 的工作过程。
2. 简述 OSPF 为什么不会引起路由环路。

四、课后实训

单区域 OSPF 实训拓扑图同任务 8 的图 8-12，按下列实训要求完成配置，使得网络互通。

（1）按任务 8 要求完成 VLAN 及 Trunk、接口 IP 地址、主机 IP 地址及子网掩码等基础配置，保证所有接口全部是 up 状态。

（2）在三层交换机 Switch-A 及 Switch-B、路由器 Router-A 及 Router-B 上配置单区域 OSPF 路由。

（3）测试各部门网络的连通性。

任务 12 配置路由重分发

【任务描述】

为了能形成一定规模经济、增强企业的市场竞争力、提高经济效益,两个公司依照有关法律法规进行了合并。合并前两公司都有各自运行稳定的网络,其中一个公司的网络运行的是静态路由,而另一个公司的网络运行的是 RIP 路由。现在两公司合并后,希望在不改变原有网络配置的情况下,能在不同的路由协议之间共享路由信息,保证两个网络的连通性。

【任务分析】

如果能把从一种路由进程所学到的路由输入另一个路由进程中,则可以在不同的路由协议之间实现路由信息的共享。而路由重分发就是负责将一种路由选择协议获悉的路由信息告知给另一种路由选择协议的。

12.1 知识储备

视频讲解

12.1.1 路由重分发概述

实际工作中会遇到使用多个路由协议的网络。为了使整个网络正常工作,必须在这些不同的路由协议之间共享路由信息。在不同路由协议之间交换路由信息的过程称为路由重分发。路由重分发可以是单向的(一种路由协议从另一种协议接收路由),也可以是双向的(两种路由协议相互接收对方的路由)。

路由重分发为在同一个互联网络中高效地支持多种路由协议提供了可能,执行路由重分发的路由器称为边界路由器,因为它们位于两个或者多个自治系统的边界上。

使用路由重分发时注意以下两点。

- 在有多个边界路由器的情况下使用单向重分发:如果多于一台路由器作为重分发点,使用单向重分发可以避免环路和收敛问题,并在不需要接收外部路由的路由器上使用默认路由。

- 在单边界的情况下使用双向重分发：当一个网络中只有一个边界路由器时，双向重分发工作很稳定。如果在一个多边界的网络中使用双向重分发，此时，需要综合使用默认路由、路由过滤及修改管理距离等机制来防止路由环路。

12.1.2 路由重分发的度量值

每种路由选择协议都维护其特定的参数，重分发路由时需要确保这些参数在路由选择协议之间以有意义的方式进行转换，如不同路由协议的度量和路由优先级的差异性，以及每种协议的有类和无类能力。在重分发时如果忽略了对这些差异的考虑，将导致出现某些或者全部路由交换失败，最坏的情况将造成路由环路和黑洞。

每种路由选择协议在确定到达目的网络的最佳路径时，都有自己的度量标准，如 RIP 使用跳数，OSPF 使用开销。由于计算度量值的方法不同，因此在进行路由重分发时，必须转换度量标准，使得路由选择协议之间相互兼容。例如，RIP 重分发为 OSPF 时，必须把度量标准从 RIP 的跳数转换为 OSPF 的开销。所以，路由重分发时度量标准是必须要考虑的特性参数。

路由重分发时度量标准的转换方式有以下两种。

方式一，路由重分发时自定义度量值。在执行重分发时，手工制定重分发后的 metric 值，具体改成什么值应依据实际的环境需求。

方式二，路由重分发时使用默认的种子度量值。种子度量值是一条路由从外部路由选择协议重分发到本路由选择协议中的初始度量值。路由协议默认的种子度量值如表 12-1 所示。

表 12-1 路由协议默认的种子度量值

执行路由重分发的路由协议	默认的种子度量值
RIP	无限大
EIGRP	无限大
OSPF	BGP 为 1，其他为 20
BGP	设置为 IGP 的度量值

例如路由器上同时运行 OSPF 路由进程和 RIP 路由进程，在没有进行重分发之前，路由器在 OSPF 和 RIP 之间是不交换路由信息的。当把 RIP 重分发到 OSPF 中时，OSPF 不能理解 RIP 的度量值，因为 OSPF 使用不同的链路开销。同样，当把 OSPF 重分发到 RIP 时，RIP 也无法理解 OSPF 的度量值。所以，在向 OSPF 传递 RIP 路由之前，路由器的重分发进程必须为每一条 RIP 路由分配链路综合开销，同样路由器在向 RIP 传递 OSPF 路由之前也必须为每一条 OSPF 路由分配跳数度量值。

12.1.3 路由重分发配置命令

路由重分发配置命令比较复杂，其语法格式如下。

```
router(router - config)# redistribute protocol [protocol - id]
              [metric metric - value] [metric - type type - value]
              [match (internal | external 1 | external 2)] [subnets]
```

命令中各参数含义如下。

（1）protocol 表示源路由协议。源路由指该路由协议的路由将被翻译成另一种协议的路由，其可用值有 RIP、BGP、IGRP、OSPF、STATIC、CONNECTED。

（2）protocol-id 是 AS 的号码。

（3）可选项 metric 后面跟着 metric-value，以指定度量值引用，redistribute 命令使用的 metric metric-value 变量值优先于 default-metric 后面的默认度量值。

（4）可选项 metric-type type-value，当该关键字用于 OSPF 时，其变量默认为一个 type 2 外部路由，并作为公布到 OSPF AS 中的默认路由。使用数值 1 表明默认路由是一个 type 1 外部路由。

（5）可选关键字 match 和其参数 internal、external 1、external 2 专用于重分发到其他路由协议的 OSPF 路由，其中 internal 表示路由是 AS 的内部路由，external 1 表示路由是 type 1 外部路由，external 2 表示路由是 type 2 外部路由。

（6）subnets 用于重分发路由到 OSPF，启用粒度重分发或者汇总重分发。

锐捷 RGOS 命令行提供的路由重分发常用的配置命令如表 12-2 所示。

表 12-2 路由重分发常用的配置命令

命 令 模 式	CLI 命 令	作 用
路由配置模式	redistribute static	将重分发静态路由注入 RIP。静态路由重分发到 RIP，默认 metric 值是 1
	redistribute static subnets	将重分发静态路由注入 OSPF。subnets 表示可以将做过子网划分的路由正常注入 OSPF
	redistribute connected	将直连路由注入 RIP。直连路由重分发默认的 metric 值是 1
	redistribute connected subnets	将直连路由注入 OSPF
	redistribute static	将默认路由注入 RIP。默认路由也属于静态路由，与重分发静态路由命令相同
	default-information originate	将默认路由注入 OSPF
	redistribute ospf *process-number* metric *metric-number*	将 OSPF 注入 RIP。需要手工来指定 metric 值
	redistribute rip subnets metric *metric-number*	将 RIP 注入 OSPF。subnets 表示可以将做过子网划分的路由正常注入 OSPF，需要手工来指定 metric 值

12.2 任务实施

图 12-1 是某企业网络拓扑示意，现要求分别配置 RIP 和 OSPF 路由保证网络互联互通。

1. 基础配置

完成每个路由器各接口的配置，并利用 show ip route 命令查看是否正确获得相应的直

图 12-1　某企业网络拓扑示意

连路由。

2. 配置路由

完成各路由器的路由配置，其中在 R1 中配置 RIP 路由，在 R3 中配置 OSPF 路由。
在 R1 中配置 RIP 路由，配置命令如下：

```
R1(config)#router rip
R1(config)#version 2
R1(config-router)#network 192.168.1.0
R1(config-router)#network 192.168.3.0
```

在 R3 中配置 OSPF 路由，配置命令如下：

```
R3(config)#router ospf 1
R3(config-router)#network 192.168.2.0 0.0.0.255 area 0
R3(config-router)#network 192.168.4.0 0.0.0.255 area 0
```

R2 的两个接口上分别配置 RIP 和 OSPF 路由，并配置路由重分发，配置命令如下：

```
R2(config)#router rip
R2(config)#version 2
R2(config-router)#network 192.168.1.0
R2(config-router)#redistribute ospf 1 metric 3

R2(config)#router ospf 1
R2(config-router)#network 192.168.2.0 0.0.0.255 area 0
R2(config-router)#redistribute rip subnets
```

3. 验证

使用 show ip route 命令查看每个路由器的路由表，如果学习到所有网络路由信息，则
路由重分发配置正确。此处给出 R1 的路由信息。

```
R1#show ip route
Codes: C - connected, S - static, I - IGRP, R - RIP, M - mobile, B - BGP
…(省略)
Gateway of last resort is not set

R    192.168.4.0/24 [120/3] via 192.168.1.2, 00:00:03, Serial1/1
C    192.168.1.0/24 is directly connected, Serial1/1
R    192.168.2.0/24 [120/3] via 192.168.1.2, 00:00:03, Serial1/1
C    192.168.3.0/24 is directly connected, Loopback0
```

12.3　知识扩展

12.3.1　路由选路原则

1. 子网掩码最长匹配

子网掩码最长匹配是指一个目的地址与路由表中多条路由条目匹配时,它会优先选择最长的子网掩码的路由。比如路由表中有这样两条路由条目：10.0.0.0/24 的下一跳是 12.1.1.2,10.0.0.0/16 的下一跳是 13.1.1.3。此时网络 10.0.0.1 与 10.0.0.0/24 和 10.0.0.0/16 都匹配,但由于第一条的子网掩码/24 大于第二条的/16,因此,路由器将到达 10.0.0.1 网络的数据发往 12.1.1.2。

2. 管理距离最小优先

管理距离最小优先指的是在子网掩码长度相同的情况下,路由器会优先选择管理距离最小的路径加入路由表中。比如,到达 10.1.1.0/24 的路由有两条,一条管理距离是 120,另一条管理距离是 110,那么路由器优先选择管理距离是 110 的条目放进自己的路由表中。

3. 度量值最小优先

度量值最小优先指的是在路由的子网掩码长度、管理距离都相同的情况下,比较度量值,度量值最小的将优先放入路由表。例如,路由器通过 RIP 学习到了 10.0.0.0/24 的两个条目,一个条目的跳数是 2,另一个条目的跳数是 3,那么,路由器选择跳数是 2 的那个条目放入路由表。

12.3.2　重分发可能导致的问题

网络设计越简单,管理起来越容易,稳定性越高,错误越少,汇聚速度越快。然而,无论网络规模如何,很少只运行一种 IP 路由选择协议,运行多种协议时,必须要进行重分发。然而路由重分发绝不是最佳的解决方案,因为重分发引发的问题通常难以排除,根据其症状很难想到问题是由于配置错误引起的。在多种路由选择进程之间重分发会引起以下问题。

- 路由器从一个自治系统收到路由信息之后,又将这些信息发回给该自治系统,从而导致路由选择环路。
- 因度量值不同而做出次优路由选择决策。
- 由于涉及多种技术,网络的汇聚时间增长。如果路由选择协议的汇聚速度不同,将可能导致超时和网络暂时失效。
- 路由协议的决策进程与协议中传输的信息可能不兼容,导致信息难以交换,进而导致错误或需要进行复杂的配置。

在配置路由重分发时要采取某些措施,尽量避免出现以上问题,此处不再详述。

12.4 实践训练

实训 12 配置静态路由引入动态路由的重分发

1. 实训目标

（1）掌握静态路由、动态路由的配置方法。
（2）掌握静态路由引入动态路由重分发的配置方法。

2. 应用环境

企业的网络里面启用了多种路由协议，为了实现整个网络可以互相通信，共享资料，那么需要把其他路由协议的路由引入 RIP 中。

3. 实训设备

（1）RG-RSR 20 系列路由器 3 台。
（2）直通双绞线若干。
（3）交叉双绞线若干。

4. 实训拓扑

本实训静态路由引入动态路由重分发拓扑如图 12-2 所示。

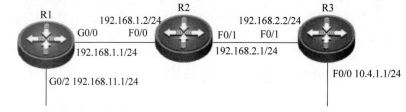

图 12-2 静态路由引入动态路由重分发拓扑

5. 实训要求

配置路由和路由重分发，使得网络互联互通。路由器各接口地址如表 12-3 所示。

表 12-3 路由器各接口地址

R1		R2		R3	
G0/0	192.168.1.1	F0/0	192.168.1.2	F0/0	10.4.1.1
G0/2	192.168.11.1	F0/1	192.168.2.1	F0/1	192.168.2.2

6. 实训步骤

第 1 步：配置路由器接口的 IP 地址。

参照任务 8,按照表 12-3 配置所有接口的 IP 地址,保证所有接口全部是 up 状态,测试连通性。

第 2 步:配置 RIP 路由。

参照任务 10,配置 R1、R2、R3 的 RIP 路由,使用 show ip route 命令查看各自的路由表,每个路由器学到所有网络的路由,测试连通性。

第 3 步:在 R1 上配置一条到网络 10.1.2.0/24 的静态路由。

```
R1(config)♯ip route 10.1.2.0 255.255.255.0 192.168.11.2
```

第 4 步:将静态路由重分发到 RIP。

```
R1(config)♯router rip
R1(config-router)♯redistribute static metric 1
                              //把静态路由重分发到 RIP,并配置 metric 为 1
R1(config-router)♯exit
```

RIP 路由引入其他路由时要注意以下几点。

(1) RIP 重分发其他路由协议学习到的路由命令语法。

```
R1(config)♯router rip
R1(config-router)♯redistribute ?
  bgp          Border Gateway Protocol (BGP)
  connected Connected
  ospf         Open Shortest Path First (OSPF)
  static       Static routes
```

(2) RIP 引入的外部路由,必须是引入的本路由器上有效的路由,即在本路由器上使用 show ip route 命令能够看到的路由。

(3) RIP 引入的外部路由,必须指定 metric,否则引入的外部路由无效,因为默认的 metric 为无穷大。

第 5 步:使用 show 命令查看每个路由器的路由表,如果可以学习到外部网络 10.1.2.0/24 的路由,则重分发配置正确。

```
R1♯show ip route
R2♯show ip route
R3♯show ip route
```

7. 课后实训

参照任务实施完成动态路由重分发配置。

12.5 习题

路由综合实训拓扑如图 12-3 所示,按下列实训要求完成配置,使得网络互通。

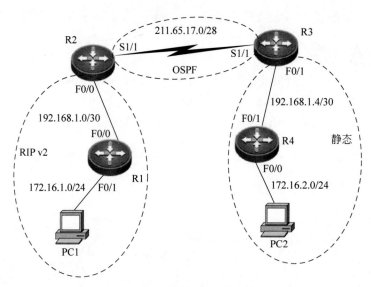

图 12-3　路由综合实训拓扑

（1）按照图 12-3 搭建网络。

（2）按照表 12-4 完成路由器和 PC 的基本配置。

表 12-4　设备基本配置信息

设　　备	接　　口	IP　地　址	子网掩码	默认网关
R1	F0/1	172.16.1.254	255.255.255.0	
	F0/0	192.168.1.1	255.255.255.252	
R2	F0/0	192.168.1.2	255.255.255.252	
	S1/1	211.65.17.1	255.255.255.240	
R3	S1/1(DCE)	211.65.17.14	255.255.255.240	
	F0/1	192.168.1.6	255.255.255.252	
R4	F0/1	192.168.1.5	255.255.255.252	
	F0/0	172.16.2.254	255.255.255.0	
PC1	NIC	172.16.1.1	255.255.255.0	172.16.1.254
PC2	NIC	172.16.2.1	255.255.255.0	172.16.2.254

（3）按图 12-3 中的标识配置静态、RIP v2 和 OSPF 路由。

（4）在路由器 R2 上配置重新分发 OSPF 和 RIP 路由。

（5）在路由器 R3 上配置重新分发静态路由和直连路由。

（6）测试 PC1 与 PC2 的连通性。

任务 13

配置DHCP实现动态分配地址

【任务描述】

企业员工在使用网络时经常会遇到这样的情况：多数员工不懂怎么去配置 IP 地址，网络管理员需要频繁奔波在各部门之间为员工主机配置网络，没有精力去维护管理网络；有些员工随意修改 IP 地址，导致 IP 地址经常冲突，影响员工上网；市场部使用笔记本计算机的用户居多，经常需要手动更换 IP 地址；IP 地址资源不足，但实际在同一时间段内使用的用户数小于 IP 地址的数量等。

为此，必须解决此类问题，希望能节约 IP 地址资源，提高 IP 地址的使用率，确保公司员工的网络通信，减轻网络管理员的负担。

【任务分析】

在使用 TCP/IP 的网络中，每一台计算机都必须至少有一个 IP 地址，才能与其他计算机连接通信。计算机获取 IP 地址的方式有静态分配和动态分配。静态分配是由网络管理员手工设置的，一般为网络上的用户提供服务的设备（如路由器、服务器、打印机等）采用这种方法分配地址，而且地址保持不变。但在客户网络中，因连接网络的主机数量众多，手工配置 IP 地址等 TCP/IP 参数的任务巨大，且随着笔记本计算机及无线设备的使用，传统的人工配置 IP 地址方式已经难以满足现实要求。

动态主机配置协议（Dynamic Host Configuration Protocol，DHCP）有利于对网络中的客户机 IP 地址进行统一规划和集中管理分配，而不需要一个一个手动指定 IP 地址，减轻了网络管理员的维护工作量，并且能有效避免配置错误及 IP 地址冲突，还可以即时回收 IP 地址以提高地址的利用率。

13.1 知识储备

13.1.1 DHCP 概述

每一台要访问网络的主机，必须具备 IP 地址、子网掩码、默认网关、DNS 服务器等

视频讲解

TCP/IP 参数,这些参数可由网络管理员手工配置。当用户将计算机从一个子网移动到另一个子网时,一定要改变该计算机的网络配置参数,如 IP 地址、默认网关等。在大中型网络中,如果采用手工方式为每个设备终端配置 IP 地址,不仅网络管理员配置任务量巨大,且可能会由于用户随意更改 IP 地址导致地址冲突,也不方便一些外来访客或办公笔记本计算机接入网络,这种配置方式很难满足网络管理要求。通常客户网络中希望每个设备终端能够动态获取 IP 地址、网关、DNS 等信息,自动连入网络。为了便于统一规划和管理网络中的 IP 地址,DHCP 应运而生。

另外,由于 IP 地址资源有限,宽带接入运营商不能做到给每个装宽带的用户都分配一个固定的 IP 地址(固定 IP 就是即使在你不上网时,别人也不能用这个 IP 地址,这个资源一直被你所独占),因此要采用 DHCP 方式对上网的用户进行临时的地址分配。也就是当用户连上网时,DHCP 服务器才从地址池里临时分配一个 IP 地址给主机,每次上网分配的 IP 地址可能会不一样,这跟当时 DHCP 服务器中 IP 地址资源有关。当下线时,DHCP 服务器会收回该地址并把这个地址分配给之后上线的其他计算机。这样就可以有效节约 IP 地址,既保证了网络通信,又提高了 IP 地址的使用率。

DHCP 是一个简化主机 IP 地址分配管理的 TCP/IP 标准协议,用户可以利用 DHCP 服务器管理动态的 IP 地址分配及其他相关的环境配置工作(如 DNS、默认网关的设置等)。DHCP 采用客户-服务器(C/S)模式工作。DHCP 服务器集中管理所有的 IP 地址信息,并负责处理客户端的 DHCP 请求,自动为接入网络的客户端分配 TCP/IP 参数,并能保证 IP 地址不重复分配,从而降低用户配置 IP 地址的难度,减轻网络管理员的维护工作量,有效避免配置错误。DHCP 服务器还采用租约的概念来有效且动态地分配客户端的 IP 地址,这样能及时回收 IP 地址以提高地址的利用率。

DHCP 通常有以下两种分配 IP 地址的机制,以便灵活地分配 IP 地址。

- 动态分配:DHCP 服务器动态地从地址池中分配具有一定租期的 IP 地址给客户端,该 IP 地址并非永久给客户端使用,只要租期到,客户端就必须释放该 IP 地址。同时,客户端可以续租,也可以在不再需要该地址时提前释放 IP 地址。绝大多数客户端得到的 IP 地址都是这种动态分配的 IP 地址。
- 静态分配:管理员为客户端指定预分配的 IP 地址,通过 DHCP 服务器将指定的 IP 地址分发给客户端。静态分配的 IP 地址没有租期问题,地址是永久分配的。

13.1.2　DHCP 工作过程

DHCP 采用 C/S 模式工作,服务器和客户端之间使用 UDP 进行交互,其中服务器使用的端口号是 67,客户端使用的端口号是 68。DHCP 工作原理示意如图 13-1 所示。

DHCP 客户机在启动时,搜寻网络中是否存在 DHCP 服务器。如果找到,则给 DHCP 服务器发送一个请求。DHCP 服务器接到请求后,为 DHCP 客户机选择 TCP/IP 配置的参数,并把这些参数发送给客户端。DHCP 的工作过程主要包括发现阶段、提供阶段、选择阶段和确认阶段共 4 个阶段,DHCP 的工作过程如图 13-2 所示。

1. 发现阶段

发现阶段是 DHCP 客户端寻找 DHCP 服务器的阶段。当 DHCP 客户端第一次登录网

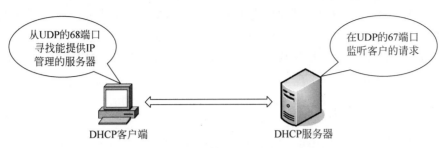

图 13-1　DHCP 工作原理示意

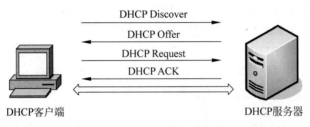

图 13-2　DHCP 的工作过程

络时,计算机发现本机上没有任何 IP 地址设定,此时客户端也不知道 DHCP 服务器的 IP 地址,便以广播方式发送 DHCP Discover 报文来寻找 DHCP 服务器,该报文中的目的 IP 和目的 MAC 都为广播地址。网络上每一台安装了 TCP/IP 的主机都会接收这个广播信息,但只有 DHCP 服务器才会做出响应。

2. 提供阶段

提供阶段是 DHCP 服务器提供 IP 地址的阶段。网络中所有接收到 DHCP Discover 报文的 DHCP 服务器都会做出响应,从自己尚未分配出去的 IP 地址池中挑选一个 IP 地址,向 DHCP 客户端发送一个包含分配的 IP 地址和其他配置信息的 DHCP Offer 报文。由于网络中接收到 DHCP Discover 报文的每个 DHCP 服务器都会发送 DHCP Offer 报文,因此在这个阶段客户端可能会收到多个 DHCP Offer 报文。DHCP 服务器会依据客户端发出的 DHCP Discover 报文中的相关参数来确定 Offer 报文的发送方式,Offer 报文可以是单播,也可以是广播。

3. 选择阶段

选择阶段是 DHCP 客户端选择某个 DHCP 服务器提供的 IP 地址的阶段。如果网络中有多台 DHCP 服务器向客户端回应 DHCP Offer 报文,客户端选择第一个接收到的 Offer 报文,然后以广播方式发送一个 DHCP Request 报文,该报文中包含所选定 DHCP 服务器的 IP 地址。该阶段以广播方式发送 Request 报文,是为了通知其他所有的 DHCP 服务器,其将选用某台服务器提供的 IP 地址,以便其他服务器收回向它提供的 IP 地址。

4. 确认阶段

确认阶段是 DHCP 服务器确认所提供的 IP 地址的阶段。当 DHCP 服务器收到客户端

回答的 DHCP Request 报文后,便向客户端发送一个包含它所提供的 IP 地址和其他设置的
DHCP ACK 确认报文,通知 DHCP 客户端可以使用它提供的 IP 地址了。然后,DHCP 客
户端就使用这个 IP 地址及其他参数来设置自己的网络配置信息。同上述 Offer 报文一样,
DHCP ACK 报文可以是单播,也可以是广播。

视频讲解

13.1.3　DHCP 中继

DHCP 客户端通过网络广播消息获得 DHCP 服务器的响应后得到 IP 地址,而广播消
息是不能跨越子网的,但在大中型网络中,一般会存在多个子网(网段),而且企业的服务器
通常集中存放在服务器区。此时会出现 DHCP 客户端和 DHCP 服务器不在同一个子网的
问题,DHCP 客户端和服务器位于被三层设备分开的不同子网,因三层设备不转发广播,客
户端以广播方式发出的 DHCP Discover 报文到达三层设备后就会被丢弃,不会被转发到位
于其他子网上的 DHCP 服务器,如图 13-3 所示。DHCP 服务器收不到客户端的请求,也就
不会为其提供 IP 地址,DHCP 客户端获取地址失败。

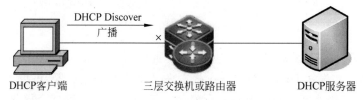

图 13-3　三层设备不转发 DHCP 广播报文

为了解决此问题,可以为每个子网都添加 DHCP 服务器,但这会带来成本和管理上的
额外开销。更好的解决方案是使用 DHCP 中继代理。也就是在 DHCP 客户端和服务器之
间通过一个中介来转发 DHCP 请求和应答消息,协助完成 DHCP 的处理过程,其通常是在
三层设备上开启 DHCP 中继(DHCP Relay)功能,使三层设备代为转发 DHCP 请求和响
应,从而在 DHCP 客户端和服务器之间起到“代理”作用。

当在三层设备上开启 DHCP 中继功能后,客户端发送的 DHCP Discover 请求报文到达
三层设备后,三层设备并不会将其丢弃,而是将广播报文转换为单播后,转发给位于其他子
网的指定 DHCP 服务器,同时也会将收到的响应报文转发给 DHCP 客户端,如图 13-4
所示。

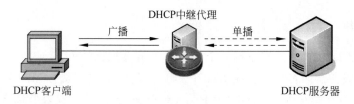

图 13-4　DHCP 中继

配置 DHCP 中继代理后,可以实现跨网段动态分配 IP 地址,没有必要在每个子网都部
署 DHCP 服务器,而只需要在服务器区部署一台 DHCP 服务器,为全网的所有主机分配 IP
地址,实现 IP 地址的集中管理。

13.1.4　DHCP的优点

使用DHCP的优点如下。

- DHCP避免了因手工设置IP地址及子网掩码所产生的错误,同时也避免把一个IP地址分配给多台工作站所造成的地址冲突。
- 使用DHCP服务器大大缩短配置或重新配置网络中工作站所花费的时间,同时通过对DHCP服务器的设置可以灵活地设置地址的租期。

13.1.5　DHCP配置命令

锐捷RGOS提供的DHCP常用配置命令如表13-1所示。

表13-1　DHCP常用配置命令

命令模式	CLI命令	作用
全局模式	service dhcp	开启DHCP服务
	ip dhcp pool pool-name	创建DHCP地址池的名字
	ip dhcp excluded-address low-ip-address〔high-ip-address〕	设置DHCP排除地址的范围
	ip helper-address address	设置DHCP中继的地址
DHCP模式	network network-number〔mask〕	设置地址池的地址范围
	default-router address	设置分配给客户端的默认网关
	dns-server address	设置分配给客户端的DNS服务器
	domain-name domain	设置分配给客户端的域名
	lease {days〔hours〕〔minutes〕|infinite}	设置IP地址租期
	host address〔mask〕	设置静态分配给客户端的地址
	hardware-address mac-address	设置客户端的MAC地址
接口模式	ip helper-address address	设置DHCP中继的地址
	ip address dhcp	设置自动获取地址
特权模式	show ip dhcp binding	显示DHCP地址分配信息
	show ip dhcp pool	显示DHCP地址池信息

13.2　任务实施

规模扩大后的某企业网络拓扑如图13-5所示。总部和上海分部有多个部门,每个部门对应一个VLAN,每个VLAN使用不同网段地址,要求各部门主机能自动从总部交换机Core-S上获取到相应网段的IP地址等信息,并且每个网段中的最后一个地址不允许分配给客户端(这个地址作为各自网段的默认网关地址),另外,设计部的一台私有服务器需要获取固定的IP地址172.16.4.1。

本任务实施中假设已参照之前的相关实训完成VLAN、接口IP地址及路由等配置,实现了网络互通性,并假设内网中的DNS服务器的IP地址为172.18.10.10,公网的DNS服务器的IP地址为221.131.143.69。

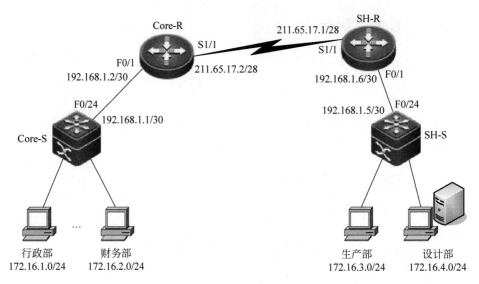

图 13-5　规模扩大后的某企业网络拓扑

1. 配置 DHCP

由于每个 VLAN 使用不同网段地址，这要求在总部交换机 Core-S 上创建多个 DHCP 地址池，每个 VLAN 对应一个地址池，当主机向 DHCP 服务器申请 IP 地址时，服务器根据发送申请者所在的 VLAN 自动分配相应网段的 IP 地址。下面给出行政部 VLAN 地址池的配置信息，其他 VLAN 地址池配置与此类似。

```
Core - S(config) # service dhcp                           //开启 DHCP 服务
Core - S(config) # ip dhcp pool vlan10                    //创建行政部 VLAN 10 的地址池
Core - S(dhcp - config) # network 192.168.1.0 255.255.255.0
                                                          //配置地址池的网络号和子网掩码
Core - S(dhcp - config) # default - router 192.168.1.254   //配置默认网关
Core - S(dhcp - config) # dns - server 172.18.10.10 221.131.143.69   //配置 DNS 服务器
```

由于每个网段的最后一个地址作为网关使用，因此，地址池配置完成后，还需要定义每个 VLAN 中需要排除的地址。另外设计部的私有服务器需要使用固定的 IP 地址，也需要排除。

```
Core - S(config) # ip dhcp excluded - address 172.16.1.254
Core - S(config) # ip dhcp excluded - address 172.16.2.254
Core - S(config) # ip dhcp excluded - address 172.16.3.254
Core - S(config) # ip dhcp excluded - address 172.16.4.254
Core - S(config) # ip dhcp excluded - address 172.16.4.1
```

2. 配置 DHCP 静态地址绑定

设计部的私有服务器需要使用固定的 IP 地址，且该服务器仅供本部门用户使用，故无须配置 DNS 服务器和默认网关。假设该服务器的硬件地址为 d417.5249.21d8。

```
Core - S(config) # service dhcp                                //开启 DHCP 服务
Core - S(config) # ip dhcp pool sjb - Server                   //创建静态绑定地址池
Core - S(dhcp - config) # host 172.16.4.1 255.255.255.0        //私有服务器的 IP 地址
Core - S(dhcp - config) # hardware - address d417.5249.21d8    //私有服务器的 MAC 地址
Core - S(dhcp - config) # exit
```

3. 配置 DHCP 中继

设计部和生产部(VLAN 30 和 VLAN 40)与 DHCP 服务器 Core-S 不在同一个网段,正常情况下这两个部门主机发出的 DHCP Discover 报文会被交换机 SH-S 丢弃。为了使这两个部门的主机能从位于其他网段的 DHCP 服务器获得 IP 地址,需要将 SH-S 配置为 DHCP 中继。配置前一定要确保 DHCP 中继设备和 DHCP 服务器之间的路由可达。

```
SH - S(config) # service dhcp                                   //开启 DHCP 服务
SH - S(config) # interface vlan 30
SH - S(config - config) # ip helper - address 192.168.1.1      //配置 DHCP 服务器地址
SH - S(config) # interface vlan 40
SH - S(config - config) # ip helper - address 192.168.1.1      //配置 DHCP 服务器地址
```

4. 配置 DHCP 客户端

在 Windows 下将每台计算机的"TCP/IP 属性"对话框中的 IP 地址和 DNS 服务器地址设置为自动获取。在命令提示符下,执行 ipconfig/release 命令释放 IP 地址,再执行 ipconfig/renew 命令动态获取地址,最后执行 ipconfig/all 命令查看动态分配获取的 IP 地址、DNS 等信息是否正确。

5. 验证与调试

在总部交换机 Core-S 的特权配置模式下,使用命令 showip dhcp binding 查看 DHCP 地址分配信息。

13.3　知识拓展

13.3.1　IP 地址的租约更新

采用动态地址分配策略时,DHCP 服务器向 DHCP 客户端出租的 IP 地址是有租借期限的。如果 DHCP 客户端希望继续使用该 IP 地址,必须提前续租 IP 地址,请求 DHCP 服务器更新租期,否则租约到期后服务器会收回该 IP 地址,客户端只能重新申请新的 IP 地址。

DHCP 客户端启动时间为租约期限 50% 时,DHCP 客户端会自动向 DHCP 服务器发送 DHCP Request 报文来续租 IP 地址。如果 DHCP 服务器应答,则租约延期;如果 DHCP 服务器始终没有应答,则客户端将在租约期限 87.5% 时,再次发送 DHCP Request 报文来续租 IP 地址。如果还没有收到 DHCP 服务器的应答，则客户端继续使用该 IP 地址直至租约到期，此时必须放弃当前的 IP 地址并重新发送 DHCP Discover 报文，开始新一轮 IP 地址的申请过程。

13.3.2　DHCP Snooping

1. DHCP Snooping 简介

在 DHCP 工作过程中，客户端以广播的方法来寻找服务器，并且只采用第一个服务器提供的网络配置参数。由于 DHCP 服务是一个没有验证的服务，DHCP 客户端和 DHCP 服务器无法互相进行合法性验证。如果网络中存在非法 DHCP 服务器，管理员将无法保证客户端从管理员指定的 DHCP 服务器获取合法地址，客户端有可能从非法 DHCP 服务器获得错误的 IP 地址等配置信息，导致客户端无法正常使用网络。

DHCP Snooping 是 DHCP 的一种安全特性，主要应用在交换机上，作用是屏蔽接入网络中的非法的 DHCP 服务器。开启 DHCP Snooping 功能后，网络中的客户端只能从管理员指定的 DHCP 服务器获取 IP 地址。

启用 DHCP Snooping 功能后，必须将交换机上的端口设置为信任和非信任状态，即 trust 和 untrust 状态，交换机只转发信任端口的 DHCP Offer/ACK/NAK 报文，丢弃非信任端口的 DHCP Offer/ACK/NAK 报文，从而达到阻断非法 DHCP 服务器的目的。一般将连接 DHCP 服务器的端口设置为信任端口，其他端口设置为非信任端口。DHCP Snooping 应用示意如图 13-6 所示。

此外 DHCP Snooping 还会监听经过本机的 DHCP 数据包，提取其中的关键信息并生成 DHCP Binding Table 记录表，一条记录包括 IP、MAC、租约时间、端口、VLAN、类型等信息，结合 DAI(Dynamic ARP Inspection，动态 ARP 检测)和 IPSG(IP Source Guard，IP 源防护)可实现 ARP 防欺骗和 IP 流量控制功能。

2. DHCP Snooping 配置案例

DHCP Snooping 实施拓扑如图 13-7 所示，要求在核心交换机上配置 DHCP，使得 PC1、PC2 能动态获得地址，并在接入交换机上全局开启 DHCP Snooping 功能。

1）核心交换机配置

（1）开启核心设备的 DHCP 服务功能。

```
Ruijie(config)#service dhcp
```

（2）创建核心设备的 IP 地址，即用户的网关地址。

```
Ruijie(config)#interface vlan 1
Ruijie(config-if-VLAN 1)#ip address 192.168.1.254 255.255.255.0
Ruijie(config-if-VLAN 1)#exit
```

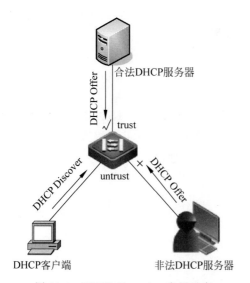

图 13-6　DHCP Snooping 应用示意

图 13-7　DHCP Snooping 实施拓扑

（3）创建核心设备的 DHCP 地址池。

```
Ruijie(config)# ip dhcp pool vlan1
Ruijie(dhcp-config)# network 192.168.1.0 255.255.255.0
Ruijie(dhcp-config)# dns-server 218.85.157.99        //设置分配给客户端的 DNS 地址
Ruijie(dhcp-config)# default-router 192.168.1.254 //设置分配给用户的网关地址
Ruijie(dhcp-config)# exit
```

2）接入交换机配置

（1）在接入交换机上开启 DHCP Snooping 功能。

```
Ruijie(config)# ip dhcp snooping                        //开启 DHCP Snooping 功能
```

（2）连接 DHCP 服务器的接口配置为 trust 口。

```
Ruijie(config)# interface f0/24
Ruijie(config-if)# ip dhcp snooping trust
Ruijie(config-if)# exit
```

开启 DHCP Snooping 功能的交换机，所有接口默认为 untrust 口，交换机只转发从 trust 口收到的 DHCP 响应报文（Offer、ACK）。

13.4　实践训练

实训 13　配置三层交换机 DHCP 及中继

1. 实训目标

（1）掌握 DHCP 工作原理。

（2）了解 DHCP 中继原理。

（3）熟练掌握交换机作为 DHCP 服务器的配置方法。

（4）熟悉 DHCP 中继的配置方法。

2．应用环境

大型网络一般都采用 DHCP 作为地址分配的方法，可将支持 DHCP 的交换机或路由器配置成 DHCP 服务器，同时配置 DHCP 中继后，可使同一个 DHCP 服务器为多个子网的客户机提供网络配置参数，这样既节约了成本又方便了管理。

3．实训设备

（1）RG-S 5750 交换机 1 台。

（2）RG-S 2126 交换机 1 台。

（3）PC 至少 2 台。

（4）Console 线 1 根。

（5）直通网线 3 根。

4．实训拓扑

实训拓扑如图 13-8 所示。

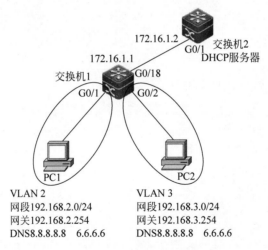

图 13-8　交换机 DHCP 中继配置拓扑

5．实训要求

配置 DHCP 服务器及中继为处于不同 VLAN 的 PC 分配 IP 地址等网络属性。

在交换机 1 上划分两个基于接口的 VLAN，其配置如表 13-2 所示。

表 13-2　VLAN 配置信息

VLAN	IP	接口成员
2	192.168.2.254/24	G0/1，G0/5～15
3	192.168.3.254/24	G0/2

在交换机 2 上配置两个地址池,其配置如表 13-3 所示。

表 13-3 地址池配置信息

VLAN 2(网段 192.168.2.0)		VLAN 3(网段 192.168.3.0)	
选项	IP 地址	选项	IP 地址
默认网关	192.168.2.254	默认网关	192.168.3.254
DNS 服务器	主 DNS:8.8.8.8 备份 DNS:6.6.6.6	DNS 服务器	主 DNS:8.8.8.8 备份 DNS:6.6.6.6
lease	1 天 2 小时 3 分	lease	

6. 实训步骤

第 1 步:参照任务 4 创建 VLAN 2 和 VLAN 3。

第 2 步:参照任务 4 划分接口到相应 VLAN。

第 3 步:参照任务 4 配置 VLAN 2 和 VLAN 3 的 SVI 口地址(VLAN 网关地址)。

第 4 步:参照任务 8 配置连接交换机 2 的接口地址。

第 5 步:开启 DHCP 服务。

```
Ruijie(config)#service dhcp
```

第 6 步:配置 DHCP 中继。

```
Ruijie(config)#ip helper-address 172.16.1.2 //172.16.1.2 是 DHCP 服务器的地址
```

第 7 步:保存配置。

```
Ruijie(dhcp-config)#end
Ruijie#write
```

第 8 步:参照任务 8 配置与交换机 1 相连的接口地址。

第 9 步:开启 DHCP 功能,配置 DHCP 地址池。

```
Ruijie(config)#service dhcp
Ruijie(config)#ip dhcp pool vlan 2      //创建一个名为 valn 2 的 DHCP 地址池
Ruijie(dhcp-config)#lease 1 2 3         //配置租期,1、2、3 分别是天、时、分
Ruijie(dhcp-config)#network 192.168.2.0 255.255.255.0
                          //可以分配的地址是 192.168.2.1~192.168.2.254
Ruijie(dhcp-config)#dns-server 8.8.8.8  6.6.6.6
                          //8.8.8.8 为主 DNS,6.6.6.6 为备用 DNS
Ruijie(dhcp-config)#default-router 192.168.2.254   //分配的网关地址
Ruijie(dhcp-config)#exit

Ruijie(config)#ip dhcp pool vlan 3      //创建一个名为 valn 3 的 DHCP 地址池
Ruijie(dhcp-config)#network 192.168.3.0 255.255.255.0
Ruijie(dhcp-config)#dns-server 8.8.8.8
```

```
Ruijie(dhcp-config)#default-router 192.168.3.254
Ruijie(dhcp-config)#exit
```

第 10 步：配置到达 192.168.2.0 和 192.168.3.0 网段的路由。

```
Ruijie(config)#ip route 192.168.2.0 255.255.255.0 172.16.1.1
Ruijie(config)#ip route 192.168.3.0 255.255.255.0 172.16.1.1
```

第 11 步：保存配置并验证。

```
Ruijie(dhcp-config)#end
Ruijie#write                //确认配置正确,保存配置
Ruijie#show ip dhcp binding
已下发的 IP 地址    客户端标识(01+MAC)     地址租期      地址分配方式
IP address         Client-Identifier/    Lease expiration    Type
                   Hardware address
192.168.2.1        01bc.aec5.4bca.8d   000 days 23 hours 59 mins    Automatic
```

13.5 习题

一、选择题

1. 使用 DHCP 的作用是(   )。

    A. 它将 NetBIOS 名称解析为 IP 地址   B. 它将专用 IP 地址转换为公共地址

    C. 它将 IP 地址解析为 MAC 地址   D. 它自动将 IP 地址分配给客户计算机

2. 关于 DHCP 的描述,错误的是(   )。

    A. DHCP 在传输层基于 UDP

    B. DHCP 服务器使用熟知端口 67

    C. DHCP 客户端按照 UDP 规定使用临时端口号

    D. 为发现 DHCP 服务器,客户端首先发送一个 DHCP Discover 请求报文

3. 某部门的网络使用 DHCP 为其客户机自动分配 IP 地址。由于公司的高速发展而新增了大量的台式机,故考虑创建一个新的网段,用一台专用路由器将该网段接入。为了确保新网段上的客户端能够自动取得 IP 地址并且不再增加网段费用,下列方式中(   )是必需的。

    A. 在新网段上安装一台 DHCP 服务器   B. 在新网段设置 IP 作用域

    C. 在新网段中安装 DHCP 中继代理   D. 在 Active Directory 中授权新的网段

4. DHCP 租约第一次自动更新的时间,是在租约期的(   )。

    A. 50%   B. 87.5%   C. 30%   D. 50%或重启时

5. DHCP 地址分配方式包括(   )(本题 3 项正确)。

    A. 手动配置   B.动态分配

    C. 自动分配   D.静态分配

二、填空题

1. DHCP 服务器的主要功能是动态分配_____。

2. 客户端从 DHCP 服务器上获得 IP 地址的过程包括 4 个阶段：搜寻 DHCP 服务器、分配 IP 地址、_____和 IP 地址分配确认。

3. DHCP 是使用 UDP 工作的，服务器和客户端采用的端口号分别是____和____。

4. 使用 ip dhcp pool 命令配置 DHCP 地址池名并进入_____配置模式。

5. 使用 lease 命令默认状态下租期为_____。

三、课后综合实训

DHCP 综合实训拓扑如图 13-9 所示，按下列要求完成 DHCP 跨网段配置。

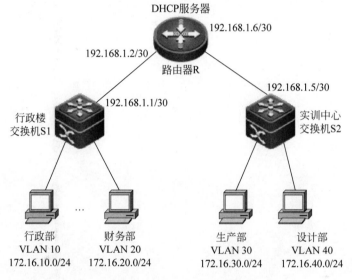

图 13-9　DHCP 综合实训拓扑

（1）按图中所标识的 VLAN 信息，规划并配置 VLAN。

（2）根据实际的网络拓扑连接配置各接口地址。

（3）将每个 VLAN 网段的最后一个地址配置为每个 VLAN SVI 地址，并作为本 VLAN 内主机的网关地址。

（4）配置路由使得网络互通。

（5）将路由器 R 配置为 DHCP 服务器，排除每个 VLAN 网段的前 10 个地址。

（6）将交换机 S1 和 S2 配置为 DHCP 中继代理，使得每个部门的主机能自动获取 IP 地址和默认网关。

（7）配置每台主机为 DHCP 客户端，查看每台主机自动获取的地址并测试互通性。

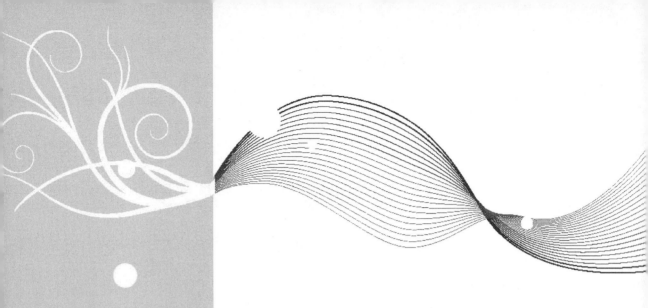

项目 ④

广域网接入

Internet 是当今世界上最大的计算机网络，人们已充分感受到了 Internet 所带来的各种好处。对一个企业来说，建成了内部的局域网后，如何经济、高效地利用企业内部网络资源，充分发挥内部网络的优势，并与 Internet 进行连接，使本企业的局域网成为 Internet 网络大家庭里的一员，便于获得最新、最快的技术信息，成为各单位网络建设中的主要问题。

本项目中将广域网接入的实施分为以下两个任务。

任务 14　配置 PPP

任务 15　配置网络地址转换

任务14

配置PPP

【任务描述】

随着互联网时代的到来,仅搭建内部局域网已经不能满足众多企业的工作需求,企业用户常常需要在 Internet 上发布信息,或进行信息检索。已实现互联互通的企业内网,需要完成接入广域网的工作,才能享受 Internet 提供的各种服务。

【任务分析】

与局域网不同,广域网是一种跨地区的数据通信网络,广域网连接需要经过长途传输,信号可能需要进行转换,同时还要处理如身份验证等问题。路由器是连接局域网和广域网的桥梁,当局域网与广域网互联时,需要由路由器进行网络协议的转换,这样通过一个统一的协议实现异构网络的互联。

在每个广域网连接上,数据在通过广域网链路传输之前都会封装成帧。因此,当选用某种广域网连接方式后,需在企业路由器和电信路由器之间进行协议封装,PPP 是常见的一种广域网二层封装方式。

14.1 知识储备

14.1.1 广域网概述

在网络中,资源共享是网络的根本应用,但是对物理距离相隔较远的两个局域网而言,资源共享就变得非常困难了,显然在更广泛范围内建立计算机通信网成为必然。而广域网就是这样一种计算机网络,其地理覆盖范围可以从数千米到数千千米,可以连接若干城市、地区甚至跨越国界遍及全球,广域网可将地理上相隔很远的局域网互联起来,实现更大范围内的资源共享。但由于广域网是一种更广泛范围内的通信网络,其对通信的要求高,复杂性也高,采用的技术相对于局域网也有很大的差异。

广域网的造价较高,一般都是由国家或较大的电信公司出资建造,所以,构建广域网必须借助公共传输网络,但用户不必关心公共网络的内部结构和工作机制,只需了解公共网络

视频讲解

提供的接口。

　　企业在选择广域网连接时会关心有哪些解决方案以及相应的成本。事实上，有许多广域网连接方案可供选择，如用于拨号连接的模拟调制解调器和 ISDN、ATM、DDN、帧中继、DSL、X.25、无线（包括微波、卫星、蜂窝）等。但并非在每个地区都有所有这些方案可供选择，同时，也并不是每个解决方案都能满足企业的需要，因为每种解决方案在成本和技术参数上都不相同。常用的连接类型主要有专用线路、电路交换线路、包交换线路和信元交换线路 4 类，用户可从可用性、带宽和花费等方面来衡量各种广域网连接的质量，从而选择适合企业的广域网接入方案。

　　在每个广域网连接上，数据在通过广域网链路传输之前都会封装成帧。因此，需要配置适当的第二层封装类型，即选用正确的封装协议。广域网数据链路层协议描述了帧如何在系统之间单一数据路径上进行传输，其协议主要有高级数据链路控制（High Level Data Link Control，HDLC）协议、点对点协议（Point to Point Protocol，PPP）、串行线路网际协议（Serial Line Internet Protocol，SLIP）等。

　　HDLC 协议是由国际标准化组织（ISO）提出的面向比特的同步数据链路层协议。HDLC 协议不依赖于任何一种字符集，对任何一种比特流均可以透明传输，具有全双工通信、帧格式统一等特点，但该协议不支持身份验证，缺乏足够的安全性，主要用于点对点的同步串行链路。为了提高适应能力，一些网络厂商对标准的 HDLC 协议进行了修改，如思科的 HDLC 协议，因而，各个厂商的 HDLC 协议可能互不兼容，故在多厂商设备互联的网络环境下，不建议使用 HDLC 协议，推荐使用 PPP。SLIP 是一种在串行线路上对 IP 数据报进行封装的简单协议，并非 Internet 的标准协议，其在很多方面已被 PPP 替代。所以，PPP 是目前较为流行的数据链路层协议。

14.1.2　PPP 概述

　　PPP 是提供在点对点链路上承载网络层数据包的一种数据链路层协议，是 SLIP 的继承者。PPP 是一种面向字符的协议，用于实现和 SLIP 一样的目的和作用，但在实现的方式上比 SLIP 要优越得多。PPP 提供对多种网络层协议（如 IP、IPX 和 AppleTalk）的支持，既适用于同步链路，也适用于异步链路，具有身份认证功能，它能确保接收的数据确实来自发送者，可以更好地保证网络的安全。

　　PPP 具有以下特性。

　　（1）能够控制链路的建立。

　　（2）能够对 IP 地址进行分配和使用。

　　（3）允许同时支持多种网络层协议。

　　（4）能够配置和测试数据链路。

　　（5）能够进行错误检测。

　　（6）支持身份验证。

　　（7）有协商选项，能够对网络层的地址和数据压缩等进行协商。

　　这些特性使得 PPP 具有强大的扩展性和适应性，且可以建立更为安全的连接。PPP 是一种被认可的互联网标准协议，目前得到最广泛的应用。

14.1.3 PPP 认证

PPP 身份认证功能是可选的,默认情况下,PPP 通信两端不进行认证。但为了安全,一般使用一种安全验证方式避免第三方窃取数据或冒充远程服务端接管与客户端的连接。PPP 提供了 PAP 和 CHAP 两种可选的身份认证方法。

视频讲解

1. PAP 认证

PAP(Password Authentication Protocol,口令验证协议)是一个简单的身份认证协议。PAP 通过两次握手进行身份认证,由被认证方发起认证请求,只在双方通信链路建立初始阶段进行认证,以明文方式传输用户名和口令,链路建立成功后就不再进行认证检测。PAP 认证过程如图 14-1 所示。

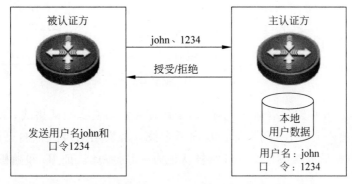

图 14-1 PAP 认证过程

(1)被认证方主动发起认证请求,明文发送用户名和口令到认证方。

(2)主认证方收到该认证请求报文后,则查找本地用户数据库,检查是否有此用户,以及口令是否正确。如果此用户存在且口令正确,认证方返回接受报文,表示验证通过,相当于通告被认证方可以进入下一阶段协商;如果此用户不存在或口令不正确,认证方返回拒绝报文,通告验证失败。验证失败后并不会直接关闭链路,只有当验证失败的次数达到一定值(默认为 4)时,才会关闭链路,以防止因误传、网络干扰等造成不必要的 LCP 重新协商过程。

如果点对点的两端设备采用的是 PAP 双向认证,则需要双方的两个单向验证过程都通过后,方可进入到网络层协议协商阶段。

在 PPP 链路建立后,PAP 被认证方重复向认证方发送用户名和口令,直到验证通过或链路终止。从 PAP 认证过程可以看出,PAP 不是一种健壮的身份认证协议。首先,用户名和口令在链路上是以明文传输的,极易被捕获而造成泄密;其次,验证请求是由被认证方发起的,被认证方控制验证重试频率和次数,不能防范再生攻击和错误重复尝试攻击,被认证方可以运行暴力破解软件破解密码。因此,PAP 适用于对网络安全要求相对较低的环境,目前这种方式常用于 PPPOE 拨号认证。

2. CHAP 认证

CHAP(Challenge Hand Authentication Protocol,挑战握手验证协议)使用三次握手机

制,为远程节点提供安全验证。

CHAP 对 PAP 进行了改进,不再直接通过链路发送明文口令,而是使用挑战字符串以哈希算法对口令进行加密。CHAP 为每一次验证任意生成一个挑战字符串来防止受到再现攻击(Replay Attack)。在链路建立成功后任何时间都可以进行重复验证,避免被第三方冒充而进行攻击。验证过程也由认证方发起 CHAP 认证,有效避免了暴力破解。CHAP 认证过程如图 14-2 所示。

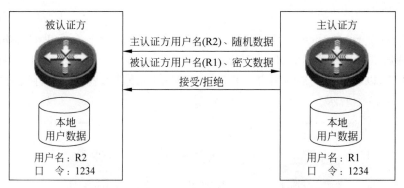

图 14-2　CHAP 认证过程

（1）在通信双方链路建立阶段完成后,主认证方主动发起验证挑战,随机产生一个挑战字符串,并将此认证的 ID(用来标识是向哪个拨入者发出的挑战)、自己的用户名(R2)及产生的随机数据形成挑战报文发送给被认证方,同时将此认证 ID 和随机挑战字符串保存在本地。

（2）被认证方接收到此挑战报文后,根据主认证方发过来的用户名(R2),在自己的本地数据库中查找该用户名对应的密码,并用收到的认证 ID 和随机数据,及查找到的用户密码,以 MD5 算法生成一串密文数据(哈希值)。然后,被认证方将此密文数据和自己的用户名(R1)及认证 ID 发回给主认证方。

（3）主认证方根据被认证方发过来的用户名(R1),在自己的本地数据库中查找该用户名对应的密码,并用认证 ID 找到保存在本地的同一串随机数,然后用 ID、随机数据和查找到的用户密码,经 MD5 算法得出一个哈希值,与被认证方发过来的哈希值进行比较,如果两串密文相同,则返回接受报文,表示认证通过。如果两者不同,则返回拒绝报文,表示认证不通过。

从上述 CHAP 认证过程可知,只有两端的密码相同,才可能对同一串随机数据加密得到相同的密文,也才能通过认证。

和 PAP 认证相比,CHAP 认证具有以下特点:使用密文格式发送 CHAP 认证信息;由认证方发起 CHAP 认证,有效避免暴力破解;在链路建立成功后具有再次认证检测机制等。因此,目前在企业网的远程接入环境中 CHAP 认证比较常见。

14.1.4　配置 PPP 命令

锐捷路由器上常用 PPP 配置命令如表 14-1 所示。

表 14-1　常用 PPP 配置命令

命令模式	CLI命令	作　用
接口模式	encapsulation ppp	配置接口封装 PPP
	ppp authentication [pap|chap|pap chap|chap pap]	配置 PPP 认证方式
	ppp pap sent-username name password password	配置 PAP 被认证方发送的用户信息
	no ppp pap sent-username	取消发送的用户信息
	ppp chap hostname name	配置 CHAP 认证发送的用户名
全局模式	username name password password	创建本地认证用户信息
特权模式	show interfaces serial serial-number	显示 PPP 接口状态

14.2　任务实施

配置 PPP 认证网络拓扑如图 14-3 所示,公司北京总部的核心路由器 Core-R 分别与扬州分公司的路由器 YZ-R 和上海分公司的路由器 SH-R 之间均采用串行连接。为了保证网络链路的安全,需要在这 3 台路由器上封装 PPP,并实施 PAP 和 CHAP 认证。

图 14-3　配置 PPP 认证网络拓扑

1. 封装 PPP

路由器串行接口默认封装的是 HDLC 协议,在接口模式下使用 encapsulation 命令修改接口的协议封装格式,但点到点链路的两端接口必须封装相同的格式,否则可能会出现物理层是连通状态,但数据链路层失效的情况。下面仅给出公司总部核心路由器 Core-R 与扬州分公司路由器 YZ-R 的配置信息,Core-R 与 SH-R 的配置与此类似,只需修改 IP 地址。

```
Core-R(config)♯interface s1/0
Core-R(config-if-Serial 1/0)♯clock rate 64000        //配置 DCE 端时钟
Core-R(config-if-Serial 1/0)♯ip address 172.16.18.5 255.255.255.252
Core-R(config-if-Serial 1/0)♯encapsulation ppp       //配置接口封装协议为 PPP
Core-R(config-if-Serial 1/0)♯no shutdown             //开启接口
YZ-R(config)♯interface s1/0
YZ-R(config-if-Serial 1/0)♯ip address 172.16.18.6 255.255.255.252
YZ-R(config-if-Serial 1/0)♯encapsulation ppp         //配置接口封装协议为 PPP
YZ-R(config-if-Serial 1/0)♯no shutdown
```

配置完成后,可以在特权模式下使用 show interface 命令查看接口状态,也可以通过 ping 对端 IP 地址来进一步确认线路的连通性。

```
Core - R# show interfaces s1/0
Serial1/0 is up, line protocol is up      //物理层及数据链路层均为 up,接口正常
  Hardware is Serial
  Internet address is 172.16.18.5/30
  MTU 1500 bytes, BW 1544 Kbit
  Encapsulation PPP, loopback not set  //该接口为 PPP 封装
    keepalive set (10 sec)
  LCP Open                             //LCP 已打开
  Open: IPCP                           //NCP 已打开
(以下输出内容省略)
```

以上信息说明 Core-R 与 YZ-R 之间路由器接口封装 PPP 配置成功。如果出现"Serial1/0 is administratively down,line protocol is down",说明没有开启该接口,执行 no shutdown 命令开启接口;如果出现"Serial1/0 is up,line protocol is down",说明物理层正常,数据链路层有问题,通常是没有配置时钟、两端封装不匹配或 PPP 验证错误等原因;如果出现"Serial1/0 is down,line protocol is down",说明物理层有问题,通常是线路问题。

2. PAP 认证

在扬州分公司和总部的串行链路上配置封装 PPP 成功后,接下来配置该线路的 PAP 认证。此处假设启用单向认证,总部的核心路由器 Core-R 认证扬州分公司的路由器 YZ-R 的合法性,认证账号用户名是 yangzhou、口令是 123。

1) 配置主认证方(Core-R)

```
Core - R(config)# username yangzhou password 123       //将对方的账号加入本地数据库
Core - R(config)# interface s1/0
Core - R(config - if - Serial 1/0)# ppp authentication pap //配置接口启用 PAP 认证
```

此时因对端路由器 YZ-R 还未配置认证账号,两端的线路协议均会宕掉。使用 show interface 命令查看时发现接口状态已发生变化。

```
Core - R# show interfaces s1/0
Serial1/0 is up, line protocol is down                //线路协议为 down
(以下输出内容省略)
```

2) 配置被认证方(YZ-R)

```
YZ - R(config)# interface s1/0
YZ - R(config - if - Serial 1/0)# ppp pap sent - username yangzhou password 123
                              //配置被认证方发送给主认证方的账号信息
```

PAP 被认证端只需要配置一条命令,将用户名和口令发送给主认证端,发送的账号信息一定要与主认证方本地用户数据库中的信息一致。此时再次使用 show interface 命令查看时接口状态已正常,或通过 ping 对端 IP 地址来进一步确认线路的连通性。

3. CHAP 认证

在上海分公司和总部的串行链路上配置封装 PPP 成功后,接下来配置该线路的 CHAP 认证,此处假设启用单向认证,总部的核心路由器 Core-R 认证上海分公司的路由器 SH-R 的合法性,认证账号用户名分别是公司所在地名称、口令是 1234。

1) 配置主认证方(Core-R)

```
Core-R(config)#username shanghai password 1234          //将对方的账号加入本地数据库
Core-R(config)#interface s1/1
Core-R(config-if-Serial 1/1)#ppp authentication chap    //启用 CHAP 认证
Core-R(config-if-Serial 1/1)#ppp chap hostname beijing
                            //配置主认证方发送给被认证方的用户名
```

此时因对端路由器 SH-R 还未配置认证,两端的线路协议均会宕掉。使用 show interface 命令查看时发现接口状态已发生变化。

```
Core-R#show interfaces s1/1
Serial1/1 is up, line protocol is down                  //线路协议为 down
(以下输出内容省略)
```

2) 配置被认证方(SH-R)

```
SH-R(config)# username beijing password 1234
                            //将对方的账号加入本地数据库,两端的密码必须一致
SH-R(config)#interface s1/1
SH-R(config-if-Serial 1/1)#ppp chap hostname shanghai
                            //配置被认证方发送给主认证方的用户名
```

CHAP 配置中如果没有使用 ppp chap hostname 命令配置发送的用户名,路由器默认会把自己的 hostname(路由器系统名)发送给对方,此时 username 命令中的用户名必须是对端设备的 hostname,而且两端的密码必须一致。配置信息修改如下。

```
//主认证方
Core-R(config)#username SH-R password 1234              //将对方的账号加入本地数据库
Core-R(config)#interface s1/1
Core-R(config-if-Serial 1/1)#ppp authentication chap   //启用 CHAP 认证

//被认证方
SH-R(config)# username Core-R password 1234             //将对方的账号加入本地数据库
```

配置完成后,再次使用 show interface 命令查看时接口状态已正常,或通过 ping 对端 IP 地址来进一步确认线路的连通性。

对于上述 PAP 和 CHAP 的认证,只介绍了单向认证的配置,实际上这两种认证方式都支持双向(相互)认证,即参与认证的一方设备可以同时是主认证方和被认证方,可以在上述单向认证的基础上,仿此完成反向的认证配置。

14.3 知识拓展

14.3.1 PPP 分层结构

协议分层结构是一个逻辑模型，图 14-4 把 PPP 的分层体系结构和开放式系统互联（OSI）参考模型进行了对比，PPP 和 OSI 共享相同的物理层，PPP 分为 LCP（Link Control Protocol，链路控制协议）和 NCP（Network Control Protocol，网络控制协议）功能子层，LCP 包含在 OSI 参考模型的数据链路层内，而 NCP 跨越 OSI 参考模型的数据链路层和网络层。

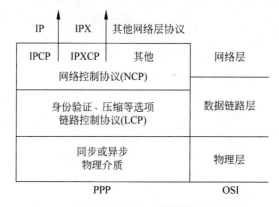

图 14-4　PPP 的层次结构

PPP 支持各种类型的硬件，只要是点到点类型的线路（同步或异步）都可以运行 PPP。在数据链路层，PPP 通过 LCP 进行链路管理，相当于以太网数据链路层的 MAC 子层；在网络层，由 NCP 为不同的协议提供服务，相当于以太网数据链路层的 LLC 子层。

1. LCP 子层

LCP 子层位于物理层之上，除了用来建立、配置和测试数据链路连接外，还提供以下可选的功能选项。

- 身份验证。路由器之间相互验证身份，验证的方法有 PAP 和 CHAP。
- 压缩。PPP 运行在速率十分有限的点到点串行链路上，为了提高数据发送效率，可以对数据进行压缩后再传送，以提高 PPP 线路的吞吐量。到达目的地后，协议对数据进行解压缩。压缩和解压缩会增加两端路由器的负担，也会带来一定的延时。
- 错误检测。PPP 的错误检测机制使进程能够识别错误的情形，监视链路质量。
- 多链路。进行多链路捆绑，使路由器接口提供负荷均衡功能。
- PPP 回拨。路由器可以扮演回拨客户或回拨服务器角色。客户发起一个初始呼叫，请求回拨，并且终止初始呼叫，回拨路由器依照配置语句回应初始呼叫，并向客户回拨。如有攻击者尝试发动攻击，服务器拒绝呼叫，并主动呼叫配置中的号码，攻击者的直接攻击将失败，PPP 回拨可以进一步提高网络安全性。

2. NCP 子层

当 LCP 将链路建立好之后,PPP 开始根据不同用户的需要,配置上层协议所需的环境。PPP 使用 NCP 来为上层提供服务接口。

14.3.2 PPP 工作过程

从开始发起呼叫到最终通信完成,一个完整的 PPP 会话过程包括以下 4 个阶段。

* 链路建立和配置协商阶段。PPP 通信双方发送 LCP 报文来交换配置信息,这些信息包括是否采用链路捆绑、采用何种验证方式、是否支持压缩等。如果配置信息协商成功,则点到点链路宣告建立。
* 验证阶段(可选)。链路建立成功后,PPP 根据帧中的验证选项来决定是否进行身份验证。如果需要验证,则在该阶段进行 PAP 或 CHAP 验证,验证成功就进入网络层协商阶段,验证失败则拆除链路。
* 网络层协商阶段。运行 PPP 的双方发送 NCP 报文来选择并配置网络层协议,如协商使用何种网络层协议及对应的网络层地址,如果协商通过,双方的逻辑通信线路就建立好了,双方可以开始在此链路上交换上层数据。任何阶段的协商失败都将导致链路的拆除。
* 链路终止阶段。当数据传送完成或一些外部事件发生(如空闲时间超长或用户干预)时,一方会发起断开连接的请求。这时,首先使用 NCP 来释放网络层的连接,然后利用 LCP 来关闭数据链路层的连接,最后,双方的通信设备或模块关闭物理链路回到空闲状态。

14.4 实践训练

实训 14 路由器串口 PPP 认证配置

1. 实训目标

(1)掌握 PAP/CHAP 认证配置。
(2)理解 PAP/CHAP 认证过程。

2. 应用环境

企业局域网常使用串行口连接到广域网,PPP 封装可提供 PAP 和 CHAP 认证,从而具有较高的安全性,得到了广泛使用。

3. 实训设备

(1)RG 路由器 2 台。
(2)PC 2 台。
(3)Console 线 1 根。

（4）网络交叉线 2 根，V35 背对背电缆线 1 根。

4. 实训拓扑

本实训 PPP 认证配置拓扑如图 14-5 所示。

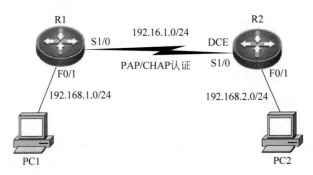

图 14-5　PPP 认证配置拓扑

5. 实训要求

配置 PAP/CHAP，进行 R1 与 R2 之间链路的验证。PC 和路由器各接口地址如表 14-2 所示。

表 14-2　PC 和路由器各接口地址

设　　备	接　　口	IP　地　址	子网掩码	默认网关
R1	F0/1	192.168.1.254	255.255.255.0	
	S1/0	192.16.1.1	255.255.255.0	
R2	S1/0(DCE)	192.16.1.2	255.255.255.0	
	F0/1	192.168.2.254	255.255.255.0	
PC1	NIC	192.168.1.1	255.255.255.0	192.168.1.254
PC2	NIC	192.168.2.1	255.255.255.0	192.168.2.254

6. 实训步骤

第 1 步：参照任务 8，按照表 14-2 配置所有接口的 IP 地址，保证所有接口全部是 up 状态。注意，DCE 端要设置时钟。此处仅给出 R2 串口的基础配置命令。

```
R2(config)♯interface s1/0
R2(config-if)♯clock rate 64000                      //设置串口 DCE 端时钟
R2(config-if)♯ip ad 192.16.1.2 255.255.255.0        //设置接口 IP 地址
R2(config-if)♯no shutdown                            //激活接口
R2(config-if)♯exit
```

第 2 步：查看每个路由器的路由表并记录，找出缺少的网段路由，PC1 ping 不通 PC2。

第 3 步：参照任务 9，配置静态路由。

```
R1(config)♯ip route 192.168.2.0 255.255.255.0 192.16.1.2
R2(config)♯ip route 192.168.1.0 255.255.255.0 192.16.1.1
```

第4步：再次查看每个路由器的路由表并记录，PC1 ping 通 PC2。

下面配置 R2 认证 R1 的合法性(用户名为 PPP-PAP、口令为 ruijie)。

第5步：配置 R2 认证端。

```
R2(config)#username PPP-PAP password ruijie          //设置账号和密码信息
R2(config)#interface s1/0
R2(config-if)#encapsulation PPP                       //封装 PPP
R2(config-if)#ppp authentication pap                  //设置认证方式为 PAP
```

第6步：配置 R1 被认证端。

```
R1(config)#interface s1/0
R1(config-if)#encapsulation PPP                  //封装 PPP
R1(config-if)#ppp pap sent-username PPP-PAP password ruijie
                                     //设置发送给对方认证的账号和密码
```

第7步：查看接口配置信息，验证认证链路是否成功。

```
R1#show interface s0/1
Serial0/1 is up, line protocol is up             //接口物理及协议均为 up
…(省略显示)
Encapsulation prototol PPP                       //封装协议是 PPP
LCP Open                                         //LCP 已打开
Open: IPCP                                       //NCP 已打开
…(省略显示)
```

第8步：测试连通性。

方法一，路由器互 ping。

```
R2#ping 192.16.1.1
```

方法二，两台 PC 互 ping。

下面配置 R2 认证 R1 的合法性，用户名为双方的设备名，口令为 ruijie。

第9步：配置 R2 认证端。

```
R2(config)#username R1 password ruijie      //设置账号和密码信息
R2(config)#interface s1/0
R2(config-if)#encapsulation PPP             //封装 PPP
R2(config-if)#ppp authentication chap       //启用 CHAP 认证
R2(config-if)#ppp chap hostname R2

                                            //配置主认证方发送给被认证方的用户名
```

第10步：配置 R1 被认证端。

```
R1(config)#username R2 password ruijie      //设置账号和密码信息,两端密码要一致
R1(config)#interface s1/0
R1(config-if)#encapsulation PPP             //封装 PPP
R1(config-if)#ppp chap hostname R1          //配置主认证方发送给被认证方的用户名
```

第 11 步：查看接口配置信息，验证认证链路是否成功。

```
R1#show interface s0/1
Serial0/1 is up, line protocol is up          //接口物理及协议均为 up
…(省略显示)
Encapsulation protocol PPP                    //封装协议是 PPP
LCP Open                                      //LCP 已打开
Open: IPCP                                    //NCP 已打开
…(省略显示)
```

第 12 步：测试连通性。

7. 课后练习

本实训是单向验证，课后尝试做双向验证的配置。

14.5　习题

一、选择题

1. 同步串口上的默认封装是（　　）。

　　A. HDLC　　　　　　B. PPP　　　　　　C. FR　　　　　　D. ISDN

2. PPP 能实现下面除了（　　）以外的所有功能。

　　A. 认证　　　　　　B. 压缩　　　　　　C. 服务质量　　　　D. 错误检测

3. （　　）协商在 PPP 连接上传输的数据链路与网络层协议。

　　A. LCP　　　　　　B. NCP　　　　　　C. CDP　　　　　　D. PAP

4. 下面关于 CHAP 说法错误的是（　　）。

　　A. 它发送加密口令　　　　　　　　　B. 它发送挑战

　　C. 它比 PAP 更安全　　　　　　　　　D. 它使用三次握手

二、填空题

1. PAP 认证是＿＿＿＿＿＿提出连接请求，＿＿＿＿＿＿响应。

2. CHAP 认证是由＿＿＿＿＿＿＿＿发出连接请求。

3. PPP 的验证方式有＿＿＿＿认证和＿＿＿＿认证两种。

任务15

配置网络地址转换

【任务描述】

某企业内部网络采用私有 IP 地址互联,现要通过路由器将企业内部网络与互联网相连,申请的公共地址为 211.65.17.2～211.65.17.10,其中 211.65.17.2～211.65.17.9 用于内部 192.168.2.0 网络客户机访问互联网,另一个公共地址 211.65.17.10 则给内部的服务器,以便外部网络对服务器的访问。企业网络地址转换网络拓扑如图 15-1 所示。

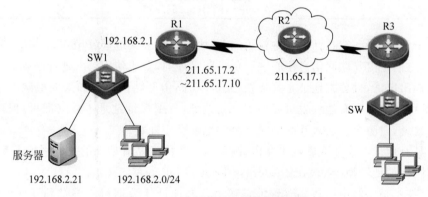

图 15-1　企业网络地址转换网络拓扑

【任务分析】

从上述企业需要来看,路由器可采用广域网连接技术方便地与外部网络的路由器连通,但要想实现企业内部网与外部网通信却有以下问题。

一是由于企业内部网采用私有 IP 地址,而当包含有私有地址的分组向 ISP 发送时,ISP 将会过滤它们或无法将该流量路由回发送设备。因此,私有地址只能用在公司内部,不能用于与公共网络进行通信。因此企业内部的客户机无法访问互联网,外部网络同样无法访问企业内部使用私有地址的服务器。

二是 Internet 中的计算机必须拥有唯一的 IP 地址,而目前供企业内部客户机使用的公共 IP 地址不足,如何保证多台客户机能同时访问 Internet 并互不干扰。

要解决以上问题,就需要采用网络地址转换技术。

15.1　知识储备

15.1.1　地址耗尽与网络地址转换

视频讲解

当设备间相互通信时，每台设备都需要一个唯一的 IP 地址。IPv4 中规定 IP 地址用 32 位二进制位来表示，而随着 Internet 爆炸式地发展，IPv4 地址已经耗尽。为了使所有计算机都能接入互联网，可使用被称为 IPv6 的新寻址方案，相对于当前 IPv4 使用 32 位来表示地址，IPv6 使用 128 位编址，具有数十亿个地址。此外，目前普遍采用的另一方案是使用私有地址来解决地址短缺问题。互联网组织委员会在全部的 32 位 IP 地址中，专门规划出可以重复使用的 IP 地址段，允许它们只能在组织、机构内部使用，不能被路由器转发到公网中，这部分地址被称为私有地址，私有地址范围如表 15-1 所示。

表 15-1　私有地址范围

类	IP 地 址 范 围	网 络 个 数
A	10.0.0.0～10.255.255.255	1
B	172.16.0.0～172.31.255.255	16
C	192.168.0.0～192.168.255.255	256

相对于私有地址，能在互联网中使用的 IP 地址称为公共地址（Public Address），也称为公网地址，它们是由互联网信息中心统一负责和管理的，要想使用公共地址必须通过相应的代理机构提出申请，且公共地址是可以被 Internet 路由器路由的。如果局域网不与互联网相连，则既可以使用私有地址也可以使用公共地址，只要保证地址不冲突即可，但建议最好使用私有地址，以防今后连入互联网时与公共地址发生冲突。

由于私有地址不能在互联网中路由，因此当一个使用私有地址的局域网接入互联网时，必须使用网络地址转换（Network Address Translation，NAT）技术。

NAT 技术是指路由器将私有地址转换为公共地址使数据包能够发到互联网上，同时从互联网上接收数据包时，将公共地址转换为私有地址。

15.1.2　NAT

NAT 的工作原理是通过改变 IP 包头，即目的地址、源地址中的一个或两个地址在包头中被其他地址替换，如图 15-2 所示，从而实现内部网络与外部网络的互通。

在进行地址转换时，根据设备处于网络中的位置（内网或外网）以及私有地址、公共地址的区别，有以下几种不同的地址转换术语。

内部本地地址（Inside Local Address）：分配给内部网络上主机的 IP 地址，通常是网管人员自己定义的私有地址。

内部全局地址（Inside Global Address）：分配给内部主机的合法的公共地址，当网络地址转换时，用于替代内部本地地址出现在外部网络上的地址。

外部本地地址（Outside Local Address）：分配给外部主机用于 NAT 处理的地址，是用

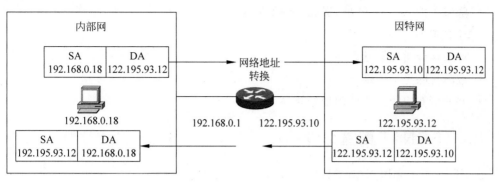

图 15-2 NAT 示意

视频讲解

来代替外部全局地址而出现在内网的地址。

外部全局地址（Outside Global Address）：外部网络上主机所注册的公共 IP 地址。

所谓"本地"（Local）指的是地址可被内部主机看到，而"全局"（Global）指的是其地址可被外部主机看到。

15.1.3 NAT 类型

NAT 按照工作方式可分为静态地址转换、动态地址转换和端口地址转换 3 种。

1. 静态地址转换

静态地址转换是一种一对一的映射，即内部网络中的每台主机都被一一对应地映射成外部网络中的一个合法地址。静态地址转换并不能真正解决 IP 地址短缺的问题，所以通常用于内网服务器需要被外网访问的情况，如外网用户需要访问内网的 Web 服务器。

2. 动态地址转换

动态地址转换就是将一个私有地址临时与一个公共地址池中的某个 IP 地址做映射，尽管映射关系建立后也是一对一的关系，但所使用的公共 IP 地址不是固定的。当内部用户需要访问外部网络时，通常使用动态地址转换。

3. 端口地址转换

端口地址转换是一种特殊的动态地址转换技术，是将多个私有地址映射到同一个公共地址，并使用端口号来区分不同的转换。端口地址转换方式能够最大限度地节约公共 IP 地址资源，因此多数企业、网吧都采用这种方式。

15.1.4 NAT 应用的优、缺点

NAT 的优点：

* 节省了公共合法 IP 地址。
* 能够处理地址重复的情况。
* 增加了灵活性，消除了地址重新编号。

- 隐藏了内部的 IP 地址,提高了网络安全性。

NAT 的缺点:

- 每条连接增加了延迟。
- 故障排除更加困难。
- 并非所有应用都能使用地址转换。

15.1.5 NAT 配置命令

锐捷路由器上常用 NAT 配置命令如表 15-2 所示。

表 15-2 常用 NAT 配置命令

命令模式	CLI 命令	作　用
全局模式	ip nat inside source static *local-address global-address* [permit-inside]	定义内部源地址静态转换关系
	ip nat pool *address-pool start-address end-address* {netmask *mask*|prefix-length *prefix-length*}	定义全局 IP 地址池
	access-list *access-list-number* permit *ip-address wildcard*	定义访问列表,只有匹配该列表的地址才转换
	ip nat inside source list *access-list-number* pool *address-pool*	定义内部源地址动态转换关系
接口模式	ip nat inside	定义接口连接内部网络
	ip nat outside	定义接口连接外部网络
特权模式	show ip nat translations	查看 NAT 映射表

15.2 任务实施

以图 15-1 为例,介绍静态 NAT 和动态 NAT 的实施。本任务实施中假设已参照之前的相关实训完成接口 IP 地址及路由配置,内网已经互通。

1. 静态 NAT 实施

为了使外网能访问内网服务器(192.168.2.21),可采用静态 NAT 映射功能来实现,假设映射的公共地址为 211.65.17.10。

(1) 定义接口连接内部网络和外部网络。

```
R1(config)# interface fastethernet 0/0
R1(config-if)# ip nat inside
R1(config-if)# end
R1(config)# interface s 1/0
R1(config-if)# ip nat outside
R1(config-if)# end
```

（2）配置静态地址转换。

```
R1(config)# ip nat inside source static 192.168.2.21 211.65.17.10
```

（3）配置默认路由。

```
R1(config)# ip route 0.0.0.0 0.0.0.0 211.65.17.1
```

2. 动态 NAT 实施

在本任务中，要使得 192.168.2.0 网段通过 211.65.17.3～211.65.17.9 这几个公共地址访问外网，因此通过动态 NAT 来实现。

（1）定义接口连接内部网络和外部网络。

```
R1(config)# interface fastethernet 0/0
R1(config-if)# ip nat inside
R1(config-if)# end
R1(config)# interface s 1/0
R1(config-if)# ip nat outside
R1(config-if)# end
```

（2）定义 IP 全局地址池。

```
R1(config)# ip nat pool nat-pool 211.65.17.3 211.65.17.9 netmask 255.255.255.0
```

（3）定义访问列表以允许哪些地址可以进行动态地址转换。

```
R1(config)# access-list 1 permit 192.168.2.0 0.0.0.255
```

（4）定义内部源地址动态转换关系。

```
R1(config)# ip nat inside source list 1 pool nat-pool
```

（5）配置默认路由。

```
R1(config)# ip route 0.0.0.0 0.0.0.0 211.65.17.1
```

15.3　知识拓展

15.3.1　配置 NAPT

传统的 NAT 一般是一对一的地址映射，不能同时满足所有的内部网络主机与外部网络通信的需要。如在本任务的动态 NAT 实施中，如果内部网络用完了公共地址池中的地址，则后面的 NAT 将失败。此时可使用 NAPT（网络地址端口转换），可以将多个内部本地地址映射到一个内部全局地址。一个公共 IP 地址最多可以提供 64 512 个 NAT，因而，正常情况下一个地址就可以满足一个网络的地址转换需要。

NAPT 与动态 NAT 的配置差不多，NAPT 配置命令如表 15-3 所示。NAPT 可以使用地址池中的地址，也可以直接使用接口的 IP 地址。

表 15-3　NAPT 配置命令

命令模式	CLI 命 令	作 用
全局模式	ip nat pool *address-pool* *start-address* *end-address* {netmask *mask* ｜ prefix-length *prefix-length*}	定义全局 IP 地址池。对于 NAPT，一般仅需定义一个地址
	access-list *access-list-number* permit *ip-address* *wildcard*	定义访问列表，只有匹配该列表的地址才转换
	ip nat inside source list *access-list-number* pool *address-pool* overload 或：ip nat inside source list *access-list-number* interface *interface-type* *interface-number* overload	定义内部源地址动态转换关系
接口模式	ip nat inside	定义接口连接内部网络
	ip nat outside	定义接口连接外部网络

举例：为内部私有地址 192.168.1.0/24 配置复用全局地址 200.1.1.2。

```
Router(config)#access-list 1 permit 192.168.1.0 0.0.0.255
Router(config)#ip nat pool nat-pool 200.1.1.2 200.1.1.2 netmask 255.255.255.0
Router(config)#ip nat inside source list 1 pool nat-pool overload
```

注意，在配置 NAPT 时，要加上 overload 参数，overload 是执行 NAT 重载的意思，若不加该参数执行的是动态一对一映射，不会执行接口转换。定义全局地址池时因只有一个 IP 地址，所以起始地址与结束地址相同。

15.3.2　外部源地址转换

当内部主机需要访问外部网络，但是不想引入外部路由时，可以使用外部源地址转换，将外部主机的 IP 地址+接口，转换为内部网络的 IP 地址+接口。

如内网有自己的安全策略，只允许内网之间的互访，但是又需要访问外网的某服务器，此时可通过 NAT 的外部源地址转换功能，把外网服务器的公网地址转换为内网地址，使内网用户在访问外网时，感知不到已经访问了外网。

配置外部源地址静态 NAT 的相关命令如表 15-4 所示。

表 15-4　配置外部源地址静态 NAT 的相关命令

命令模式	CLI 命 令	作 用
全局模式	ip nat outside source static *global-address* *local-address*	定义外部源地址静态转换关系
接口模式	ip nat inside	定义接口连接内部网络
	ip nat outside	定义接口连接外部网络

举例：如图 15-3 所示，某企业内网需访问外部服务器 100.1.1.1，现要将其映射为内网的虚拟服务器 192.168.2.2。

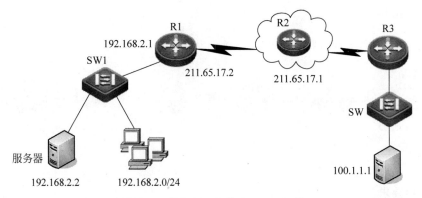

图 15-3　外部源地址静态 NAT 拓扑

```
R1(config)＃ interface fastethernet 0/0
R1(config－if)＃ ip nat inside
R1(config－if)＃ end
R1(config)＃ interface s1/0
R1(config－if)＃ ip nat outside
R1(config－if)＃ end
R1(config)＃ip nat outside source static 100.1.1.1 192.168.2.2
```

15.4　实践训练

实训 15-1　配置静态 NAT 实现外网访问内网服务器

1. 实训目标

（1）掌握 NAT 的概念。
（2）掌握静态 NAT 的配置方法。

2. 应用环境

企业由于公网 IP 地址的不足，在企业内部网络中通常配置私有地址，包括内部服务器。为了实现企业信息的对外发布，要求配置静态网络地址转换，使得外网用户能访问内网的 Web 服务器。

3. 实训设备

（1）RG 二层交换机 2 台。
（2）RG 路由器 2 台。
（3）PC 若干台，服务器 1 台。

（4）Console 线 1 根。

（5）直通网线若干根，V35 背对背电缆线 1 对。

4. 实训拓扑

配置静态 NAT 实训拓扑如图 15-4 所示。

图 15-4　配置静态 NAT 实训拓扑

5. 实训要求

配置静态 NAT，使得外网用户使用 211.65.17.3 能访问内网中的 Web 服务器（192.168.1.2）。

6. 实训步骤

第 1 步：参照任务 8 配置路由器 R1 和 R2 的接口地址，保证所有接口全部是 up 状态，注意 DCE 端要设置时钟。

第 2 步：在 R1 上配置静态 NAT。

```
R1(config)# interface fastethernet 0/0
R1(config-if)# ip nat inside
R1(config-if)#end
R1(config)# interface serial 1/0
R1(config-if)# ip nat outside
R1(config-if)#end
R1(config)#ip nat inside source static 192.168.1.2 211.65.17.3
```

第 3 步：配置内网到外网的路由。

```
R1(config)#ip route 0.0.0.0 0.0.0.0 211.65.17.1
```

第 4 步：查看 NAT 表。

```
R1#show ip nat translations
```

实训 15-2　配置动态 NAT 实现私有网络访问 Internet

1. 实训目标

（1）掌握地址转换的概念。

（2）掌握动态 NAT 的配置方法。

2．应用环境

企业由于公网 IP 地址的不足,在企业内部网络中通常部署的是私有地址。要求配置动态网络地址转换,实现企业内网用户可以访问 Internet。

3．实训设备

(1) RG 二层交换机 2 台。
(2) RG 路由器 2 台。
(3) PC 若干台,服务器 1 台。
(4) Console 线 1 根。
(5) 直通网线若干根,V35 背对背电缆线 1 对。

4．实训拓扑

配置动态 NAT 实训拓扑如图 15-5 所示。

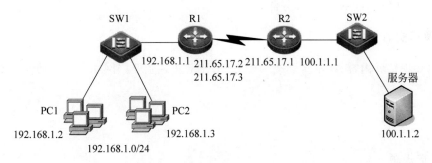

图 15-5　配置动态 NAT 实训拓扑

5．实训要求

配置动态 NAT,使得企业内网中的私有网络(192.168.1.0/24)能访问 Internet。

6．实训步骤

第 1 步:与实训 15-1 同,配置路由器接口地址。
第 2 步:配置默认路由以访问外网。

```
R1(config)# ip route 0.0.0.0 0.0.0.0 211.65.17.1
```

第 3 步:定义 IP 全局地址池。

```
R1(config)# ip nat pool nat-pool 211.65.17.5 211.65.17.8 netmask 255.255.255.0
```

第 4 步:定义访问列表以允许可以进行动态地址转换的私有地址。

```
R1(config)# access-list 1 permit 192.168.1.0 0.0.0.255
```

第 5 步：定义内部源地址动态转换关系。

```
R1(config)#ip nat inside source list 1 pool nat-pool
```

第 6 步：定义内外接口。

```
R1(config)# interface fastethernet 0/0
R1(config-if)# ip nat inside
R1(config-if)#end
R1(config)# interface serial 1/0
R1(config-if)# ip nat outside
R1(config-if)#end
```

第 7 步：查看 NAT 表并测试。

```
R1#show ip nat translations
```

在 PC1 和 PC2 分别 ping 服务器，测试通。

7. 课后实训

参照知识扩展内容，将本实训改为配置 NAPT 实现企业内网用户可以访问 Internet。

15.5 习题

一、选择题

1. 下面地址属于私有地址的是(   )(多选)。
   A. 192.168.7.2   B. 172.32.28.29
   C. 10.1.256.23   D. 172.16.255.48

2. 以下(   )不属于网络地址转换的功能。
   A. 重复使用在互联网上的公网地址
   B. 允许使用私有地址的网络用户访问互联网
   C. 允许私有地址在互联网上路由
   D. 为两个企业网合并提供地址转换

3. (   )只将一个(且只有一个)IP 地址转换为另一个 IP 地址。
   A. 静态 NAT   B. 动态 NAT   C. 端口 NAT   D. 都不对

4. (   )是与内部设备关联的公共 IP 地址。
   A. 内部本地地址   B. 内部全局地址
   C. 外部本地地址   D. 外部全局地址

5. 如果某单位申请到 10 个公共地址，应该采用(   )技术实现所有计算机上网。
   A. 静态 NAT   B. 动态 NAT   C. 端口 NAT   D. 都不对

6. 当执行 ip nat inside source 命令时，为配置 NAPT 必须指定(   )参数。
   A. pat   B. overload   C. port   D. static

7. 下列( )命令定义静态网络地址转换。

    A. ip nat inside source static   B. ip nat inside

    C. ip nat inside source list   D. ip nat pool

8. 下列( )命令可以查看网络地址转换条目。

    A. show ip nat statistics   B. show ip nat translations

    C. ip nat inside source   D. ip nat outside

二、填空题

1. IP 地址分为私有地址和公共地址,192.168.1.1 是＿＿＿＿＿＿＿＿＿＿地址,172.168.1.1 是＿＿＿＿＿＿地址,168.56.1.1 是＿＿＿＿＿＿地址。

2. 网络地址转换分为静态地址转换和动态地址转换,若要让外部网络访问内部网络的 FTP 服务器,应该配置＿＿＿＿＿＿转换。

3. 在网络地址转换中指定接口为外部接口的路由器命令是＿＿＿＿＿＿＿＿＿。

4. NAPT 是将多个私有地址映射到＿＿个公网地址,因此使用＿＿＿＿＿＿来区分连接。

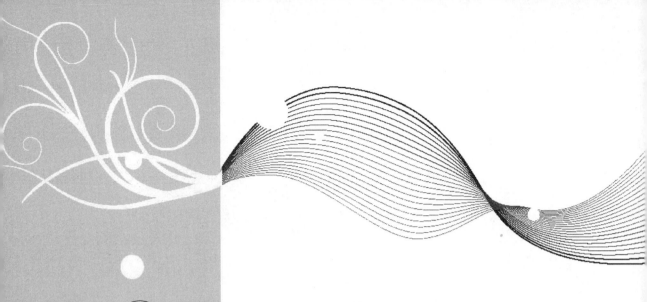

项目 5　网络安全设计

随着网络开放性、共享性及互联程度的扩大，网络风险无处不在，机密数据的泄密、非授权用户访问网络资源等危险，无不对网络构成各种各样的安全威胁，在网络的管理和实施中，网络安全变得越来越重要。

企业网络的安全威胁除了来自于传统的外部网络外，更多的是来自于内部网络（局域网）。承担局域网数据转发任务的设备主要是路由器和交换机，而这两种设备在默认情况下没有启用任何安全机制，可以对所有数据进行转发。为了防范来自内网的攻击和破坏，这就需要在路由器和交换机上增加安全机制以防范各种网络安全威胁。

本项目中将网络安全设计的实施分为以下两个任务。

任务 16　配置交换机接入安全

任务 17　配置网络访问控制

任务 16

配置交换机接入安全

【任务描述】

企业内网中财务部和设计部因涉及财务信息及技术机密文件,一般对其安全性要求较高。现要求实施相应技术,使得非法用户不能接入财务部和技术部网络,同时禁止技术部主机之间互相访问以防泄密,但允许访问部门内的私有服务器。

【任务分析】

内网用户一般都是通过接入层交换机接入网络的,且交换机即插即用的特性使其是网络中最容易被访问的设备。默认情况下交换机上没有启用任何安全机制,任何用户只要插上网线,在任何位置都能够接入网络。在交换机上配置端口安全,可以限制非法设备接入网络;配置端口保护,可以实现同一部门内主机间的通信隔离。实施端口安全和端口保护技术可以实现网络的安全接入。

16.1 知识储备

16.1.1 交换机端口安全

1. 交换机端口安全概述

默认情况下,交换机的所有端口都是完全开放的,不提供任何安全检查措施,允许所有的数据流通过,用户可以随意接入网络。另外,交换机内部的 MAC 地址表是有限的,接入网络的主机如果感染病毒,病毒会发送持续变化的构造出来的 MAC 地址,导致交换机在短时间内学习了大量无用的 MAC 地址,8K/16K 地址表很快填满,MAC 地址表填满后交换机就无法学习合法用户的 MAC,导致通信异常。

交换机的端口是连接网络终端设备的重要接口。大部分网络攻击行为都采用欺骗源 IP 或源 MAC 地址的方法,对网络核心设备进行连续数据包的攻击,从而耗尽网络核心设备系统资源,如典型的 ARP 攻击、MAC 攻击、DHCP 攻击等。这些通过接入网络产生的攻击行为,可以通过启用交换机的端口安全功能来防范,限制非法设备随意接入网络,如控制某个端口下能接入的主机 IP 地址或 MAC 地址。

交换机端口安全主要有以下两个功能。

（1）只允许特定 MAC 地址或特定 IP 地址的设备接入网络中，防止非法或未授权的设备接入网络。

（2）限制端口接入设备的数量，防止用户将过多的设备接入网络，也可以防止交换机的 MAC 地址表溢出攻击等。

2. 配置端口安全

1）配置端口安全地址

通过在交换机某个端口上配置限制访问网络的 MAC 地址及 IP 地址（可选项），可以控制该端口上的数据安全接入。配置端口安全地址就是在交换机内部将 MAC 地址、IP 地址或 MAC 地址＋IP 地址与端口绑定起来，这些被端口绑定的地址称为安全地址。当交换机的端口启用了端口安全功能且设置了安全地址后，该端口收到源地址为安全地址的数据包则正常转发，收到源地址为安全地址之外的数据包则视为非法数据，交换机会产生安全违规并将其丢弃，也就是该端口不转发源地址为安全地址之外的其他数据包，如图 16-1 所示。

安全端口的安全地址表项既可以通过交换机自动学习，也可以手工配置。配置时可以只绑定 MAC 地址或 IP 地址中的一个。有时为了增

图 16-1　非授权用户无法接入网络

强网络的安全，还可以同时绑定 MAC 地址和 IP 地址，限制用户随意改变 IP 地址，实施更为严格的访问限制。其中二层端口安全是把 MAC 地址与端口绑定；三层端口安全既可把 IP 地址与端口绑定，也可以同时把 IP 地址和 MAC 地址与端口进行绑定。

2）配置端口安全地址数

交换机的端口安全功能还表现在可以限制一个端口上能连接安全地址的最大数。如果一个端口启用了端口安全功能且设置了最多安全地址数后，当连接的安全地址的数目达到允许的最大数时，如果有新的设备接入该安全端口，交换机会产生安全违规并将丢弃该设备的数据包。交换机的端口安全地址数默认为 1。

3）端口安全检查过程

下面以二层端口安全为例分析交换机端口安全的检查过程。

交换机二层端口安全是根据源 MAC 地址对网络流量进行控制和管理的。当一个端口被配置成为一个二层安全端口后，交换机将不仅检查从此端口接收到的数据帧的源 MAC 地址是否是安全地址，还检查该端口上配置的允许通过最大安全地址数。

如果安全地址数没有超过配置的最大安全地址数时，交换机将检查安全地址表。若此帧的源 MAC 地址没有被包含在安全地址表中，那么交换机将自动学习此 MAC 地址，并将它加入地址表中，标记为安全地址，进行后续转发；若此帧的源 MAC 地址已经存在于安全地址表中，交换机将直接进行转发。如果安全地址数达到配置的最大安全地址数时，交换机会产生安全违规（Security Violation）并将其丢弃。

3. 端口安全违规处理

如果一个端口被设为安全端口，当非法设备（即其地址不是该端口安全地址的设备）接

入或端口的 MAC 地址数目超过限制的最大安全地址数时,就产生了安全违规。违规发生时,交换机有以下 3 种处理方式。

(1) Protect(保护):当安全违例产生时,非法数据包将会被丢弃,非法设备不能接入网络,原合法设备的通信不受影响,交换机不发送警告信息。该方式是锐捷交换机的默认违规处理方式。

(2) Restrict(限制):当安全违例产生时,非法数据包将会被丢弃,非法设备不能接入网络,原合法设备的通信不受影响,交换机会发送警告信息并增加违规计算器的计数。

(3) Shutdown(关闭):当安全违例产生时,非法数据包将会被丢弃,将该端口立即变为错误禁用,即 error-disabled,并关闭端口,该端口下的所有设备(包括合法设备)均不能接入网络,交换机发送警告信息并增加违规计算器的计数。当安全端口处于 error-disabled 状态时,可先输入 shutdown 再输入 no shutdown 接口配置命令,使其脱离此状态。

16.1.2　交换机端口保护

1. 交换机端口保护概述

现在网络安全的要求越来越高,在有些应用环境下,有时候希望某个业务部门内完全隔离,部门内互相不能访问,如宾馆内每个客房 PC 之间不允许互访,以防止病毒扩散攻击等。使用任务 4 介绍的 VLAN 技术,可以将需要完全隔离的每个用户加入不同的 VLAN 中,实现用户间的访问隔离,但这种采用 VLAN 技术来隔离用户会浪费有限的 VLAN 资源。因为有多少个需要隔离的用户就需要多少个 VLAN,而交换机上支持的 VLAN 数是有限的,每个用户一个 VLAN,也加大了管理员的工作量,因此采用 VLAN 技术来隔离用户是不可取的。

交换机端口保护是一种基于端口的流量控制功能,可以阻止数据在不同端口之间转发。端口保护,也称"端口隔离",当端口设为保护端口之后,保护端口之间互相无法通信。所以,采用端口保护技术,可以阻止数据包在保护端口之间进行转发,从而实现不同端口之间的隔离。

端口保护与端口所属 VLAN 无关,无论端口是否在同一个 VLAN,如果希望将不同端口的用户隔离开来,使之不能互相访问,都可以将需要隔离的端口设置成保护端口来达到此目的。

2. 配置端口保护

交换机的所有端口默认为非保护端口,在没有实施 VLAN 情况下,所有非保护端口之间是可以互访的。当端口配置启用保护功能后,该端口即为保护端口,保护端口之间无法通信,但保护端口与非保护端口之间可以正常通信,如图 16-2 所示。

保护端口有两种工作模式:一种是阻断

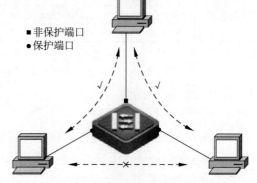

■非保护端口
●保护端口

图 16-2　端口保护技术示意

保护端口之间的二层交换,但允许保护端口之间进行三层路由;另一种是同时阻断保护端口之间的二层交换和三层路由。在两种模式都支持的情况下,第一种模式是默认工作模式。

端口保护更多适用于同一台交换机下需要进行用户二层隔离的场景。使用端口保护技术后,能有效隔离单播、广播、组播,计算机病毒也不会在隔离的主机之间传播,对 ARP 病毒的防范效果尤为明显,增加了网络的安全性。但并不是所有交换机都支持端口保护技术,且端口保护只能在同一台交换机上生效,跨交换机会使端口保护失效。

16.1.3　配置端口安全和端口保护命令

锐捷 RGOS 提供的端口安全和端口保护常用配置命令如表 16-1 所示。

表 16-1　端口安全和端口保护常用配置命令

命令模式	CLI 命 令	作　用
接口模式	switchport port-security	开启端口安全功能
	switchport port-security maximum *value*	设置端口最大安全地址个数
	switchport port-security mac-address *mac-address*	绑定 MAC 地址
	switchport port-security binding *ip-address*	绑定 IP 地址
	switchport port-security binding *mac-address vlan_id ip-address*	绑定 MAC 地址＋IP 地址
	switchport port-security mac-address sticky	配置 Sticky MAC 安全地址
	switchport port-security violation { violation | restrict |shutdown }	配置安全端口违规处理方式
	switchport protected	启用端口保护功能
全局模式	switchport port-security interface *interface-id* mac-address *mac-address*	绑定 MAC 地址
	switchport port-security interface *interface-id* binding ip-address	绑定 IP 地址
	switchport port-security interface *interface-id* binding mac-address *vlan_id ip-address*	绑定 MAC 地址＋IP 地址
	errdisable recovery	手工恢复违规关闭的端口
	errdisable recovery interval *time*	自动恢复违规关闭的端口
特权模式	show port-security	查看端口的安全信息
	show port-security address [interface interface-id]	查看端口绑定的安全地址信息
	show interface switchport	查看保护端口

16.2　任务实施

本任务的实施是按照某企业对财务部、设计部和市场部员工计算机接入网络的需求来进行的,端口安全和端口保护实施拓扑如图 16-3 所示。

结合部门计算机连接交换机的端口信息,确定基于端口的部门 VLAN 信息如表 16-2 所示,VLAN 的实施过程参见任务 4。主机 IP 地址自行规划。

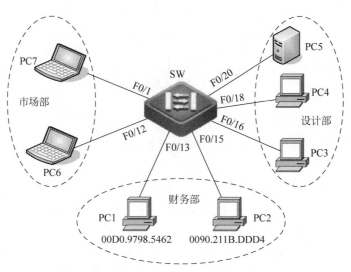

图 16-3　端口安全和端口保护实施拓扑

表 16-2　基于端口的部门 VLAN 信息

VLAN	VLAN 名 称	成 员 端 口
VLAN 10	市场部(scb)	F0/1~12
VLAN 20	财务部(cwb)	F0/13~15
VLAN 30	设计部(sjb)	F0/16~20

1. 配置静态端口安全

财务部(VLAN 20)的三台主机只允许通过交换机的 13~15 端口接入网络。因主机数较少,所以可以使用静态端口安全来限制非法设备接入网络。使用 ipconfig /all 命令获取并记录财务部每一台合法工作计算机的 MAC 地址,获取 MAC 地址后再配置静态端口安全。

```
SW(config)♯interface range f0/13-15            //财务部工作计算机连接的端口
SW(config-if-range)♯switchport mode access
SW(config-if-range)♯switchport access vlan 20
SW(config-if-range)♯switchport port-security    //启用端口安全功能
SW(config-if-range)♯switchport port-security maximum 1
                        //设置每个端口允许的安全 MAC 地址数为 1,默认也是 1
SW(config-if-range)♯switchport port-security violation shutdown
                                        //设置安全端口违规处理方式为 shutdown
SW(config-if-range)♯exit
SW(config)♯errdisable recovery interval 60      //设置端口自动恢复的周期是 60s
SW(config)♯interface f0/13                       //配置端口 13 绑定合法的 MAC 地址
SW(config-if-FastEthernet0/13)♯switchport port-security mac-address 00D0.9798.5462
```

配置完成后,使用 show port-security address 命令查看端口绑定的安全地址。

```
SW♯ show port – security address
Vlan    Mac Address      IP Address      Type     Port     RemainingAge(mins)
----    -----------      ----------      ----     -----    --------------
20      00D0.9798.5462   Configured      F0/13    -
20      0090.211B.DDD4   Dynamic         F0/15    -
```

由上述信息可以看出，当前端口 F0/13 和 F0/15 下都已经存在 1 个安全 MAC 地址，其中端口 F0/13 的安全地址是手工静态配置（Configured）的，而端口 F0/15 的安全地址为动态（Dynamic）学习到的。

为了测试端口安全，将财务部的另一台主机连接至 F0/13 后，会发现这台设备一插入 F0/13 端口，该端口的指示灯闪烁一下立即就熄灭，同时交换机显示一连串的出错提示信息，提示 F0/13 端口的物理层和数据链路层都为 down，同时还提示安全违规事件是由哪台非法主机导致的。此时若拔掉 F0/13 端口上的非法设备，将合法设备重新连接在该端口上，则在自动恢复时间（上面设置的是 60s）到达后，该端口的指示灯会自动亮起，同时交换机也会有提示信息，提示 F0/13 端口已从错误中自动恢复到正常工作状态（物理层和数据链路层都为 up）。

2. 配置动态端口安全

市场部（VLAN 10）的大部分员工使用笔记本电脑办公，而且位置也不固定，因此可以配置动态端口安全，确保市场部的每个端口只能连接一台合法主机，防止用户私自连接无线 AP 或其他交换机共享上网而带来的安全隐患。

```
SW(config)♯ interface range f0/1 – 12              //市场部工作计算机连接的端口
SW(config – if – range)♯ switchport mode access
SW(config – if – range)♯ switchport access vlan 10
SW(config – if – range)♯ switchport port – security    //启用端口安全功能
SW(config – if – range)♯ switchport port – security maximum 1
                        //设置每个端口允许的安全 MAC 地址数为 1，默认也是 1
SW(config – if – range)♯ switchport port – security violation shutdown
                        //设置安全端口违规处理方式为 shutdown
SW(config – if – range)♯ exit
SW(config)♯ errdisable recovery interval 60        //设置端口自动恢复的周期是 60 秒
```

配置完成后，使用 show port-security address 命令查看端口绑定的安全地址。

```
SW♯ show port – security address
Vlan    Mac Address      IP Address      Type     Port     RemainingAge(mins)
----    -----------      ----------      ----     -----    --------------
10      0030.A38C.96B2   Dynamic         F0/1     -
10      000C.8559.8EAB   Dynamic         F0/12    -
```

由上述信息可以看出，交换机的 F0/1 和 F0/12 端口都已经通过动态方式学习到来自 VLAN 10（市场部）的安全地址。

3. 配置粘滞端口安全

配置静态端口安全,网络管理员则需要收集每台主机的 MAC 地址,工作量大,但静态绑定的 MAC 地址,会保存在交换机的配置文件中,交换机关机重新启动后不会丢失,会永久保存。而配置动态端口安全,交换机将动态学习到的 MAC 地址转换为安全地址,但这种动态学习到的地址只会保存在 MAC 地址表中,不保存至配置文件中,会随着交换机的关机而丢失,交换机启动后需重新学习 MAC 地址。

粘滞端口安全不需要人工将 MAC 地址和端口绑定,交换机会自动将学习到的 MAC 地址与端口绑定起来,而且会将每个端口学习到的安全地址像静态端口安全那样保存至交换机的配置文件中,能永久保存,交换机关机重新启动后不会丢失。粘滞端口安全无须手动输入 MAC 地址,减轻了管理员的工作量。

```
SW(config)♯interface range f0/16-20            //设计部工作计算机连接的端口
SW(config-if-range)♯switchport mode access
SW(config-if-range)♯switchport access vlan 30
SW(config-if-range)♯switchport port-security          //启用端口安全功能
SW(config-if-range)♯switchport port-security maximum 1
                        //设置端口允许的安全 MAC 地址数为1,默认也是1
SW(config-if-range)♯switchport port-security mac-address sticky
                        //使能 Sticky MAC 地址学习功能
SW(config-if-range)♯switchport port-security violation shutdown
                        //设置安全端口违规处理方式为 shutdown
SW(config-if-range)♯exit
```

配置完成后,使用 show port-security address 命令查看端口绑定的安全地址。

```
SW♯show port-security address
Vlan    Mac Address      IP Address        Type      Port      RemainingAge(mins)
----    -----------      ----------        ----      ----      --------------
30      0060.475B.62A2                     Sticky    Fa0/16    -
30      0060.7032.0406                     Sticky    Fa0/18    -
30      0040.0B01.BE67                     Sticky    Fa0/20    -
```

由上述信息可以看出,交换机将自动学习到来自 VLAN 30(设计部)的地址,分别与端口 F0/16、F0/18 和 F0/20 通过粘滞(Sticky)方式自动绑定了,其他设备连接到这些端口将会出现安全违规。

下面使用 show running-config 命令查看以上 3 种方式配置端口安全的部分信息,以便比较。

```
SW♯show running-config
Building configuration...
//配置动态端口安全,学习到的地址没有保存在配置文件中,交换机重启会丢失
interface FastEthernet0/1
  switchport mode access
```

```
    switchport access vlan 10
    switchport port - security
    switchport port - security maximum 1
//配置静态端口安全,手工绑定的地址保存在配置文件中,交换机重启后不会丢失
interface FastEthernet0/13
    switchport mode access
    switchport access vlan 20
    switchport port - security
    switchport port - security maximum 1
    switchport port - security mac - address 00D0.9798.5462
    switchport port - security violation shutdown
//配置粘滞端口安全,学习到的地址保存在配置文件中,交换机重启后不会丢失
interface FastEthernet0/16
    switchport mode access
    switchport access vlan 30
    switchport port - security
    switchport port - security maximum 1
    switchport port - security mac - address sticky
    switchport port - security mac - address sticky 0060.475B.62A2
    switchport port - security violation shutdown
```

由上述信息可以看出,交换机的 F0/16 端口自动把其下连接的主机 MAC 地址粘滞在端口上并保存至配置文件(running-config)中,相当于执行了端口安全静态命令 switchport port-security mac-address 0060.475B.62A2。

4. 配置端口保护

在交换机上配置端口保护,可以使设计部所有工作计算机之间禁止互相访问,从而防止设计部人员之间通过网络共享数据而导致泄密,但他们都可以访问部门内部的服务器。

```
SW(config) # interface range f0/16 - 19
SW(config - if - range) # switchport protected    //启用端口保护功能
```

配置完成后,使用 show interface switchport 命令查看端口是否是保护端口。

```
SW # show interface switchport
Interface        Switchport Mode   Access   Native   Protected   VLAN lists
-----------      ---------------   ------   ------   --------   ----------
FastEthernet 0/16   enabled           30        1       Enabled      ALL
FastEthernet 0/17   enabled           30        1       Enabled      ALL
FastEthernet 0/18   enabled           30        1       Enabled      ALL
FastEthernet 0/19   enabled           30        1       Enabled      ALL
FastEthernet 0/20   enabled           30        1       Disabled     ALL
```

由上述信息可以看出,端口 F0/16～19 为保护端口,而连接服务器的端口 F0/20 为非保护端口。图 16-3 中,设计部的两台主机 PC3 和 PC4 之间互相 ping 不通,会显示"无法访问目标主机",但这两台主机都可以 ping 通服务器 PC5。

16.3　实践训练

实训16　交换机基于端口的安全控制

1．实训目标

（1）了解什么是交换机的 MAC 绑定功能。
（2）熟练掌握 MAC 与端口绑定的静态、动态方式。

2．应用环境

为了安全和便于管理，公司规定只允许员工使用公司配发的计算机接入内部网络，限制任何外来计算机进入内网。

3．实验设备

（1）RG 交换机1台。
（2）PC 2 台。
（3）Console 线1根。
（4）直通网线2根。

4．实验拓扑

本实训端口安全配置拓扑如图 16-4 所示。

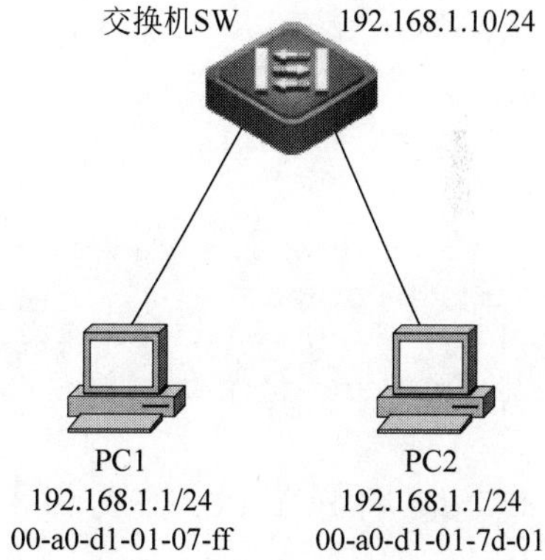

交换机SW　192.168.1.10/24

PC1　　　　　　　　　PC2
192.168.1.1/24　　　　192.168.1.1/24
00-a0-d1-01-07-ff　　　00-a0-d1-01-7d-01

图 16-4　端口安全配置拓扑

5．实验要求

在交换机上实施 MAC 地址与端口绑定，将 PC1/PC2 接在不同的端口上，ping 交换机地址，检验理论是否和实验一致。

6．实验步骤

第1步：获取主机 MAC 地址。

```
C:\> ipconfig /all
…
Physical Address : 00 - A0 - D1 - 01 - 07 - FF        //PC1 的 MAC 地址
…
C:\>
```

第2步：交换机 SW 恢复出厂设置，配置交换机的 IP 地址。

```
SW(config)＃interface vlan 1
SW(config-if)＃ip address 192.168.1.10 255.255.255.0      //配置交换机地址
SW(config-if)＃no shutdown
```

第 3 步：使能端口的 MAC 地址绑定功能。

使能 PC1 所连接的交换机端口的地址绑定功能，此处假设 PC1 接在端口 7 上。

```
SW(config) # interface F0/7
SW(config-if) # switchport mode access          //配置为接入端口
SW(config-if) # switchport port-security        //使能端口安全
SW(config-if) # switchport port-security maximum 1
                      //设置端口允许的安全 MAC 地址数为 1,默认也是 1
SW(config-if) # switchport port-security violation shutdown
                      //设置安全端口违规处理方式为 shutdown
```

第 4 步：添加端口静态安全 MAC 地址。

将 PC1 的 MAC 地址添加到端口 7 的安全地址中。

```
SW(config) # interface F0/7
SW(config-if) # switchport port-security mac-address 00a0.d101.07ff
```

验证配置：

```
SW # show port-security address
Vlan    Mac Address        Type          Port      Remaining Age (mins)
----    -------------      -----------   --------  --------  -------
1       00a0.d101.07ff     Configured    Fa0/7
```

第 5 步：将 PC1、PC2 按表 16-3 接入交换机 SW,使用 ping 命令验证,并将测试结果填入表中。

表 16-3　验证结果

PC	端　　口	ping	结　　果
PC1	7	192.168.1.10	
PC1	1	192.168.1.10	
PC2	7	192.168.1.10	
PC2	1	192.168.1.10	

第 6 步：在一个端口上静态捆绑多个 MAC 地址。

```
SW(config) # interface F0/7
SW(config-if) # switchport mode access
SW(config-if) # switchport port-security
SW(config-if) # switchport port-security maximum 4
                          //设置端口允许的安全 MAC 地址数为 4
SW(config-if) # switchport port-security mac-address 00a0.d101.07ff
SW(config-if) # switchport port-security mac-address 00a0.d101.7d01
SW(config-if) # switchport port-security mac-address aaaa.aabb.bbbb
SW(config-if) # switchport port-security mac-address aaaa.aacc.cccc
```

验证配置：

```
switch#show port-security
Security Port      MaxSecurityAddr(count)      CurrentAddr(count)      Security Action
--------------------------------------------------------------------------------------
   F0/7                     4                          4                  Protect
--------------------------------------------------------------------------------------
Max Addresses limit per port:128
Total Addresses in System:4
```

上面使用的都是静态捆绑 MAC 的方法,下面介绍动态 MAC 地址绑定的基本方法,首先清空上面做的地址绑定。

第 7 步:清空端口与 MAC 绑定。

```
SW(Config)#interface F0/7
SW(config-if)#no switchport port-security
```

验证配置：

```
switch#show port-security
Security Port      MaxSecurityAddr(count)      CurrentAddr(count)      Security Action
--------------------------------------------------------------------------------------
--------------------------------------------------------------------------------------
Max Addresses limit per port:128
Total Addresses in System:0
```

第 8 步:使能端口的 MAC 地址绑定功能,将动态学习到的 MAC 地址转换为安全地址。

```
SW(config)#interface F0/7
SW(config-if)#switchport mode access
SW(config-if)#switchport port-security
SW(config-if)#switchport port-security maximum 1
                              //设置端口允许的安全 MAC 地址数为 1
SW(config-if-range)#switchport port-security violation shutdown
```

验证配置：

```
SW#show port-security address
Vlan    Mac Address           Type          Port      RemainingAge(mins)
----    --------------        ----------    ----      ----------------------
1        00a0.d101.07ff        Dynamic       F0/7       -
```

第 9 步:将 PC1、PC2 按表 16-4 接入交换机 SW,使用 ping 命令验证,并将测试结果填入表中。

表 16-4　验证结果

PC	端　　口	ping	结　　果
PC1	7	192.168.1.10	
PC1	1	192.168.1.10	
PC2	7	192.168.1.10	
PC2	1	192.168.1.10	

16.4　习题

一、简答题

1. 简述网络管理员为什么要配置交换机的端口安全。

2. 配置交换机端口为安全端口后,当实际应用超出配置要求时,将产生一个安全违例,对应的处理方式有 3 种。简述这 3 种处理方式的含义。

二、课后实训

1. 使能接口 fastethernet 0/3 上的端口安全功能,设置最大地址个数为 5,设置违例处理方式为 shutdown,并为该端口配置一个安全地址。

2. 查阅资料,完成配置端口 gigabitethernet 0/3 上的端口安全的老化时间,老化时间设置为 8min,且老化时间同时应用于静态配置的安全地址。

任务 17

配置网络访问控制

【任务描述】

现在网络越来越复杂，网络数据也呈现多样化。企业为了保证网络中的数据和资源安全，一般都有网络访问控制的安全需求，既要保证网络的正常访问，又要拒绝不良的网络访问，保证网络资源不被非法使用和访问。

【任务分析】

访问控制列表使用包过滤技术，是在路由器上读取 OSI 七层模型的第 3、4 层数据包头信息进行检测，包括对 IP 地址、端口等进行策略的匹配，从而达到访问控制的目的。

17.1 知识储备

视频讲解

17.1.1 访问控制列表概述

对网络进行访问控制的方法有很多，访问控制列表（Access Control List，ACL）是网络访问控制的有力工具，是一种被广泛使用的网络安全技术。

ACL 使用包过滤技术，在三层网络设备上读取第 3 层或第 4 层包头中的信息（如源/目的地址、源/目的端口及协议等），根据预先定义好的规则，对数据包进行过滤，决定是允许还是拒绝数据包通过，从而实现对网络访问的安全控制。其规则就是由 permit（允许）或 deny（拒绝）语句组成的一系列有序指令列表，这些指令根据数据包的源地址、目的地址、端口号（即上层协议）、时间区域等来描述，三层网络设备由此决定接收哪些数据包或拒绝哪些数据包。所以，ACL 使得用户能够管理数据流，检查特定的数据包，从而实现网络的安全性。

应用 ACL 后，主要任务是保证网络资源不被非法使用和访问，在很大程度上起到保护网络设备、服务器的关键作用，另外还可以用来控制网络流量和流向，提高网络性能，这些都是对网络访问的基本安全手段。因此，作为外网进入企业内网的第一道关卡，路由器上的 ACL 成为保护内网安全的有效手段。此外，路由器的许多其他配置任务，如网络地址转换、策略路由等很多场合都需要 ACL。所以，ACL 的应用很广泛。

路由器上默认是没有 ACL 的，也就是说，默认情况下任何数据包都可以通过。就像一个单位若没有保安，那么任何人的出入都不会受到限制，但这有可能会给单位的财产带来不安全的因素。因此，可以在单位门口设置一个保安部，那么，保安就会对进出的人进行检查，如果是本单位的就直接通过，如果不是本单位的就要盘问一番，若是"良民"就放行，否则拒绝其进入。在路由器上设置 ACL，如同在路由器的某个端口上设置了"保安"，检查通过该端口上的每一个数据包，符合条件的通过，不符合条件的拒绝，从而实现对数据包的过滤作用。ACL 一般应用在内部网和外部网之间的设备、网络两个部分交界的设备、接入控制端口的设备上。

17.1.2　ACL 工作原理

1. ACL 语句

一个 ACL 是由若干条 ACL 语句（也称"规则"）组成的。每条 ACL 语句都定义了一个条件及其相应的动作。条件是用于匹配数据包中的内容，当为条件找到匹配的数据包时，则执行相应的动作，即允许或拒绝数据包通过。一条 ACL 语句格式如下：

```
{permit|deny} <条件>
```

条件就是一个规则，定义了要在数据包内容中查找什么来确定数据包是否匹配，每条 ACL 语句中只可以列出一个条件，但是可以将多条 ACL 语句组合在一起形成一个列表或策略。当某条 ACL 语句中的条件与比较的数据包内容相匹配时，则执行该语句中定义的动作：permit（允许）或 deny（拒绝）。

注意，在每个 ACL 最后都有一条看不见的语句，即"隐式拒绝"语句，这条语句是丢弃数据包。如果一个数据包和 ACL 中的每条语句都进行比较后也没有发现匹配的，则执行该"隐式拒绝"语句，数据包被丢弃。因此，在一个 ACL 中应该至少有一条 permit 语句，否则所有数据包都会被阻止。

2. ACL 语句的执行过程

一个 ACL 中可以包含多条 ACL 语句，ACL 语句的执行过程如图 17-1 所示。

由图 17-1 可知，ACL 会按照语句的顺序从第一条语句开始依次对条件进行匹配，如果数据包与 ACL 中的某条语句不匹配，则继续尝试匹配下一条语句，一旦匹配某条语句则执行该语句中的动作，同时跳出 ACL，不再检查与后面语句是否匹配。如果某个数据包匹配到 ACL 的最后，还没有与其相匹配的条件，按照"一切危险的，都将被禁止"的安全规则，该数据包将被隐含的拒绝语句拒绝通过。

3. ACL 语句的顺序

由于 ACL 是从上至下依次对语句条件进行匹配的，一旦找到了某一匹配条件，就结束比较过程，不再检查以后的其他语句。因此，ACL 语句的放置顺序很重要。

默认情况下，当将 ACL 语句添加到列表中时，它被添加到列表的最后。列表的形成完

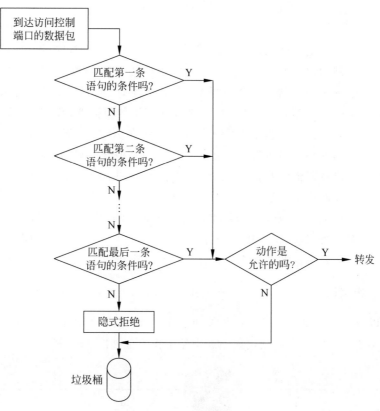

图 17-1　ACL 语句的执行过程

全依赖写入的先后顺序,先写入的自然是第一条,依次排列。在定义列表(即设置过滤规则)时,一般遵循从条件约束性最强到约束性最弱的顺序列出,即最精确的语句应放在 ACL 的前面,不太精确或相对粗略的语句应放在列表的后面,否则,不太精确的语句会提前让数据匹配成功,导致达不到预期访问控制要求。如对某设备的访问控制是:只允许网段 A 中的主机 b 通过,而该网段中主机 b 之外的所有主机限行通过,若按下面两种顺序定义 ACL,将会产生不同的结果。

　　列表 1 定义:拒绝网段 A

　　　　　　　允许主机 b

　　列表 2 定义:允许主机 b

　　　　　　　拒绝网段 A

　　由于网段 A 包含了主机 b,当主机 b 的数据包到达此设备进行检查时,对列表 1 来说,与第一条语句匹配,主机 b 的数据被拒绝通过,同时退出列表,不再进行后续的语句查询;对列表 2 来说,也是与第一条语句匹配,主机 b 的数据却被允许通过。当网段 A 中其他主机如主机 c 的数据包到达此设备进行检查时,对列表 1 来说,仍然是与第一条语句匹配,主机 c 的数据被拒绝通过,但对列表 2 来说,此时与第一条语句不匹配,继续查看第二条语句,匹配第二条语句,主机 c 的数据也被拒绝通过。显然,对主机 b 的数据而言,两种顺序的列表执行结果不同。可见,列表中语句的顺序非常重要。

4．ACL 应用位置

网络访问控制需求是多样的，有些可能是针对访问外网进行控制的，也有可能是针对访问内网资源进行控制的。因此，在应用 ACL 时，经常会遇到在哪台设备上配置 ACL 才能达到最佳的访问控制这个问题。这个问题没有标准答案，只能根据具体情况来判断。但是，数据过滤一般应遵循一个原则：在不影响其他合法流量的前提下，数据过滤要越早越好，以节约网络资源。因此，对于只过滤数据包源地址的标准 ACL，应该放置在离目的地（受保护）尽可能近的地方，如果太靠近源会阻止数据包流向其他合法接口；而对于过滤数据包的源地址和目的地址以及其他信息的扩展 ACL，则应该放在离源地址尽可能近的地方，从而避免不必要的流量在网络中传播。

确定在哪台设备上配置 ACL 后，还要将建立好的 ACL 应用于设备的某个接口上才能实现过滤功能。对设备来说，每个接口都有两个方向：出和入。所以，在应用 ACL 时，必须告诉设备对从哪个接口流进的或哪个接口流出的数据进行过滤。

5．ACL 工作流程

ACL 可以应用到接口的入站（in）方向，也可以应用到出站（out）方向，但每个方向上只能应用一个 ACL。路由器上数据包入站和出站工作流程如图 17-2 所示。

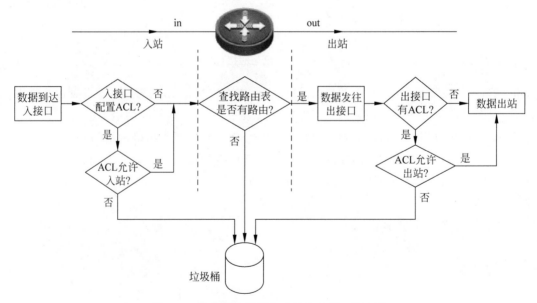

图 17-2　路由器上数据包入站和出站工作流程

当数据包到达路由器入接口时，首先检查该入口方向（in 方向）上是否配置 ACL，如果没有配置 ACL 就直接查询路由表，进行正常的数据转发流程；如果配置了 ACL，则按照图 17-1 执行 ACL 判断是否允许该数据包通过，若不允许则丢弃，否则查询路由表进行转发。可以看出，在路由器的入站方向，ACL 检测先于查询路由表，这样免得查询路由表后检测 ACL 再丢弃数据包，所以，入站 ACL 节省了被拒绝数据包查找路由的开销。

路由器的入站方向处理完毕后，路由器查询路由表，将数据包发送至出接口。如果出接口没有配置 ACL,则直接将数据发送出去;若出接口配置了 ACL,同样按照图 17-1 执行 ACL 判断是否允许该数据包通过,只有匹配出站 ACL 语句且被允许的数据包,才会被发送出去。

17.1.3 ACL 分类

根据功能和设备运行协议的不同,ACL 有多种类型。

1. 编号 ACL

编号 ACL 是使用数字编号来区分不同 ACL 的,可以分为标准访问控制列表(标准 ACL)和扩展访问控制列表(扩展 ACL)。标准 ACL 和扩展 ACL 是按照访问列表中如何定义一个特征数据包,或定义一个数据包的特征精细程度来区分的。

1) 标准 ACL

标准 ACL 是最简单的 ACL,只根据数据包中的源 IP 地址来过滤流量,其对流量的允许或拒绝是基于整个 IP 的。因此,如果某台主机被标准 ACL 拒绝,则来自该主机的所有流量都会被拒绝。标准 ACL 的识别编号取值范围为 1~99。

2) 扩展 ACL

扩展 ACL 的功能更强大,其不仅匹配数据包的源 IP 地址,还检查数据包的目的 IP 地址、协议类型、端口号等信息,扩展了三层设备对通过其上的数据包的检查细节,为网络的安全访问提供了更多的访问控制功能。扩展 ACL 的识别编号取值范围为 100~199。

2. 名称 ACL

使用数字编号来标识一个 ACL 时,编号不能标识一个 ACL 的用途,所以,用数值表示的访问控制列表很不直观,不能见其识义,需要阅读具体文档内容才能知道该 ACL 的含义。此外,若想在已经定义好的 ACL 中删除错误语句、调整语句顺序或增加语句,对使用编号定义的 ACL 则无法完成,只能先删除整个列表,再将正确的语句一条一条写入。在大型网络中这样做很不方便,而使用名称 ACL 可以解决这个问题,名称 ACL 可以单独修改其中的某一条语句,管理相对方便。

名称 ACL 是用一个有意义的描述性名称来标识 ACL,其编写语法规则与编号 ACL 基本相同,但名称 ACL 在定义和修改语句时更加方便灵活。名称 ACL 同样可以分为标准 ACL 和扩展 ACL。

3. 时间 ACL

时间 ACL 不是一种独立的 ACL,是在以上介绍的 ACL 基础上的功能扩展和延伸,通过增加时间参数 time-range 来生成基于时间的 ACL,从而实现按时间对网络的安全访问控制。如要求上班时间不能登录 QQ,下班后可以登录 QQ。

17.1.4 配置 ACL 命令

锐捷三层交换机与路由器上配置 ACL 命令基本相同,常用配置命令如表 17-1 所示。

表 17-1　常用 ACL 配置命令

命令模式	CLI 命令	作用
全局模式	accest-list id {deny|permit} source source-wildcard	创建编号标准 ACL，ID 范围为 1～99
	accest-list id {deny|permit} protocol source source-wildcard [port] destination destination-wildcard [port]	创建编号扩展 ACL，ID 范围为 100～199
	ip accest-list {standard|extended} name	创建名称 ACL
	no accest-list id	删除编号 ACL
	no ip accest-list{standard|extended}name	删除名称 ACL
标准 ACL 模式	{deny|permit} source source-wildcard	配置标准名称 ACL
扩展 ACL 模式	{deny | permit} protocol source source-wildcard [port] destination destination-wildcard [port]	配置扩展名称 ACL
接口模式	ip accest-group{id|name}{in|out}	应用 ACL
特权模式	show accest-lists {id|name}	显示 ACL
	show ip accest-group interface interface-id	显示接口下应用的 ACL

17.2　任务实施

某企业内网 ACL 实施拓扑如图 17-3 所示，其中，多个部门子网通过三层路由设备实现互联互通，网络中心路由器 F1/1、F1/2、F1/3 接口分别连接的是行政中心、生产中心和服务器中心，服务器 172.18.1.1 提供 Web 服务，服务器 172.18.1.2 提供 FTP 服务。

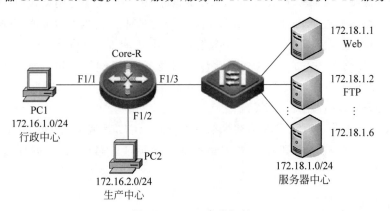

图 17-3　ACL 实施拓扑

1. 标准 ACL

根据企业的网络安全需求，只允许行政中心的主机可以访问服务器中心的所有服务器，其他部门禁止访问服务器中心。

在此安全需求中，由于限制的是"来自某一指定网络中"的数据包，只需要检查源地址，因此，使用标准 ACL 安全规则。此处实施标准编号 ACL。

在全局模式下使用 access-list list-number 命令创建编号列表,其语法为:

```
access - list list - number {deny | permit} source source - wildcard    //创建列表
no access - list list - number                                          //删除列表
```

上述命令中各参数的含义如下。

(1) list-number:创建的 ACL 编号,标准 ACL 编号是 1~99 和 1300~1999。

(2) deny | permit:拒绝或允许数据包通过。

(3) source:需要检测源 IP 地址,可使用 any 表示任意地址,host 表示一台主机。

(4) source-wildcard:检测源 IP 地址反子网掩码,也称反掩码,限定匹配网络地址范围。

如果对某台单机实施访问控制操作,可以使用 host 关键字来简化操作,其表示一种精确匹配。如 host 172.16.1.1 和 172.16.1.1 0.0.0.0 效果相同。

关键字 any 可以作为网络中所有主机地址的缩写,代表 0.0.0.0 255.255.255.255。

1) 配置标准编号 ACL

```
Core - R(config) # access - list 10 permit 172.16.1.0 0.0.0.255
                    //允许来自行政中心 172.16.1.0 网段的数据通过
Core - R(config) # access - list 10 deny any
                    //禁止其他网络数据通过(可选,默认禁止所有)
Core - R(config) # interface f1/3
Core - R(config - if) # ip access - group 10 out
//将 ACL 应用在靠近受保护的连接服务器接口上,只允许 172.16.1.0 网段的数据流出
Core - R(config - if) # exit
```

2) 验证测试

行政中心的主机 PC1 ping 服务器中心的任意一台服务器都可以通,而生产中心的主机 PC2 ping 任意一台服务器都不通。

2. 扩展 ACL

根据企业的网络安全需求,禁止行政中心(172.16.1.0/24)的主机访问 FTP 服务器(172.18.1.2),允许行政中心的主机访问其他所有服务器。

在此安全需求中,限制的是"来自某一指定网络访问指定服务器"的数据包,所以,不仅需要检查源地址还需要检查目的地址。因为标准 ACL 只检查源地址,所以标准 ACL 无法实现此需求,只能使用扩展 ACL。扩展 ACL 也有编号 ACL 和名称 ACL,此处实施扩展名称 ACL。

在全局模式下使用 ip access-list 命令创建名称列表,其语法为:

```
ip access - list extended name
  deny | permit protocol source source - wildcard [port]
                        destination destination - wildcard [port]
```

上述命令中相关参数的含义如下。

（1）extended：表示定义扩展名称 ACL。

（2）name：ACL 名称，可以使用数字或英文字符表示。

（3）protocol：指定需要过滤的协议，如 IP、TCP、UDP、ICMP 等。

（4）source source-wildcard：需要检测源 IP 地址和反掩码。

（5）destination destination-wildcard：需要检测目的 IP 地址和反掩码。

（6）port：端口号，省略就默认为全部端口号（0～65 535），也可以用助记符如 ftp、www 等表示。

1）配置扩展名称 ACL

```
Core - R(config)♯ip access - list extended deny_ftp    //定义扩展名称 ACL
Core - R(config - ext - nacl)♯deny ip 172.16.1.0 0.0.0.255 host 172.18.1.2
           //禁止来自行政中心 172.16.1.0 网段访问 FTP 服务器的数据通过
Core - R(config - ext - nacl)♯permit ip any any       //允许访问其他服务器的数据通过
Core - R(config - ext - nacl)♯exit
Core - R(config)♯interface f1/1
Core - R(config - if)♯ip access - group deny_ftp in
           //将名称为 deny_ftp 的 ACL 应用靠近源地址的接口上
Core - R(config - if)♯exit
```

若 FTP 和 Web 配置在同一台服务器上，上述 ACL 语句就要更改。FTP 和 Web 配置在同一台服务器上 ACL 实施拓扑如图 17-4 所示，ACL 语句更改如下：

```
Core - R(config)♯ip access - list extended deny_ftp    //定义扩展名称 ACL
Core - R(config - ext - nacl)♯deny tcp 172.16.1.0 0.0.0.255 host 172.18.1.1 eq ftp
              //禁止来行政中心 172.16.1.0 网段访问 FTP 服务的数据通过
Core - R(config - ext - nacl)♯permit ip any any       //允许访问其他服务的数据通过
Core - R(config - ext - nacl)♯exit
```

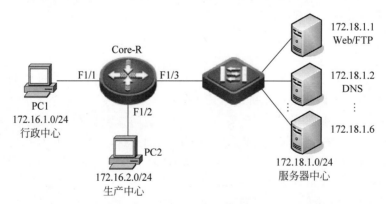

图 17-4　FTP 和 Web 配置在同一台服务器上 ACL 实施拓扑

2）验证测试

在服务器中心的两台或一台服务器上使用 IIS 搭建 FTP 和 Web 服务器，行政中心的主机访问 FTP 服务被拒绝，但访问 Web 服务或其他服务正常。

17.3　知识扩展

17.3.1　ACL 的使用原则

ACL 具有强大的功能,在实施安全策略时,可能会由于使用不当导致某些难以预料的结果,所以在使用 ACL 时要遵循以下原则。

- 安全控制只有两种结果,要么拒绝(deny),要么允许(permit)。
- 一个 ACL 可以包含一条或多条语句,最后有一条系统默认的"隐式拒绝"语句,所以,ACL 中至少应有一条 permit 语句,否则,所有数据包都会被拒绝。
- 编制 ACL 时语句顺序很重要,最精确的安全规则语句应放在 ACL 列表的前面,而不太精确或模糊的安全规则语句应放在后面。
- ACL 会从第一条语句开始,由上而下依次匹配每条语句,如果数据包与某条语句不匹配,则继续尝试匹配下一条语句直到最后,一旦匹配成功某条语句则执行语句中的动作(拒绝或允许),同时跳出 ACL,不再继续向下匹配。如果检查到最后均不匹配,则执行默认规则,即"隐式拒绝"所有数据包。
- 创建 ACL 之后,必须将其应用到某个接口才可开始生效,ACL 控制的对象是进入或流出接口的流量。ACL 可以应用到接口的入站(in)方向,也可以应用到接口的出站(out)方向,但每个接口方向上只能应用一个 ACL。
- ACL 的应用位置也很重要。在不影响其他合法流量的前提下,数据过滤要越早越好,以节约网络资源。一般将标准 ACL 放置在离目的地(受保护端)尽可能近的地方,因标准 ACL 只根据源地址过滤数据包,如果太靠近源会阻止数据包流向其他合法接口;而对于过滤数据包的源地址和目的地址以及其他信息的扩展 ACL,则应该放在离源地址尽可能近的地方,从而避免不必要的流量在网络中传播。
- ACL 只能过滤经过路由器的流量,不会过滤路由器自身产生的流量。

17.3.2　ACL 的修改

ACL 编制完成后,需要进行测试验证,如果没有达到预期数据过滤要求,则需要修改 ACL。

编号 ACL 是使用 access-list id 命令创建的,在编写每条 ACL 语句时是逐条添加的,也就是新增的语句只能添加到 ACL 末尾,而且如果写错了,也无法删除。另外,编写完成后,如果要在中间修改、插入、删除某条语句,或者调整语句之间的顺序,对编号 ACL 来说也不可以。修改已编制完成的编号 ACL 规则的唯一方法是删除整个编号 ACL,再重新编写 ACL 语句。此时,有效、简便的办法是将原有 ACL 复制到记事本,在记事本中对 ACL 规则进行修改、删除、添加等,再在设备中使用 no access-list id 命令删除原来的 ACL,然后将编辑好的 ACL 复制到配置文件中。显然,编号 ACL 给维护工作带来极大不便。

名称 ACL 是使用 ip access-list 命令创建的,默认情况下,ACL 语句也是逐条添加的,但会按照编写的先后顺序给每条语句添加一个默认序号,序号从 10 开始,每增加一条语句序号依次递增 10。所以，可以按指定序号单独修改名称 ACL 中的某条语句，管理相对方便。

执行 ip access-list 命令创建名称 ACL 后，系统进入 ACL 配置模式，此时可以在配置的每条语句前面添加一个序号，其语法为：

```
[sequence-number]deny|permit …
```

其中，sequence-number 是每条语句在 ACL 中的序号，ACL 会按照此序号从小到大依次排列语句。当需要在现有语句之间插入一条语句，如在序号 10 和 20 之间，可以将新语句的序号指定为 10~20 的任意一个整数（如 25），这样新语句就插入相应位置，而不是添加到 ACL 的末尾。同样，如果想删除一条语句，可以在 ACL 配置模式使用命令 no sequence-number 命令删除指定序号的语句（如 no 30）。

17.4　实践训练

实训 17　IP 访问控制列表配置

1. 实训目标

（1）掌握访问控制列表顺序配置的重要性。
（2）掌握标准访问控制列表的配置。
（3）掌握扩展访问控制列表的配置。

2. 应用环境

为了安全起见，某些安全性要求比较高的主机或网络需要进行访问控制，不允许用户随意访问，如某单位的财务部不允许除经理部之外的任何部门访问。这些都可以针对源地址、目的 IP 地址、某些服务或某些协议来进行控制，还有其他的很多应用也都可以使用访问控制列表提供操作条件，如实现地址转换的条件等。

3. 实训设备

（1）RG 路由器 2 台。
（2）PC 4 台。
（3）配套背对背线缆 1 对。
（4）网线 2 根。

4. 实训拓扑

本实训 IP 访问控制列表配置拓扑如图 17-5 所示。

5. 实训要求

配置标准 IP 访问控制列表，禁止 172.16.2.0 网段主机访问 172.16.4.0，允许其他网

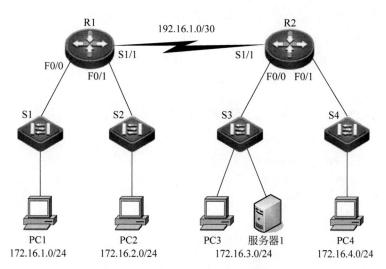

图 17-5　IP 访问控制列表配置拓扑

段互访。

　　配置扩展 IP 访问控制列表,禁止 172.16.1.0 网段主机访问服务器 1 的 Web 服务,禁止 172.16.2.0 网段主机访问服务器 1 的 FTP 服务,其他访问正常。

　　主机及路由器各接口 IP 地址配置如表 17-2 所示。

表 17-2　主机及路由器各接口 IP 地址配置

设　　备	接　　口	IP 地　址	子网掩码	默认网关
R1	Loopback 0	1.1.1.1	255.255.255.255	
	F0/0	172.16.1.254	255.255.255.0	
	F0/1	172.16.2.254	255.255.255.0	
	S1/1	192.16.1.1	255.255.255.252	
R2	Loopback 0	2.2.2.2	255.255.255.255	
	S1/1(DCE)	192.16.1.2	255.255.255.252	
	F0/0	172.16.3.254	255.255.255.0	
	F0/1	172.16.4.254	255.255.255.0	
PC1	NIC	172.16.1.1	255.255.255.0	172.16.1.254
PC2	NIC	172.16.2.1	255.255.255.0	172.16.2.254
PC3	NIC	172.16.3.1	255.255.255.0	172.16.3.254
PC4	NIC	172.16.4.1	255.255.255.0	172.16.4.254
服务器 1	NIC	172.16.3.10	255.255.255.0	172.16.3.254

6. 实训步骤

　　第 1 步:参照任务 8,按表 17-2 配置主机和路由器接口地址,保证所有接口全部是 up 状态。

　　第 2 步:使用 ping 命令测试连通性。PC1 ping 通 PC2,PC3 ping 通 PC4 和服务器 1,PC1 或 PC2 ping 不通 PC3、服务器 1 和 PC4。

第 3 步：使用 show ip route 命令查看每个路由器的路由表，找出缺少的网段路由。

第 4 步：配置 OSPF 路由。

参照前面的静态、RIP 和 OSPF 路由实训，选择一种配置路由，使得网络互联互通。此处给出单区域 OSPF 路由配置命令。

```
R1(config)♯router ospf 1              //启用 OSPF 协议,进程号为 1
R1(config-router)♯network 172.16.1.0 0.0.0.255 area 0
                             //把 172.16.1.0 网段通告进 OSPF 进程,区域号为 0
R1(config-router)♯ network 172.16.2.0 0.0.0.255 area 0
R1(config-router)♯ network 192.16.1.1 0.0.0.3 area 0
R1(config-router)♯ exit

R2(config)♯router ospf 1
R2(config-router)♯network 172.16.3.0 0.0.0.255 area 0
R2(config-router)♯network 172.16.4.0 0.0.0.255 area 0
R2(config-router)♯network 192.16.1.2 0.0.0.3 area 0
R2(config-router)♯exit
```

第 5 步：检查路由信息，每个路由器获得所有网段的路由。

第 6 步：使用 ping 命令测试连通性，全通。

第 7 步：配置标准 IP 访问控制列表，禁止 172.16.2.0 网段主机访问 172.16.4.0。

在路由器 R2 上配置标准 ACL，禁止 172.16.2.0 网段主机访问 172.16.4.0，并将其应用在接口 F0/1 的出方向。

```
R2(config)♯ip access-list standard 1        //定义标准的访问控制列表
R2(config-std-nacl)♯deny 172.16.2.0 0.0.0.255    //基于源地址
R2(config-std-nacl)♯permit any          //因为有隐含的 deny any
R2(config-std-nacl)♯exit
```

第 8 步：将访问控制列表应用于接口。

```
R2(config)♯interface f0/1            //进入离目标最近的接口
R2(config-if)♯ip access-group 1 out        //绑定 ACL 1 在接口的出方向
```

第 9 步：使用 ping 命令进行验证。只有 PC2 ping 不通 PC4，其他互通，达到实训目标。

第 10 步：配置扩展 IP 访问控制列表。

在路由器 R1 上配置扩展 ACL，禁止 172.16.1.0 网段主机访问服务器 1 的 Web 服务，禁止 172.16.2.0 网段主机访问服务器 1 的 FTP 服务，并将其应用在接口 S1/1 的出方向。

```
R1(config)♯ip access-list extended 100      //定义扩展的访问控制列表
R1(config-std-nacl)♯deny tcp 172.16.1.0 0.0.0.255 host 172.16.3.10 eq www
                //拒绝 172.16.1.0 网段主机访问服务器 172.16.3.10 的 Web 服务
R1(config-std-nacl)♯deny tcp 172.16.2.0 0.0.0.255 host 172.16.3.10 eq ftp
                //拒绝 172.16.2.0 网段主机访问服务器 172.16.3.10 的 FTP 服务
R1(config-std-nacl)♯permit ip any any
R1(config-std-nacl)♯exit
```

第11步：将访问控制列表应用于接口。

```
R1(config)♯interface S1/1                //进入到离目标最近的接口
R1(config-if)♯ip access-group 100 out    //绑定 ACL 100 在接口的出方向
```

第12步：测试验证。

17.5　习题

一、选择题

1. 配置访问控制列表必须做的配置是(　　　)(多选)。
   A. 设定时间段
   B. 指定日志主机
   C. 定义访问控制列表
   D. 在接口上应用访问控制列表

2. 下面(　　)操作可以使访问控制列表真正生效。
   A. 将访问控制列表应用到接口上
   B. 定义扩展访问控制列表
   C. 定义多条访问控制列表的组合
   D. 用 access-list 命令配置访问控制列表

3. 以下(　　　)可以使用访问控制列表实现。
   A. 禁止有 CIH 病毒的文件到我的主机
   B. 只允许系统管理员可以访问我的主机
   C. 禁止所有使用 Telnet 的用户访问我的主机
   D. 禁止使用 UNIX 系统的用户访问我的主机

4. 在配置访问控制列表规则时,关键字 any 代表的通配符掩码是(　　　)。
   A. 0.0.0.0
   B. 所使用的子网掩码的反码
   C. 255.255.255.255
   D. 无此命令关键字

5. 在访问控制列表中,IP 地址和子网掩码分别为 168.18.64.0 和 0.0.3.255 表示的 IP 地址范围是(　　　)。
   A. 168.18.67.0～168.18.70.255
   B. 168.18.64.0～168.18.67.255
   C. 168.18.63.0～168.18.64.255
   D. 168.18.64.255～168.18.67.255

6. 配置如下两条访问控制列表,则访问控制列表 1 和 2 所控制的地址范围关系是(　　　)。

```
access-list 1 permit 10.110.10.1 0.0.255.255
access-list 2 permit 10.110.100.100 0.0.255.255
```

   A. 1 和 2 的范围相同
   B. 1 的范围在 2 的范围内
   C. 2 的范围在 1 的范围内
   D. 1 和 2 的范围没有包含关系

7. 下面关于访问控制列表的配置命令,正确的是(　　　)。
   A. access-list 100 deny 1.1.1.1
   B. access-list 1 permit 1.1.1.1 0 2.2.2.2 0.0.0.255
   C. access-list 1 permit any
   D. access-list 99 deny tcp any 2.2.2.2 0.0.0.255

8. 扩展访问控制列表可以使用多个字段来定义数据包过滤规则,下列( )字段不在其描述范围内。

A. 源 IP 地址　　　B. 目的 IP 地址　　　C. 端口号

D. 协议类型　　　E. 日志功能

二、填空题

1. 访问控制列表主要分为标准访问控制列表和_____。

2. 标准 ACL 检查可被路由数据包的_____地址来决定是允许还是拒绝。

3. 标准编号 ACL 的表号范围是_____,尽量靠近_____设备放置。而扩展 ACL 的表号范围是_____,应尽量靠近_____设备放置。

4. 每个访问控制列表最后都隐含了一条_____语句,故除非想拒绝所有数据包,否则,ACL 中至少要有一条_____语句。

三、课后实训

拓扑图同任务 8 的图 8-12,按下列实训要求完成配置,实现网络的安全访问。

(1) 按任务 8 要求完成 VLAN 及 Trunk、接口 IP 地址、主机 IP 地址及子网掩码等基础配置,保证所有接口全部是 up 状态。

(2) 选择静态、RIP 或 OSPF 中一种路由并配置,实现网络互联互通。

(3) 在 Router-A 上配置标准 ACL,使得财务部的计算机不可以访问服务器网段 172.16.5.0。

(4) 在 Router-B 上配置扩展 ACL,禁止生产部 172.16.3.0 网段主机访问 172.16.5.0 网段中的服务器 2 的 Web 服务,禁止设计部 172.16.4.0 网段主机访问 172.16.3.0 网段中的服务器 1 的 FTP 服务。

(5) 测试各部门的连通性。

PT模拟器的使用

A.1 什么是 PT 模拟器

PT(Packet Tracer)模拟器是由思科公司针对其 CCNA 认证发布的一个辅助学习工具。在本书学习中,实践是非常重要的步骤,但网络设备价格昂贵,初学者也难以接触到真实的设备进行学习,PT 模拟器则为学习者解决了这一难题。

PT 模拟器为学习网络课程的初学者设计、配置、排除网络故障提供了网络模拟环境。用户可以在软件的图形用户界面上直接使用拖曳方法创建网络拓扑,并通过图形接口配置网络中的设备,PT 模拟器还提供一个数据包在网络中行进的模拟处理过程,让使用者观察网络实时运行情况。利用 PT 模拟器可以学习网络设备的配置、锻炼故障排查能力。

A.2 PT 模拟器工作界面

运行 PT 模拟器,出现 PT 工作窗口,如图 A-1 所示。从上往下分别是:

(1) 菜单和工具栏:提供"文件""编辑""选项""工具""扩展"等一系列功能,可进行文件打开、保存、打印等基本操作,还可访问活动向导等。

(2) 工作区:创建网络拓扑和测试网络的主要场所。

(3) 常用工具栏:此工具栏可对工作区中的元件进行选择、移动、备注、删除、查询,以及添加简单或复杂数据包,如图 A-2 所示。

(4) 设备列表区:该区域分为设备类型选择区以及设备型号选择区两部分。设备类型选择区可选择路由器、交换机等不同类型的设备,当选择了某种设备类型后,在右边会出现相应的设备型号以供选择,图 A-3 所示为路由器的设备选项。

(5) 报文跟踪区:该区域可管理在模拟模式下用户在网络中创建的数据包。用户可通过"实时/模拟转换"来切换实时模式和模拟模式。

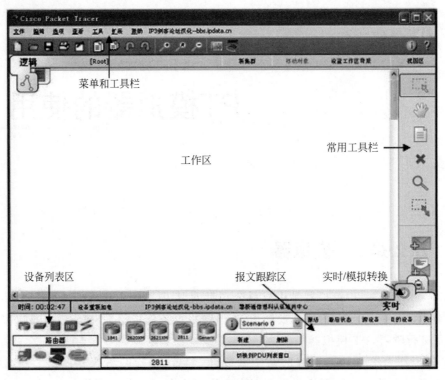

图 A-1　PT 工作窗口

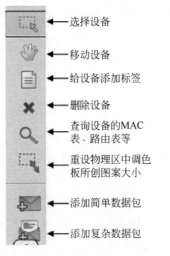

图 A-2　常用工具栏中的工具

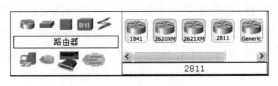

图 A-3　路由器的设备选项

A.3　创建网络拓扑

利用 PT 绘制如图 A-4 所示的网络拓扑。

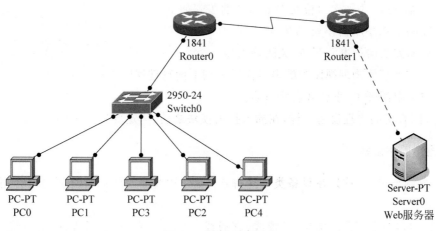

图 A-4　创建网络拓扑

1．添加网络设备

利用 PT 的设备列表区可方便地将所选设备添加到工作区中。首先在左边的设备类型选择区中选择相应的设备类型（如路由器），然后在右边的设备型号选择区中单击相应型号的设备（如路由器 1841），再在工作区单击就可将所选设备添加到网络拓扑中。

2．添加功能模块

前面所添加的设备仅仅是基本配置，可能不能满足网络连接的要求，而 PT 模拟器提供了给交换机、路由器添加功能模块的功能。

单击图 A-4 中所添加的设备 Router0（1841），则可进入设备的配置窗口，选择物理标签页，可给设备添加一些扩展业务模块，如图 A-5 所示。

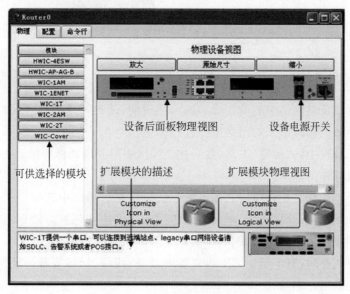

图 A-5　给设备添加扩展模块

给路由器 1841 添加串口模块 WIC-1T 的步骤如下。

（1）在图 A-5 中单击模块 WIC-1T。

（2）单击路由器的电源开关，关闭路由器。

（3）将扩展模块物理视图中的串口模块拖到上面物理视图中的一个空扩展槽。

（4）单击电源开关，重新开启路由器。

注意，同真实的物理设备一样，在插入扩展模块之前，一定要先关闭设备电源。

3．连接网络设备

要连接网络设备，首先在设备类型选择区中选择"线缆"，然后根据需要选择对应的连接线。

PT 模拟器提供了自动类型、配置线、直通线、交叉线、光纤、电话线、同轴电缆、DCE 串口线、DTE 串口线等多种线型。其中，自动选择类型可由模拟器根据所连接的设备端口自动匹配，除非真的不知应该用什么类型的线缆，通常不建议使用。DCE 和 DTE 两种串口线只要使用其中的一根即可，只是在连接时首先连接的端口为 DCE（或 DTE）口，比如选择了DCE 线，则首先连接的路由器的串口为 DCE 端，该路由器需要设置时钟，而所连接的另一个路由器的串口为 DTE 端。在连接时应根据具体的网络拓扑进行选择，若选择错误，设备将不能连通，如在连接计算机和路由器时应该使用交叉线，却错误选择了直通线，则尽管看上去设备连接正常，但网络不能正常通信。

选择好相应的线型后，单击要连接的设备，选择连接的设备端口，如图 A-6 所示，然后单击另一台设备，选择相应的连接端口就可完成设备的互连。

图 A-6　连接设备

4．设置标签和调色板

标签是对网络及其网络中的设备添加的一些说明，使得网络拓扑可读性好。而调色板可在图上画出矩形或椭圆形来对网络拓扑进行标识。

单击常用工具栏中的"标签"工具，然后在工作区中需要添加标签的地方单击，输入相应的文字即可完成标签的添加。

单击工具栏上的调色板，可打开"调色板"对话框，在对话框中选择形状和颜色，然后在工作区中相应的地点拖动鼠标就可画出相应的图形。根据调色板对话框中的选择，图形可有带填充色和不带填充色两种，如图 A-7 所示。

在创建网络拓扑时，对于错误或不再需要的设备、线缆、标签等都可使用常用工具栏中的"删除设备"工具进行删除。

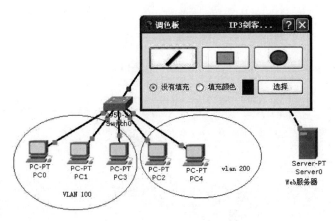

图 A-7　"调色板"对话框

A.4　配置网络设备

在创建好网络设备后,需要对网络设备进行设置。

1. 配置计算机

PC 的配置分为物理(Physics)模式、配置(Config)模式和桌面(Desktop)模式 3 种。物理模式配置比较简单,主要完成模块的增加或删除。

在配置模式下,可完成 PC 的名称、网关以及 DNS 等参数的设置,如图 A-8 所示。

图 A-8　PC 的配置模式

在桌面模式下,可实现 IP 配置、拨号、终端、命令提示符、Web 浏览器、无线 PC、VPN、流量发生器、MIB 浏览器、E-Mail 等多种功能,如图 A-9 所示。

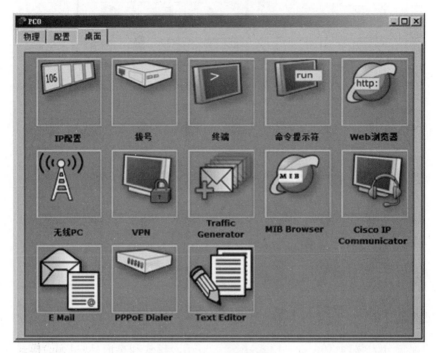

图 A-9　PC 的桌面模式

注意,某些桌面配置需要 PC 安装有相应模块才可使用。如拨号需要 PC 在物理配置模式下安装了 PT-HOST-NM-1AM 功能模块后方可打开 PC 的拨号程序。与路由器和交换机一样,PC 在添加功能模块时同样需要关闭 PC 的电源。

2. 配置服务器

服务器的配置分为物理、配置和桌面 3 种配置模式。与 PC 配置不同的是,其配置模式还提供了 HTTP、DHCP、TFTP、DNS、SYSLOG、AAA、NTP、EMAIL、FTP 等多种服务的设置。根据服务的不同,其具体的设置界面不一样,如 HTTP 可设置 HTTP、HTTPS 的开启或关闭,可编写多个网页以及各网页的 HTML 代码,如图 A-10 所示。

3. 网络设备的配置

路由器或交换机等网络设备的配置分为物理、配置和命令行 3 种配置模式。其中,物理配置模式主要用来给设备添加功能模块,配置模式提供图形化的配置界面,可对网络设备的主机名、各端口的 IP 参数等进行配置,虽然比较方便,但由于配置参数有限,建议不要使用该模式对网络设备进行配置,而采用 PT 提供的命令行模式配置网络设备,如图 A-11 所示。

网络设备的命令行配置模式完全模拟了思科的路由器、交换机等网络设备的命令行界面。

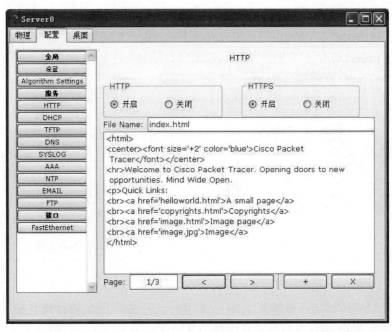

图 A-10 HTTP 服务的配置

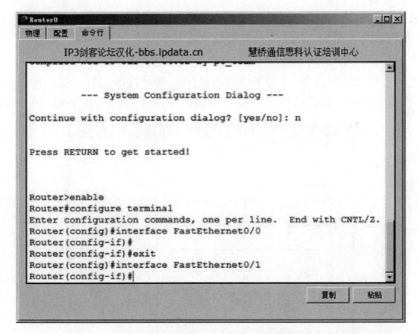

图 A-11 网络设备的命令行配置界面

A.5 实时模式和模拟模式

在 PT 窗口的右下角有个实时/模拟模式的切换。所谓实时模式(Realtime Mode)意思为即时模式,比如有两台主机在同一网段,当从主机 A ping 主机 B 时,可瞬间完成,这就是实时模式。而当切换到模拟模式(Simulation Mode)时,整个 ping 的过程不会立即完成,而是由软件模拟各个数据包的发送和接收过程,并用直观的方式在左边的拓扑图中展现出来,同时将捕获的每个数据包在右边的事件列表框中显示,以便对数据包进行分析,如图 A-12 所示。

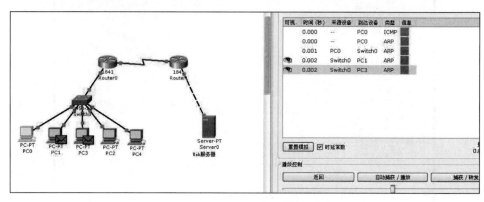

图 A-12　PT 的模拟模式

从图 A-12 中可以看出,事件列表窗口显示捕获到的数据包的详细信息,包括持续时间、源设备、目的设备、协议类型和协议详细信息。

单击"捕获/转发"按钮,可一个一个显示数据包的动作。单击"自动捕获/播放"按钮,可连续显示数据包的行为,此时在工作区,可通过 Flash 动画直观地显示数据包的来龙去脉。从图 A-12 中可以直观看出,ARP 广播包仅仅发给了同一 VLAN 中的 PC1、PC3,而不能发送给另一个 VLAN 中的 PC2 和 PC4。

若要了解协议的详细信息,单击事件列表框中所捕获数据包后面用不同颜色显示的协议信息,可详细了解所选数据包的 OSI 模型信息以及各层 PDU 信息,如图 A-13 所示。

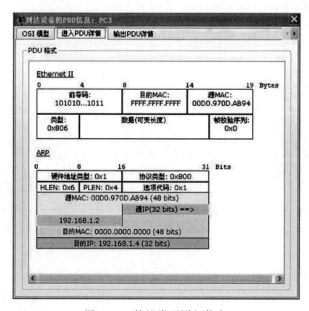

图 A-13　协议类型详细信息

参 考 文 献

［1］ 崔北亮.CCNA 学习与实验指南［M］.北京：电子工业出版社,2010.

［2］ 管华,张琰,王勇.网络互联技术与实训［M］.武汉：华中科技大学出版社,2019.

［3］ 汪双顶,武春岭,王津.网络互联技术（理论篇）［M］.北京：人民邮电出版社,2017.

［4］ 李畅,刘志成,张平安.网络互联技术（实践篇）［M］.北京：人民邮电出版社,2017.

［5］ 崔升广.网络设备配置与管理项目教程［M］.北京：电子工业出版社,2020.

［6］ 李锋.网络设备配置与管理［M］.北京：清华大学出版社,2020.

图书资源支持

感谢您一直以来对清华版图书的支持和爱护。为了配合本书的使用,本书提供配套的资源,有需求的读者请扫描下方的"书圈"微信公众号二维码,在图书专区下载,也可以拨打电话或发送电子邮件咨询。

如果您在使用本书的过程中遇到了什么问题,或者有相关图书出版计划,也请您发邮件告诉我们,以便我们更好地为您服务。

我们的联系方式:

地　　　址:北京市海淀区双清路学研大厦 A 座 714

邮　　　编:100084

电　　　话:010-83470236　010-83470237

客服邮箱:2301891038@qq.com

QQ:2301891038(请写明您的单位和姓名)

资源下载:关注公众号"书圈"下载配套资源。

资源下载、样书申请

书圈

图书案例

清华计算机学堂

观看课程直播